高等职业教育新目录新专标电子与信息大类教材

信息技术基础

邓文达　陈　彬　**主　编**

程玉柱　邱春荣　王华兵　谢海波　**副主编**

电子工业出版社·

Publishing House of Electronics Industry

北京·BEIJING

内 容 简 介

在全面进入数字化时代的今天，掌握信息技术、具备信息素养已经成为每个人的必备素质。我国一直将信息技术课程列入高职教育各专业学生必修的公共基础课程中，为建设创新型国家、制造强国、网络强国奠定坚实的智力基础。本书由信息意识、计算思维、数字化创新与发展、信息社会责任 4 个模块组成，涵盖了教育部 2021 年 3 月 23 日公布的《高等职业教育专科信息技术课程标准（2021 年版）》基础模块的全部内容。

本书既适合作为高职高专公共基础课程教材，又适合作为对信息技术有兴趣的读者的学习用书。

图书在版编目（CIP）数据

信息技术基础 / 邓文达，陈彬主编. —北京：电子工业出版社，2022.8

ISBN 978-7-121-44068-7

Ⅰ. ①信⋯　Ⅱ. ①邓⋯ ②陈⋯　Ⅲ. ①电子计算机－高等学校－教材　Ⅳ. ①TP3

中国版本图书馆 CIP 数据核字（2022）第 135832 号

责任编辑：贺志洪
印　　刷：北京市大天乐投资管理有限公司
装　　订：北京市大天乐投资管理有限公司
出版发行：电子工业出版社
　　　　　北京市海淀区万寿路 173 信箱　邮编：100036
开　　本：787×1092　1/16　印张：17.5　字数：412 千字
版　　次：2022 年 8 月第 1 版
印　　次：2023 年 1 月第 2 次印刷
定　　价：49.50 元

前　言

党的十九大对"新时代中国特色职业教育"提出了新要求，其核心思想有 3 点：①落实立德树人是新时代中国特色职业教育的根本任务；②完善职业教育体系是新时代中国特色职业教育的新要求；③全面平衡、充分发展是新时代中国特色职业教育的新目标。

信息技术和素养涵盖了信息获取、表示、传输、存储、加工、应用等技术，以及信息意识、计算思维、数字化创新与发展、信息社会责任等方面。信息技术已经成为经济社会转型发展的主要驱动力。公民的信息技术与素养是建设数字中国，建设创新型国家、制造强国、网络强国的智力基础。

信息技术教材的质量直接影响学生信息素养和信息技术技能的培养实效。教育部 2021 年 3 月 23 日公布了《高等职业教育专科信息技术课程标准（2021 年版）》，要求学生通过学习课程，提高信息技术水平，增强信息意识，提升计算思维，提高数字化创新与发展能力，树立正确的信息社会价值观和责任感。

本书以学生为中心，打破传统的计算机基础课程教学内容学科化的桎梏，以最新的信息技术课程国家标准为依据，以学生素质培养为首要目标，以典型任务活动为载体，帮助学生提高信息技术水平、提升信息素养，为其职业发展、终身学习和服务社会奠定基础。

本书的主要特色体现在以下几个方面：

（1）采用任务化学习载体。全书的每个模块通过相互独立又互相关联的工作（生活）任务进行衔接，以好奇心和探究心理驱动学生从信息检索开始，识别通过互联网获取的有效信息，对其进行科学的分析和处理，使其能够服务于学生的工作和生活，并帮助学生培养创新思想和责任意识，同时使学生约束自己在互联网上的行为。

（2）秉承"以学生为中心"的理念。所有学习活动均由任务情境引入，通过学习任务卡逐步指导学生主动探究知识、学习技能，通过任务演示和任务实战引导学生归纳、总结、思考任务实践过程中的收获、经验和不足，从而提高学生素养，实现传道授业解惑和立德树人的有机统一。

（3）构建立体化的教学资源。本书配备了丰富的数字化教学资源，包括项目活动任务卡、微课视频、知识点巩固练习、任务示范演示、课程思政、延展阅读等数字化资源，能够实现无边界课堂，帮助学生更方便地开展个性化学习。教师也可结合这些数字化教学资源灵活地组织教学，及时了解学生对所学知识的掌握情况，以便及时对教学过程、内容进行调整。本书采用视频、动画、VR 和文字等多种资源展现形式实现"数字化与纸质资源相结合、线上与线下资源相结合、静态与动态资源相结合"的立体化教学资源应用模式。

（4）将教学目标和课程思政目标融为一体。本书对照新课标提出的培养学生的信息意识、计算思维、数字化创新与发展能力、信息社会责任 4 个目标，将教学内容组织成 4 个对应的模块，引导学生探究、运用所学的数字化知识发现和解决身边的问题，培养学生的计算思维，激发其创新活力，使学生了解信创产业发展、树立强国之志，培养信息社会责任。

本书包含 9 个项目。其中，项目 1 由邱春荣、陈彬编写，项目 2 由谢海波、陈婕编写，项目 3 和项目 4 由王华兵、王炎华编写，项目 5 和项目 6 由李礼、蔡红编写，项目 7～项目 9 由邓文达、程玉柱共同编写，邓文达负责全书的策划和统稿。

在编写本书的过程中，编者参考与借鉴了一些文献，在此向相关作者表示感谢；同时，得到了电子工业出版社多位编辑的大力支持，在此一并表达深深的谢意。

由于编者水平有限，书中难免有不足和疏漏之处，敬请广大读者批评指正。

编　者

目　　录

模块 1　信 息 意 识

模块 2　计 算 思 维

模块 3　数字化创新与发展

模块 4 信息社会责任

模块 1 信息意识

信息意识指个体对信息的敏感度和对信息价值的判断力。

具备信息意识的表现：了解信息及信息素养在现代社会中的作用与价值；主动地寻求恰当的方式捕获、提取和分析信息；以有效的方法和手段判断信息的可靠性、真实性、准确性和目的性；对信息可能产生的影响进行预期分析；自觉地充分利用信息解决生活、学习和工作中的实际问题；具有团队协作精神，善于与他人合作、共享信息，实现信息的更大价值。

项目1 信息检索

学习目标

知识目标

（1）理解信息检索的概念及分类。

（2）理解搜索引擎的概念及主要类型。

（3）了解信息、信息存储和信息存储系统的概念。

（4）了解信息加工与处理的层次。

（5）了解信息存储技术和介质。

（6）了解信息检索和搜索引擎的发展趋势。

能力目标

（1）掌握确定信息检索词的具体方法和步骤。

（2）掌握获取和整理有效信息的科学方法。

（3）掌握信息和结论的表达方法及可视化展示方法。

素质目标

（1）培养小组分工协同意识。

（2）培养运用信息技术术语展示和表达信息检索方案的专业素养。

（3）通过学习、研讨和分析信息检索技术的发展趋势和行业现状，培养创新创业意识。

任务1.1 初识信息检索

1.1.1 任务情境

【情境1】（学习情境）在大学校园生活中，你可能经常思考一个问题："我未来的工作是什么样的？"

【情境2】（工作情境）在IT行业，如果你是一名助理工程师，因为业务的需要承接了一个视频监控的项目，这时你就必须清楚视频监控系统是什么。

【情境3】（生活情境）在与爷爷、奶奶的交流中，你想全面地告诉他们富氢水到底是有益的还是有害的。

【情境4】（生活情境）在日常生活中，你应该深入了解网上购物的陷阱，防止你和你身边的亲人、朋友、同事受害。

在面对上述及类似情境的时候，采用传统的咨询、讨论等方法可能难以及时得到你所需的信息，而信息检索技术以其海量的信息、高效的方法、科学的手段，可以帮助你快速获得有效的答案。本任务将介绍信息检索相关知识。

1.1.2 学习任务卡

本任务要求学生了解信息检索的概念，并掌握信息检索的基本要领。请参照"初识信息检索"学习任务卡（见表 1-1）进行学习。

表 1-1 "初识信息检索"学习任务卡

学习任务卡			
学习任务	初识信息检索		
学习目标	（1）理解信息检索的概念及内涵 （2）了解信息、信息存储和信息存储系统的基本概念 （3）掌握确定信息检索词的步骤		
学习资源	P1-1 初识信息检索　　　　　　V1-1 初识信息检索		
学习分组	编号		
	组长		组员
	组员		组员
	组员		组员
学习方式	小组研讨学习		
学习步骤	（1）课前：学习信息检索、信息、信息存储、信息存储系统等概念 （2）课中：小组研讨。围绕 1.1.1 节中的情境 1～情境 4，研讨具体的检索主题和目的 （3）课后：完成课后作业		

1.1.3 任务解析

根据思考事物的一般逻辑，按照"是什么""为什么""怎么做"的认知逻辑来学习信息检索。

首先，清楚"信息检索是什么"，即学习信息检索的基本概念和内涵。与信息检索技术和应用相关的概念有信息、信息存储、信息存储系统、信息检索等。

其次，明白"为什么要开展信息检索"，也就是明白学习信息检索的作用，理解信息检索能够帮助人们解决哪些问题。

最后，学会"怎么开展信息检索"，了解信息检索技术，了解常见的信息检索工具，理解信息检索工具的基本功能，掌握信息检索的具体步骤和方法。

另外，为了更好地开展信息检索，我们还应该考虑如何更高效地开展信息检索，思考如何优化信息检索的步骤和方法，了解信息检索的工具，懂得如何利用信息检索工具提高检索效率。

1. 信息

人们因为分析和研究信息的角度和目的不同，所以会从不同的视角对信息进行界定。从客观角度定义，信息指信息的存在方式及其运动规律。从主观角度定义，信息是人类对事物存在方式及运动规律的反映，是人们在认知世界中所形成的各种知识，即人类的一切智能活动。随着人类社会科学技术的发展，信息的表现形式越来越丰富，当前其主要的表现形式有文字信息、图像信息、数据信息、语音信息和视频信息等。

信息只有经过进一步的加工处理，才能有利于人们提高信息利用效率。未经加工处理的信息被称为原始信息。原始信息一般处于零散无序的状态，如手稿、会议记录等。经过初步加工整理的信息被称为初次信息，如工作总结、新闻报道、成果报告等。初次信息往往还没有被进行系统整理和序化。对原始信息和初次信息进行整理和归纳后，形成的有序信息产品被称为二次信息。以此类推，N 次信息就是在原始信息、初次信息、二次信息及 $(N-1)$ 次信息的基础上，经过一定方法的筛选得到的不同功能的信息产品。在通常情况下，信息加工层次越高，对提高人们的信息利用效率越有益。

2. 信息存储与信息存储系统

信息存储是将经过加工、整理、序化后的信息按照一定的格式和顺序存储在特定的载体中的一种信息活动。信息存储的目的是便于信息管理者和信息用户快速地、准确地识别、定位和检索信息。信息存储需要用到一定信息存储介质和信息存储技术。目前，常见的存储介质有纸、胶卷、计算机硬盘、网络存储系统等。

信息存储系统指利用一定的存储介质和存储技术，提供信息写入和读取功能，从而实现信息记忆功能的体系。当前应用的信息存储系统是利用信息存储技术实现信息存储的计算机信息存储系统。

现代的计算机信息存储技术主要有存储虚拟化技术、分级存储技术、数据保护技术和大数据技术。存储虚拟化技术对存储的硬件资源进行抽象化表现，将一个（或多个）目标服务或功能与其他附加的功能集成，为用户统一提供全面的功能服务。分级存储技术根据数据的重要性、访问频次等指标，将数据资源分别存储在不同性能的存储设备上，采取不同的存储方式，实时监控数据的使用频率，并且自动地把长期闲置的数据块迁移到低性能的存储设备上，把活跃的数据块放在高性能的存储设备上。数据保护技术主要用于建设本地备份系统，以及可靠的远程容灾系统。当灾难发生后，数据保护技术通过备份的数据完整、快速、简捷、可靠地恢复原有系统，以避免灾难对业务系统造成损害。基于大数据技术建设的大数据平台是具有代表性的信息存储平台。例如，百度大数据平台存储了海量的用户检索数据，如爬取的网页、图片和视频数据等；腾讯大数据平台存储了用户的互动数据和社交信息（文字、图片、音频和视频等）及游戏数据等；而阿里大数据平台则存储了海量的电商用户消费数据。这些数据都为信息检索奠定了基础。

3. 信息检索

信息检索（Information Retrieval），有时也被称为情报检索，由美国科学家穆尔斯（Mooers）于 20 世纪 40 年代首次提出。

信息检索的概念有广义和狭义之分。广义的信息检索指先将无序的信息按照一定的规范进行序化和存储，然后根据用户的要求找出所需信息的过程。从该定义中不难看出，广义的信息检索实际包括信息存储和信息检索，即"存"和"取"两个环节。狭义的信息检索专指信息"取"的过程，即从信息存储系统中找出用户所需信息的过程。由信息检索原理可知，信息的存储是实现信息检索的基础。因此，信息检索的前提和基础条件是信息存储和信息存储系统。存储的信息不仅包括原始文档数据，还包括图片、视频和音频文件等。我们首先要将这些原始信息转换为计算机语言，然后将其存储在数据库中，否则无法对其进行机器识别。待用户根据意图输入查询请求后，检索系统根据用户的查询请求在数据库中搜索与查询请求相关的信息，通过一定的匹配机制计算出信息的相似度，并按相似度从大到小的顺序将信息转换输出。信息检索必须具有比较明确的主题和目的。另外，信息检索要求用户按照一定的规则和方法，利用相关的工具实现信息检索的目的。

按存储与检索对象划分，信息检索可以被分为文献检索、数据检索和事实检索。文献检索指用户根据学习和工作的需要获取具有历史价值或研究价值的图书资料的过程。数据检索指用户根据需求把数据库中存储的数据提取出来的过程。事实检索指用户在一定的检索工具或检索系统中查询有关事实以寻求对某一问题的解答的过程。这 3 种信息检索类型的主要区别在于：数据检索和事实检索需要检索出包含在文献中的信息本身，而文献检索只要检索出包含所需信息的文献即可。

按检索途径划分，信息检索可以被分为直接检索和间接检索两种类型。直接检索指用户直接查询、浏览、阅读文献原文而获取所需信息的检索方式。间接检索指用户先通过检索工具获得所需文献的线索，然后通过该线索查询、浏览和阅读文献，从而获得所需信息的检索方式。例如，用户通过图书馆的书目查询系统获得《毛泽东选集》的有关藏书位置，再查阅《毛泽东选集》获得毛泽东的革命事迹。

以存储的载体和实现查找的技术手段为标准划分，信息检索可以被分为手工检索、机械检索和计算机检索。手工检索是以手工翻阅图书、期刊或其他工具书的方法实施信息检索的方法。手工检索是一种传统的检索方法。机械检索是利用一定的机械设备实施检索的方法。计算机检索指用户在计算机或计算机检索系统的终端机上，使用特定的检索指令、检索词和检索策略，先从计算机检索系统的数据库中检索出需要的信息，再由终端设备显示或打印所需信息的过程。其中，网络信息检索是发展最为迅速的计算机检索方式。利用网络信息检索，互联网用户可以在网络终端，通过特定的网络搜索工具或通过浏览的方式，查找并获取信息。

4. 搜索引擎

随着 Internet 的快速发展，如何在海量的信息中快速、准确、便捷地找到自己所需的信息，是人们迫切需要解决的问题。搜索引擎很好地解决了这一问题。搜索引擎又被称为检索引擎，指运行在 Internet 上、以信息资源为对象、以信息检索的方式为用户提供所需数据的服务系统，主要包括信息存取、信息管理和信息检索三大部分。目前，中文搜索引擎主要有 3 种类型：分类目录式搜索引擎、全文搜索引擎和元搜索引擎。

1）分类目录式搜索引擎

分类目录式搜索引擎以人工或半人工方式收集信息，建立数据库，由编辑人员在访问某个 Web 站点后，对该站点进行描述，并根据站点的内容和性质将其归为一个预先分好的类别。由于分类目录式搜索引擎的信息分类和信息搜集有人的参与，所以其搜索的准确度较高，导航质量也不错。但其维护量大，信息量少，信息更新不及时，这使人们利用它的程度有限。国内的新浪、搜狐都属于这种类型。

2）全文搜索引擎

全文搜索是一种目前运用较广泛的搜索引擎，在国内以百度、天网为代表。它先使用自动采集软件 Robot 搜集和发现信息，并下载到本地文档库，再对文档内容进行自动分析并建立索引。对于用户提出的检索要求，它通过检索模块检索索引，找出与检索要求匹配的文档返回给用户。全文搜索引擎具有庞大的全文索引数据库，其优点是信息量大、范围广，较适用于检索难以查找的信息或一些较模糊的主题；缺点是缺乏清晰的层次结构，检索结果重复较多，需要用户自己进行筛选。

3）元搜索引擎

元搜索引擎是一种调用其他搜索引擎的引擎。它通过一个统一的用户界面，帮助用户在多个搜索引擎中选择和利用合适的搜索引擎来实现检索。中文元搜索引擎较少，较成熟的则更少。万维搜索是目前有一定影响的中文元搜索引擎。元搜索引擎其他的典型代表有Infospace、Dogpile、Vivisimo 等。

搜索引擎依托于多种技术，如网络爬虫技术、检索排序技术、网页处理技术、大数据处理技术、自然语言处理技术等，为信息检索用户提供快速、高相关性的信息服务。搜索引擎技术的核心模块一般包括爬虫、索引、检索和排序等，同时可添加其他一系列辅助模块，为用户创造更好的网络使用环境。

5. 信息检索词的确立

信息检索词指根据检索主题和检索目标确立的，对表达检索主题、获取检索结果具有关键作用的词语。信息检索词的合理性直接影响信息检索内容的有效性和准确度。那么，如何确定信息检索词呢？

确定信息检索词的过程主要分为 4 个步骤。

（1）自由词切分，即以选题语句为对象，以自由词为单位进行拆分，形成检索词的最小单位。

（2）自由词删除，这一步的主要任务是删除对检索没有实际意义的虚词，删除含义过于广泛的词，删除使用频率太高或太低的词，删除存在包含关系、可以合并的词。

（3）词语替换和补充，主要包括规范词替换和同义词补充两个方面。例如，"公交"一词在检索中尤其是在专业检索平台中应被替换成"公共交通"，"煤气中毒"应被替换成"一氧化碳中毒"。

（4）增加限定词，也就是分析隐含概念、挖掘潜在的主题词，可以通过分析上位词、下位词、同类词的关系得到其他相关主题词。

1.1.4 视野拓展

信息检索是人类为了合理地分发信息和充分地利用信息而采取的一种重要的交流方式，它已经成为现代社会信息化发展的关键。在这个高速发展的信息时代，信息就是商品，信息就是财富，信息就是资源，信息就是机会，人人都渴望及时获得有用的信息。如果说获取信息是人类赖以生存、发展的本能，那么信息检索就是每个人必须具备的一种基本技能。因此，信息检索在这个时代起着举足轻重的作用。

（1）信息检索是读书治学的基本功。无论是在学习中还是在工作期间，我们都需要进行各种信息检索的训练。

（2）信息检索是科学研究的组成部分。科学研究是从课题调研、掌握资料起步的。信息检索有助于研究者掌握课题的进展动态、开拓思路、避免重复劳动，把研究水平提到新的高度。

（3）信息检索是科学决策的先导。信息化时代的经济管理、政治控制、艺术创造乃至心理状态的演变等，均受到各种社会信息的影响。我们只有适时掌握相关信息才能实现有效的管理。

目前，信息检索已经发展到网络化和智能化的阶段。信息检索的对象从相对封闭、稳定一致、由独立数据库集中管理的信息内容扩展到开放、动态、更新快、分布广泛、管理松散的网络内容。因此，在未来的信息检索业务中，必将出现智能化、专业化、多样化的信息检索引擎。

智能搜索引擎是结合了人工智能技术的新一代搜索引擎，它使网络信息检索从基于关键词的检索提高到基于知识或概念的检索，并对知识有一定的理解及处理能力，能够实现分词技术、同义词技术、概念搜索、短语识别及机器翻译等功能。智能化信息检索是基于自然语言的检索形式。计算机根据用户提供的以自然语言表述的检索要求进行分析，而后形成检索策略并进行搜索。用户需要做的仅仅是告诉计算机自己想做什么，至于怎样实现用户的要求则无须人工干预，这意味着用户将彻底从烦琐的规则中解脱出来。在检索服务方面，提高检索质量的根本在于判定用户是在寻找快速的回应还是在寻找精确的检索结果，并分析查询中隐含的"意义范围"，即词语在不同领域的含义。

个性化信息检索指能够为具有不同信息需求的用户提供个性化检索结果的技术，即对不同用户提供的同一种查询词语，按照不同的用户需求生成不同的检索结果。从实现原理上看，目前的个性化信息检索方法主要有 3 种：基于文本内容分析的方法、基于点击流分析的方法和基于超链接分析的方法。基于文本内容分析的方法通过获取用户的查询历史和访问的网页等文本信息，甚至有时还能结合用户主动提交的、反映自身兴趣的关键词来得到个性化的检索结果。基于点击流分析的方法通过对用户的点击流信息进行处理分析，构建用户模型，扩展查询语句，对查询结果进行个性化重排和扩展，实现智能化服务。基于超链接分析的方法主要利用一定的数学工具和情报学方法，对超链接的属性、链接对象、链接网络等特征进行分析，从而揭示信息的内在特征和规律。

我国的搜索引擎行业在经历了萌芽期、发展期和高速发展期之后，逐渐进入了成熟期。20 世纪 90 年代是我国搜索引擎行业的萌芽期。该时期的代表性产品是搜狐、新浪、网易等门户网站推出的分类目录式搜索引擎。这种搜索引擎有一定的搜索功能，但本质上是按照一定的分类标准列出的网站链接导航。21 世纪初期，我国的搜索引擎行业得到了较快的发展，其标志性事件是百度搜索引擎面世。百度成为我国第一个正式的中文搜索引擎。2005 年，我国出现了手机版的网页搜索产品。2008 年，我国出现了移动搜索 App。2011 年，搜狗搜索、360 搜索等搜索引擎如雨后春笋般涌现。我国的搜索引擎行业在这一时期呈现出高速发展的态势。2019 年，5G 商用搜索引擎面世，这标志着我国的搜索引擎产品步入了崭新的发展阶段，同时也成为我国搜索引擎行业进入成熟期的标志。

随着我国搜索引擎技术和产业的发展，国内搜索引擎产业的市场规模也迅速扩大。2015—2020 年，中国搜索引擎市场规模从 707.5 亿元增长到 1 204.6 亿元，年复合增长率为

11.23%。我国搜索引擎的用户数量也迅速增长。截至 2020 年 12 月，我国搜索引擎用户数量达 7.70 亿，较 2020 年 3 月增长 1 962 万，占网民整体数量的 77.8%；手机搜索引擎用户规模达 7.68 亿，较 2020 年 3 月增长 2 300 万，占手机网民的 77.9%。从市场份额来看，在国内搜索引擎全平台市场上，百度占据大部分市场份额。2019 年 6 月，百度占据 72.7%的市场份额，其后稳定在 65%～70%。截至 2020 年 12 月，在国内搜索引擎市场份额方面，百度排行第一，占 66.87%，远超位列第二的搜狗。百度与搜狗的市场份额合计 91.41%，形成了搜索引擎行业的双寡头格局。从用户数量看，百度用户占有率为 70.3%，牢牢占据第一的位置；搜狗用户占有率为 10.3%，占据第二的位置；神马、中国搜索与 360 搜索在用户占有率上也崭露头角，分别占据 8.1%、4.4%和 4.2%。

1.1.5　任务演示

开展信息检索活动的关键是要根据检索的主题和目的确定输入信息检索工具平台的信息检索词。

1. 自由词切分

以 1.1.1 节中的情境为例，运用信息检索词的提取方法，根据检索任务"我未来的工作是什么"等进行关注点分析，得到几个主题句，如表 1-2 所示。

表 1-2　任务情境主题句分析表

任务情境	主题句分析
我未来的工作是什么	（1）我的专业以后匹配什么岗位？ （2）岗位具体的工作内容是什么？ （3）岗位需要哪些知识、技能和素养？ （4）岗位的薪资待遇水平如何？ （5）岗位的职业发展机遇和挑战是什么？ ……
我想做一个视频监控系统	（1）视频监控系统的工作原理是什么？ （2）视频监控系统的主流技术有哪些？ （3）视频监控系统的基本架构和组成设备是什么？ （4）视频监控系统的典型应用有哪些？ ……
告诉长辈：富氢水是有益还是有害	（1）什么是富氢水？ （2）富氢水的基本性质（物理性质、化学性质）是什么？ （3）富氢水的作用及其机制是什么？ （4）富氢水对老年人健康有益吗？ ……
了解网上购物有什么陷阱	（1）网络购物的常见陷阱有哪些？ （2）常见网购陷阱的一般套路是什么？ （3）常见网购陷阱的原理是什么？ （4）如何防范网购陷阱？ ……

根据表 1-2 中的主题句进行自由词切分。以情境 1 "我未来的工作是什么"为例进行主题句的自由词切分。对第一主题句"我的专业以后匹配什么岗位？"进行自由词切分，得到的结果是"我，的，专业，以后，匹配，什么，岗位"。对第二主题句"岗位具体的工作

内容是什么？"进行自由词切分后得到"岗位，具体，的，工作内容，什么"。对第三主题句"岗位需要哪些知识、技能和素养？"进行自由词切分后得到"岗位，哪些，知识，技能，和，素养"。对第四主题句"岗位的薪资待遇水平如何？"进行自由词切分后得到"岗位，的，薪资，待遇，水平，如何"。对第五主题句"岗位的职业发展机遇和挑战是什么？"进行自由词切分后得到"岗位，的，职业发展，机遇，和，挑战，什么"。

2. 自由词删除

把第一主题句中"我，的，专业，以后，匹配，什么，岗位"中的虚词"的"删除，删除使用频率太高的词"我""以后""匹配""什么"，得到的结果是"专业"和"岗位"。

3. 词语替换和补充

第一主题句经过步骤二自由词删除后，得到的结果是"专业"和"岗位"。在实际平台中，"专业"和"岗位"还可能以"职位"等同义词出现，因此，我们还应该补充"职位"等同义词。第二主题句经自由词删除后得到"岗位"和"工作内容"，补充"工作内容"的同义词"工作职责""任职要求"等。

4. 增加限定词

我们应该将专业名称作为限定词，加入信息检索词中。另外，根据第一主题句的信息检索词查询到岗位名称后，还需要把这些具体的岗位名称作为限定词加到后面的主题句中，只有这样，查出的结果才会更加具体、准确、有效。

1.1.6 任务实战

学生参照 1.1.5 节中介绍的步骤，开始任务操作，并填写任务操作单，如表 1-3 所示。

表 1-3 任务操作单

任务名称	确定信息检索词		
任务目标	（1）应用信息检索词的提取方法 （2）确定任务的信息检索词 （3）了解网上购物的陷阱		
小组序号			
角色	姓名	任务分工	
组长			
组员			
组员			
组员			
组员			
序号	步骤	操作要点	结果记录	评价
1	自由词切分			
2	自由词删除			
3	词语替换和补充			
4	增加限定词			
	评语			
	日期			

1.1.7　课后作业

任务 1.1 参考答案

1. 单选题

（1）信息检索指从（　　）中找出所需的信息。

A．信息源　　　　　　　　　　B．信息传输系统

C．信息存储系统　　　　　　　D．信息纠错系统

（2）能够自动地把长期闲置的数据块迁移到低性能的存储设备上，把活跃的数据块放在高性能的存储设备上的技术是（　　）。

A．存储虚拟化技术　　　　　　B．数据保护技术

C．分级存储技术　　　　　　　D．网络存储技术

2. 多选题

（1）下列选项属于常见信息表现形式的有（　　）。

A．文字　　　　　　　　　　　B．图像

C．数据　　　　　　　　　　　D．语音

（2）下列选项属于存储介质的有（　　）。

A．纸　　　　　　　　　　　　B．胶卷

C．计算机硬盘　　　　　　　　D．网络存储系统

3. 判断题

信息检索不需要确定具体的主题。　　　　　　　　　　　　　　　　　（　　）

任务 1.2　辨别检索的结果

1.2.1　任务情境

【情境】（生活情境）家里长辈要你帮忙在网上购买一些保健品。你从网页上搜索到的产品信息种类繁多，是否存在虚假宣传、网购诈骗等陷阱呢？

网络购物在给消费者带来诸多便利、实惠的同时，也存在商品质量参差不齐、虚假宣传、网购诈骗等陷阱。作为一名互联网时代的大学生，应当具备了解网络购物中常见的陷阱，正确辨别网购中存在的风险的能力和素质。

本任务运用信息检索方法搜索和整理常见的网购陷阱，分析其内在规律，帮助学生提高辨别网购陷阱的能力。

1.2.2　学习任务卡

本任务要求学生掌握有效信息的识别方法。请参照"辨别检索的结果"学习任务卡（见

表 1-4）进行学习。

表 1-4 "辨别检索的结果"学习任务卡

学习任务卡		
学习任务	辨识检索的结果	
学习目标	（1）掌握信息检索的方法 （2）掌握有效信息的识别方法 （3）了解有效信息的相关概念	
学习资源	P1-2 辨别检索的结果　　　　V1-2 辨别检索的结果	
学习分组	编号	
	组长	组员
	组员	组员
	组员	组员
学习方式	小组研讨	
学习步骤	（1）课前：学习有效信息的相关概念 （2）课中：小组研讨——围绕有效信息识别的方法和工具开展讨论。小组分工实践——记录信息检索结果，根据有效信息识别的方法整理和分析网购陷阱的识别方法；填写完成任务操作单 （3）课后：完成课后作业	

1.2.3 任务解析

本任务的目的较为明确，即辨别检索的结果。我们按照 1.1.5 节的操作步骤，得到的检索关键词为"网购""网络购物""陷阱""诈骗"。

接下来思考使用什么工具完成信息检索。常见的信息检索工具有两种：搜索引擎和商业数据库。搜索引擎的特点是免费、面向所有用户，适用于检索水平要求较低的信息检索任务。商业数据库是收费或授权使用的，适用于较为专业的检索领域。本任务为普通的生活情境类型，使用常用的搜索引擎作为信息检索工具就可以。

搜索得到的结果信息量大、质量参差不齐，如何从众多的检索结果中提取有效的信息是完成本任务的关键环节。

"辨别检索的结果"信息检索任务解析如表 1-5 所示。

表 1-5 "辨别检索的结果"信息检索任务解析

学习任务	学习要点	学习内容	学习要求	备注
理论知识	中国知网	中文名称、英文简称、常用功能、总库资源结构	了解	
	万方数据	基本背景、基本功能、主要资源	了解	
	维普资讯	基本背景、基本功能、主要资源	了解	
技能方法	有效信息获取	有效信息的获取步骤和方法，重点掌握信息的筛选和鉴别方法	创新运用	重点、难点

1．中文文献数据库

1）中国知网

中国知网全称是中国知识基础设施工程，其英文全称为 China National Knowledge Infrastructure，英文简写为CNKI。中国知网是综合性的全文文献商业数据库，由清华同方光盘股份有限公司、《中国学术期刊（光盘版）》电子杂志社、清华大学光盘国家工程研究中心、清华同方光盘电子出版社等单位联合建设，于1999年6月正式投入使用。

中国知网采用总库资源超市的概念整合、集成了各种类型的数据资源，形成了面向不同用户和不同需求的十大文献出版总库，为众多的数字资源出版商提供出版和展示的平台，同时也为各类研究机构、行业企业及用户提供资源订阅和信息服务。

中国知网于2015年11月全面升级后，推出了KNS6.6新平台。该平台为用户提供了计量可视化分析、文献导出、指数检索和知网节等特色功能，还为用户提供更加精确的检索智能匹配功能。另外，中国知网还新增了检索文献类型分类、相关检索结果的资源推荐和相关好文献推荐等功能。

中国知网总库资源结构如表1-6所示。

表1-6　中国知网总库资源结构

序号	中国知网产品	主要构成
1	源数据库	期刊：中国学术期刊（网络版）、中国学术辑刊全文数据库、世纪期刊、商业评论数据库、中国学术期刊（网络版） 学位论文：中国博士学位论文全文数据库、中国优秀硕士学位论文全文数据库 报纸：中国重要报纸全文数据库 会议：中国重要会议论文全文数据库、国际会议论文全文数据库
2	特色数据库	中国年鉴网络出版总库、中国经济社会发展统计数据库、中国经济信息文献数据库、中国法律知识资源总库法律法规库、中国科技项目创新成果鉴定意见数据库（知网版）、工具书、专利、标准、古籍、CNKI学术图片知识库、CNKI外观专利检索分析系统、职业教育特色资源总库
3	行业知识库	医药行业知识库：人民军医知识库、人民军医出版社图书数据库 农业行业知识库："三新农"图书库、"三新农"视频库、"三新农"期刊库、现代农业产业技术库、科普挂图资源库 教育行业知识库：中国高等教育期刊文献总库、中国基础教育文献资源总库 城建行业知识库：中国城市规划知识仓库、中国建筑知识仓库 法律行业知识库：中国法律知识资源总库、中国政报公报期刊文献总库 党和国家大事知识库：中国党建期刊文献总库、党政领导决策参考信息库
4	国外资源	学术研发情报分析库（EBSCO ASRD）、全球产业（企业）案例分析库（EBSCO BSC）、国际能源情报分析库（EBSCO EPS）、军事政治情报分析库（EBSCO MGC）、循证医学数据库（DynaMed）、Springer期刊数据库、Taylor & Fracis期刊数据库、Wiley期刊数据库、Emerald期刊、美国数学学会期刊、英国皇家学会期刊、汉斯期刊、剑桥大学出版社期刊、Frontiers系列期刊数据库、Academy期刊、Annual Reviews期刊、Bentham期刊、伯克利电子期刊、Earthscan期刊、Hart出版社期刊
5	作品欣赏	中国精品文化期刊文献库、中国精品文艺作品期刊文献库、中国精品科普期刊文献库
6	指标索引	全国专家学者、机构、指数、概念知识元数据库、中国引文数据库、CNKI翻译助手

2）万方数据

万方数据全称是万方数据知识服务平台，其英文全称为 Wanfang Data Knowledge

Service Platform，它隶属于北京万方数据股份有限公司，整合了数亿条优质知识资源，是国内一流品质的数据信息服务平台。万方数据集成了期刊、学位、会议、科技报告、专利、标准、科技成果、法规、地方志、视频等 10 余种知识资源，覆盖自然科学、工程技术、医药卫生、农业科学、哲学政法、社会科学、科教文艺等全学科领域，实现对海量学术文献的统一发现及分析，支持多维度组合检索，适合不同用户群的需求。

万方数据的主要资源包括中国学术期刊数据库、中国学位论文全文数据库、中国学术会议文献数据库、中外专利数据库、中外标准数据库、中国法律法规数据库、中国科技成果数据库、中国特种图书数据库、中国机构数据库、中国企业机构数据库、中国专家数据库、中国学者博文索引库和 OA 论文索引库等。

3）维普资讯

维普资讯也被称为维普网，是重庆维普资讯有限公司建立的电子信息资源服务平台，始建于 2000 年，现已成为国内外知名的中文信息服务网站。维普资讯收录有中文报纸 400 多种、中文期刊 12 000 多种、外文期刊 6 000 余种；已标引加工的数据总量达 1 500 万篇、3 000 万页次，拥有固定客户 5 000 余家，在国内同行中处于领先地位。维普资讯已成为我国图书信息、教育机构、科研院所等系统必不可少的基本工具和获取资料的重要来源。

2. 外文文献数据库

外文文献数据库收录了世界各国较为重要的科研成果，反映了世界科学技术的科研动态，是科学研究者的重要科研信息来源。目前用户使用最多的是以 Science Direct、Springer 和 Wiley 为代表的外文文献全文收录数据库。

3. 有效信息获取方法

常用的有效信息获取方法大致分为 4 个步骤。

【步骤 1】根据检索主题和要求提取关键词，参见 1.1.5 节。

【步骤 2】构建检索表达式。构造检索表达式一般采用以下符号。

- ？：表示一个任意的字符串。例如，搜索"解放?"，可以查出包含以"解放"开头的两个字或 3 个字的词的文章。
- %：表示一个或多个任意的字符串。例如，搜索"中华人民%""%日报"，分别可以查出包含以"中华人民"开头和以"日报"结尾的长度不限的词的文章。
- AND（*）：表示两个条件同时满足。例如，搜索"计算机 AND 电脑 AND 微机"，可以查出同时包含"计算机""电脑""微机"的文章。
- OR（+）：表示满足条件中的任意一个。例如，搜索"计算机 OR 电脑"，可以查出包含"计算机"或者"电脑"的所有文章。
- NOT（−）：表示不满足条件。例如，搜索"NOT 计算机""计算机 NOT 电脑"，分别可以查出不包含"计算机"和只包含"计算机"而不包含"电脑"的文章。

【步骤 3】检索结果的筛选。检索结果的筛选指对来自各种途径、经过鉴别后的信息进行归类分析，依据个人的需求去掉与目标不符、无价值乃至价值甚微的冗余信息，保留与目标相符、有参考价值的信息的过程。

1）信息筛选须遵循的一般性原则

（1）权威性原则，即信息源是否来自正式可靠、可信度高的途径。

（2）可重复性原则，即相同信息来源于多重信息渠道。例如，不同学科多位权威学者各自独立测试，获得同样的信息就具有多重信度。

（3）时效性原则，即信息发布的时间效度。例如，权威信源针对同一问题最近发布的信息比以往发布的信息的信度更高。

（4）逻辑性原则，从已知事实出发，利用比较与分类、分析与综合、抽象与概括、归纳与演绎等逻辑方法得出合理的结论。

（5）实证性原则，科学实验或事实可以为该信息提供确凿的证据。

（6）代表性原则，即信息样本能够代表事实的程度。

2）信息筛选的方法

（1）需求取舍法。需求取舍法是针对个人信息需求，将所掌握的信息需求分出层次，以决定其取舍的方法。采用这种方法首先要明确信息需求的范围，再将所了解到的信息需求累积起来，将其分解为重点需求、常规需求与相关需求等层次，最后根据需求的强度来决定取舍。运用需求取舍法需要注意以下 3 个方面：突出主题思想、选择典型性信息、选择富有新意的信息。

（2）逐层筛选法。首先是粗选，将从各种渠道、运用不同方法采集来的信息，经鉴别、筛选后，分成与用户有关和无关的两种。然后是精选，将与用户直接相关的信息分为最重要的信息、较重要的信息、一般的信息。

（3）查重法。查重法可以剔除内容重复的信息，选留有用信息，以减少其他信息工作环节的无效劳动。当然这种方法也并非一味重复，如果需要，则可以保存一部分重要的信息资料复本。

（4）时序法。时序法是按时间顺序对信息资料进行取舍。在同一内容的情况下，选留较新的信息，剔除较旧的信息。这样可以使选留的信息在一定时间区间内更有价值，特别是对于来自文献中的信息，更须选择时间最近的信息。

（5）类比法。将同类型的信息进行比较，选留信息量大、更能反映事物的本质的信息的方法就是类比法。对于虽然信息量并不很大，或者反映事物本质并不深刻，但是可作为主要信息资料的重要补充内容，或对工作有启发作用的信息资料，我们也应选留，不能一概剔除。

（6）专家评估法。对某些专业性强、技术性强的信息，若一般信息人员一时难以确定其取舍，则可以请有关专家或专业人员进行评估，根据其评估结果，结合本组织当前与长远的需要综合考虑对其的选留和剔除问题。

（7）老化规律法。这主要是针对文献信息资料而言的。文献学认为，文献的使用价值随时间而逐渐降低，甚至会完全失去使用价值，这就是老化规律。一般来说，文献的利用率第一年最高，之后逐渐下降。

3）常用的信息筛选步骤

掌握基本的信息筛选方法后，我们还需要按照一定的步骤来实施和完成信息筛选。

（1）看信息来源。基本指导思想是上级形成的信息具有全局性、综合性和权威性，同级和下级的信息主要起参考作用，政府部门的官方信息具有权威性，研究组织和机构的信息具有较高的可信度和可靠性。

（2）看标题。信息的标题往往反映出信息的内容和覆盖的主题范围。通过标题可以基本确定信息与检索主题的相关程度和价值。

（3）看正文。了解具体的信息内容与本检索主题的关联度，可以明确信息内容的价值。

（4）整理与标注。将前面 3 个步骤筛选出来的信息，根据其价值的不同进行标记、复印或摘录，并做好标注说明，明确其价值要点、内容摘要、索引标志，并标明出处。

【步骤 4】检索结果的鉴别。在检索所获得的结果中可能存在着一些信息垃圾和伪信息。因此，我们应对获取的信息进行辩证分析，通过价值判断剔除糟粕，对有用信息进行深层挖掘，寻找其中隐含的价值和意义以满足需求。这个过程就是信息鉴别的过程。信息鉴别的方法主要有以下几种。

（1）全面检验法。从多方面来检验信息，以确定其完整与否。不完整的信息就是伪信息。

（2）多要素核查法。一条真实而有价值的信息含有时间、地点、事物或物品、数量与价格、状态、本质、规格与功用、信息来源等要素。我们要识别一条信息的真假，就要一一核查各要素。

（3）权威佐证法。对于一条貌似真实的信息，我们只要用权威性信息加以比较就会使其原形毕露。例如，判断一个数字是否准确，只要用统计局的数字予以佐证，就能识别真假。

（4）相互检验法。对于同一客观事物反映的信息，可用不同方式检验。例如，对于同一品牌、同一型号的电器产品，我们可以对不同购物网站的信息进行比较。

1.2.4 视野拓展

随着网络购物的普及，消费者遭遇网购陷阱及其他网购侵权的现象变得非常普遍。网购维权也成为消费者的热点话题。如何在虚拟的网络购物中更好地维护自身的合法权益呢？具体有以下几种维权方法。

1. 直接侵权人（商家）承担责任

直接侵权人（商家）承担责任也就是谁销售了假冒伪劣产品谁承担责任。这种维权方式是最直接的，也是最常见的。商家的售假行为在直接侵犯了权利人版权、商标权等权利的同时也必然侵犯了消费者的知情权、安全权、公平交易权等权利。这种方式主要分两种场景。

（1）网络直销模式。网络直销模式指企业通过自己的网络平台直接向客户或消费者销售商品，如京东商城等。网络交易平台的经营者同时也是该平台所搭载的电子商务的经营者，主体具有同一性。消费者的合法权益一旦受到侵犯，即可通过网络平台上显示的工业和信息化部及公安部的认证和备案信息，迅速准确地找到责任主体。此外，在网络直销模式下，经营者一般具有法人资格，专业从事电子商务业务，设有专门的客户服务部门或人员。在这种情况下，消费者索赔既方便又高效，因此很适合要求直接侵权人（商家）承担责任。

（2）电子商务中介经营模式。对于这种中介经营模式来说，消费者要求侵权商家直接承担责任的方式往往有一定的局限性。这主要表现为责任主体的确认问题。因为在中介经营模式下，商家使用的并不是自己经营的网络交易平台，所以消费者无法在网络上直接获取商家的信息。在网络交易过程中，商家一般仅就商品的品质和外观进行介绍，而不会告知消费者生产商品的企业或公司名称；至于商家是否在工商部门注册登记、是否具有独立责任能力及住所地等信息，消费者更是一无所知。一旦权益受到侵害，消费者将会面临不知道应该起诉谁及到哪里起诉等一系列难题。因此，在这种模式下消费者应注意以下3点：①注意购物平台的选择。消费者应选择知名度高、信誉好、备案信息齐全的网络平台，以降低遭遇欺诈的危险系数。②下单须谨慎。面对心仪的商品、心动的价格，消费者不要急于付款，要"验明正身"，要对网站的联系电话进行试拨验证，仔细查实商家的名称和地址等有关信息，以免因盲目付款而财物两空。③注意保留购物凭证。在购物的过程中，消费者应注意保存相关网页，索取付款凭证，为日后维权保留证据。

2. 间接侵权人（网络服务商）承担责任

间接侵权人指没有直接参与侵犯消费者权益的具体交易，而是为该交易提供网络支撑平台的网络服务商，如淘宝网、易趣网等。

间接侵权人往往具有较高的知名度，容易被确认，拥有雄厚的经济实力，理赔能力强，设有专业的客户服务团队，理赔服务好、效率高。因此，相较于要求商家承担责任，要求间接侵权人（网络服务商）承担责任，对消费者而言更有利也更有保障。

然而，消费者须注意的是，这一维权方法并不是在任何情况下都可使用的，其适用条件比较严苛。它有以下要求：①维权对象不是纯粹的网络接入服务商（如中国电信），必须是有机会接触销售商所发布信息内容的网络服务商。②对于销售商在网络交易平台发布非法信息（如关于销售假冒商品的信息）的行为，网络服务商在主观上是实际知晓的。③网络服务商在接到权利人通知后，没有采取措施将非法信息及时移除，任由非法信息继续存在，以致消费者遭受损失。

3. 向消费者协会求助

消费者在自我维权的同时，必须清醒地认识到网上购物也是消费，网络购物者也是消费者。网络消费者在权益受到侵害时，可以向消费者权益保护委员会投诉，可以要求市场监督管理局、公安局等国家机关给予必要的保护。

2021年3月15日，国家市场监督管理总局出台《网络交易监督管理办法》（以下简称《办法》），《办法》制定了一系列规范交易行为、压实平台主体责任、保障消费者权益的具体制度规则。《办法》第十四条规定，网络交易经营者不得作虚假或者引人误解的商业宣传，欺骗、误导消费者。第十七条规定，网络交易经营者不得将搭售商品或者服务的任何选项设定为消费者默认同意，不得将消费者以往交易中选择的选项在后续独立交易中设定为消费者默认选择。第十八条规定，网络交易经营者采取自动展期、自动续费等方式提供服务的，应当在消费者接受服务前和自动展期、自动续费等日期前5日，以显著方式提请消费者注意，由消费者自主选择；在服务期间内，应当为消费者提供显著、简便的随时取消或者变更的选项，并不得收取不合理费用。第十九条规定，网络交易经营者应当全面、真实、准确、及时地披露商品或者服务信息，保障消费者的知情权和选择权。若网络交易经营者有违反上述规定的行为，则由市场监督管理部门依照法律、行政法规处理；若法律、行政法规没有相关规定，则由市场监督管理部门依职责责令网络交易经营者限期改正，并进行罚款。

1.2.5 任务演示

任务演示以 1.1.1 节中的情境 3 为例，演示生活场景的信息检索过程。该情境是一个生活情境，要求学生向家里的长辈介绍富氢水的利和弊。

【步骤 1】提取检索词。根据信息检索词的提取步骤，拟定本情境的检索词为"富氢水""性质""作用""功能""老年人""老人"。其中，"作用"和"功能"、"老年人"和"老人"都是由同义词补充而得到的检索词。

【步骤 2】构建检索表达式。根据本任务的检索目标，我们可以构建本检索任务的表达式为："富氢水 AND 性质 AND 作用 OR 功能 AND 老年人 OR 老人"。需要指出的是，由于本检索为生活情境，所以检索专业性要求不高。可以选用常用的百度、搜狗等搜索引擎作为检索平台，并辅以专业检索平台如中国知网的检索结果，以增强检索信息的专业性和权威性。搜索引擎是面向大众的搜索工具，对构建检索表达式的逻辑要求不高，因此用户可以直接输入检索词完成检索任务。

【步骤 3】检索结果的筛选。以百度搜索引擎为例，将检索词输入百度搜索网站得到检索结果。

根据信息筛选原则和需求取舍法、逐层筛选法、查重法、时序法、类比法等方法，得到检索的有效信息，如图 1-1 和图 1-2 所示。

图 1-1 "富氢水的利和弊"百度检索结果

图 1-2 "富氢水的利和弊"中国知网检索结果

将检索到的主要信息填入表 1-7 中。

表 1-7 "富氢水的利和弊"信息检索筛选结果

序号	检索结果标题	备注
1	年纪越大越该多喝水！喝富氢水对老年人尤其有益	百度
2	老年人每天喝富氢水有哪些好处	百度
3	【生态科普】富氢水十大功效	百度
4	富氢水的作用	百度
5	富氢水对心脏病、"三高"等人群的作用机理	百度
6	富氢水理化特性及抗氧化作用研究	百度
7	孙学军教授解答：富氢水的作用	百度
8	日本医科大学：富氢水对老年性自发痴呆的作用	百度
9	富氢水对老年慢性病治疗的研究成果	百度
10	富氢水对心脑血管的作用	百度
11	来自实践的报告，让事实告诉富氢水的好处	百度
12	世界科学界唯一认可的保健医疗用功能水——富氢水，也叫水素水	百度
13	富氢水对骨骼肌运动性氧化应激损伤与选择性抗氧化作用机制研究	中国知网，博士学位论文
14	富氢水饮用对颈动脉粥样硬化患者临床效果的研究	中国知网，硕士学位论文
15	富氢水治疗膝关节骨性关节炎的初步临床研究	中国知网，硕士学位论文

【步骤4】检索结果的鉴别。应用全面检验法、多要素核查法、权威佐证法、相互检验法等方法对检索结果进行鉴别，遴选出有效的检索结果为表 1-7 中序号为 1、2、3、5、6、7、8、9、10、13、14、15 的检索结果。

1.2.6 任务实战

学生参照 1.2.5 节中介绍的步骤，开始任务操作，并填写任务操作单，如表 1-8 所示。

表 1-8 任务操作单

任务名称	"辨别检索的结果" 信息检索		
任务目标	(1) 应用信息检索词的提取方法 (2) 构造适当的信息检索表达式,并对检索结果进行筛选和鉴别		
小组序号			
角色	姓名	任务分工	
组长			
组员			
组员			
组员			
组员			

序号	步骤	操作要点	结果记录	评价
1	提取检索词			
2	构建检索表达式			
3	检索结果的筛选			
4	检索结果的鉴别			
评语				
日期				

1.2.7 课后作业

1. 单选题

(1) 中国知网的中文全称是( )。

任务 1.2 参考答案

A. 中国知识基础工程　　　　　　B. 中国知识基础设施工程

C. 中国知识工程网络　　　　　　D. 中国知识设施工程网络

(2) 使用逻辑 "AND" 是为了( )。

A. 提高查全率　　　　　　　　　B. 提高查准率

C. 减少漏检率　　　　　　　　　D. 提高利用率

2. 多选题

(1) 中国知网的 KNS6.6 新平台具有的特色功能包括( )。

A. 计量可视化分析　　　　　　　B. 文献导出

C. 指数检索　　　　　　　　　　D. 知网节

(2) 中国知网总库包括的资源有( )。

A. 源数据库　　　　　　　　　　B. 特色数据库

C. 指标索引　　　　　　　　　　D. 行业知识库

(3) 下列选项属于外文文献数据库的有( )。

A. Science Direct　　　　　　　B. Springer

C. WDKSP　　　　　　　　　　D. Wiley

任务 1.3　运用信息检索解决问题

1.3.1　任务情境

【情境】（工作情境）公司打算建设一套视频监控系统，让你具体负责视频监控系统的项目设计与工程实施。你需要向领导介绍视频监控技术、系统设计思路和实施要点。接到这项任务后，你应该怎么做？

进入 21 世纪，视频监控系统在我国各领域的应用越来越广泛，并逐渐在社会公共安全和国家安全领域起到不可替代的作用。视频监控系统的设计与实施，显然不是每个人都熟悉的领域。如果你在工作中需要解决不熟悉的领域的问题，就必须依靠信息检索的帮助。

1.3.2　学习任务卡

本任务要求学生运用信息检索解决视频监控系统设计与实施问题。请参照"运用信息检索解决问题"学习任务卡（见表 1-9）进行学习。

表 1-9　"运用信息检索解决问题"学习任务卡

学习任务卡			
学习任务	运用信息检索解决问题		
学习目标	（1）掌握信息检索的方法 （2）掌握整理有效信息的要求和方法		
学习资源	P1-3　运用信息检索帮助解决问题　　　　V1-3　运用信息检索帮助解决问题		
学习分组	编号		
	组长		组员
	组员		组员
	组员		组员
学习方式	小组研讨学习		
学习步骤	（1）课前：学习有效信息的整理要求和实施步骤 （2）课中：小组研讨——围绕有效信息的整理方法开展讨论。小组分工实践——记录有效信息识别和整理的结果；填写完成任务操作单，完成视频监控系统设计项目展示 PPT 的制作 （3）课后：完成课后作业		

1.3.3　任务解析

本任务源于工作岗位的信息检索需求，具有较强的专业性和职业性。本任务主要包括以下 3 个方面：视频监控技术、视频监控系统的项目设计、视频监控系统的项目实施。

根据检索词提取方法，可以拟定本任务的检索关键词为"视频监控技术""视频监控系统设计""视频监控系统框架""视频监控系统项目实施""工程项目实施"。

由于本任务具有专业性和职业性特点，所以我们可以选用搜索引擎和商业数据库作为检索工具。检索策略以商业数据库检索为主，以搜索引擎为补充。我们综合使用两种检索工具得到检索信息，并进行有效信息提取，形成初次加工的信息检索资料。

得到信息检索资料后，如何向领导全面展示检索报告也是非常重要的环节。因此，如何提炼信息检索后得到的观点和结论，并以适当的方式表达观点和结论，是我们必须面对的问题。

1. 中国知网信息检索

1）简单检索

中国知网提供了类似搜索引擎的检索方式，只需要用户输入关键词并单击"检索"按钮，就可以完成文献检索。中国知网的简单检索如图 1-3 所示。

图 1-3　中国知网的简单检索

2）高级检索

中国知网的高级检索根据用户的检索习惯和信息检索的一般规律，将整个检索分成 3 个步骤。

【步骤 1】 检索范围控制条件的输入，主要包括文献发表时间、文献出版来源、科研项目类型、作者、作者单位等控制项。

【步骤 2】 内容特征控制条件的输入，主要包括文献篇名、主题、关键词等。内容特征控制条件支持两个检索词的逻辑组合。

【步骤 3】 检索结果分析，主要包括条件筛选、检索表达式修正、分组和排序分析等。

中国知网的高级检索如图 1-4 所示。

图 1-4　中国知网的高级检索

3）专业检索

专业检索用于图书情报专业人员的查新和信息分析工作。该类型检索需要使用逻辑运算，以符合条件的关键词构建检索表达式并进行检索。检索表达式的构造在 1.2.4 中有简单的介绍。中国知网的专业检索如图 1-5 所示。

图 1-5　中国知网的专业检索

4）检索结果的二次处理

得到检索结果后，用户可以根据需要对检索结果进行二次检索。常用的二次检索包括分组浏览和分类排序。分组浏览控制项包括主题、学科、发表年度、基金、研究层次、作者、文献来源等。分类排序包括相关度、发表时间、被引、下载、综合等方式。检索结果的二次处理如图 1-6 所示。

图 1-6 检索结果的二次处理

2. 有效信息提炼方法

我们对检索信息进行筛选和鉴别后，仍然需要对其进行进一步的整理、加工，从中提炼出更加精练的优质信息。在一般情况下，信息提炼并不需要特别复杂的分析，常用的方法有以下几种。

1）资料汇编

先按照一定的逻辑方法对检索到的信息进行筛选和鉴别后，再进行汇总和编排，形成资料汇编，以供相关人员参考。

2）信息摘要

提取有效信息中的主要事实和数据，形成二次信息资料，从而实现对信息的浓缩加工，得到更加精练的资料。

3）编写综述

综述是对关于某个主题的大量原始性信息进行分析、归纳和整合而形成的研究性成果。综述通常分为叙述性综述和评论性综述两种。叙述性综述是围绕某个主题客观全面地叙述事实、数据和成果等信息，不对其中的内容进行评论，也不加入个人观点。评论性综述则是在叙述性综述的基础上加入作者的观点和评论。

3. 观点和结论的表达

在信息提炼的基础上，表达自己的观点和结论，首先要明确主题。根据展示场景的不同，可以将陈述的主题分为说服型主题和培训型主题两种。说服型主题指通过观点陈述使信息接收者承认并接受信息传播者的观点和结论。说服型主题的表达一般要求重点突出、简明扼要。培训型主题指通过观点和结论陈述使信息接收者全面认识信息传播者的信息、观点和结论。培训型主题的表达要求系统全面，内容详尽。无论是哪一种表达场景，都要求信息传播者充分了解信息接收者的兴趣点、配合度和理解力等方面的情况，并根据场景的规模确定展示方式。一般在大会场展示时，信息传播者应采用演讲陈述、大字炫图的方式，而在小会场展示时可以采用现场演示和互动交流的方式。在展示时，信息传播者应根据信息接收者灵活选择自己的语言风格和着装样式。在展示之前，信息传播者可以按照理清思路、列举大纲、捋顺章节、构思细节的步骤进行充分的准备。信息传播者的文字表达应遵循简洁、易懂、适度的原则。观点和结论的精练表达范例如图 1-7 所示。

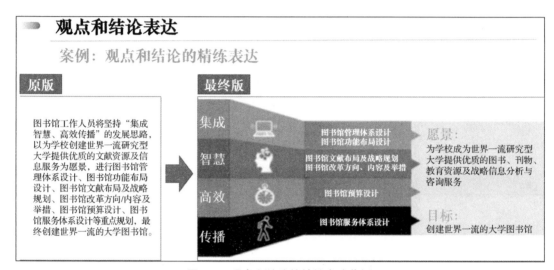

图 1-7　观点和结论的精练表达范例

4. 信息可视化

可视化指利用视觉、动画和图像等方式直观显示信息的展示方式。信息可视化可以提高信息传递效率，并帮助信息接收者快速把握信息要点，更好地理解事务活动，快速识别发展趋势。因此，信息可视化在信息表达和展示中具有十分重要的作用。例如，我们可以使用文字来表达城市幸福指数，如图 1-8 所示。

在 2015 年中国最具幸福感城市排行评比中，各城市幸福指数分别为：珠海 92.70，成都 90.19，济南 88.31，南京 87.97，合肥 78.08，杭州 93.79，烟台 92.10，苏州 84.19，青岛 94.27，杭州 93.79，扬州 75.47，澳门 80.22，威海 86.59，惠州 93.10。

图 1-8　城市幸福指数的文字表达

图 1-8 虽然清晰地表达了城市幸福指数，但很难一眼看到想要的信息。如果将文字转换为表格，就会更加明了，如图 1-9 所示。

城市	珠海	成都	济南	南京	合肥	杭州	烟台	苏州	青岛	杭州	扬州	澳门	威海	惠州
幸福指数	92.70	90.19	88.31	87.97	78.08	93.79	92.10	84.19	94.27	93.79	75.47	80.22	86.59	93.10

图 1-9　城市幸福指数的表格化表达

在本例中，比表格更清晰的表达方式是可视化图形表达，如图 1-10 所示。

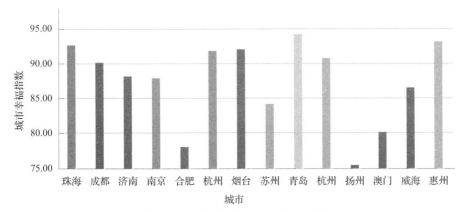

图 1-10　城市幸福指数的可视化表达

表达方式并非一成不变，需要根据场景需求来决定。

1.3.4　视野拓展

天网监控系统得名于"天网恢恢，疏而不漏"这一谚语，指利用设置在大街小巷的大量摄像头组成的监控网络，它是公安机关打击街面犯罪的法宝，是城市治安的坚强后盾。各大城市基本上都在运行此套系统。天网监控系统是"科技强警"的标志性工程。天网监控系统如图 1-11 所示。

图 1-11　天网监控系统

长期以来，城市里的各种犄角旮旯是恶性犯罪事件的高发地区，如果在这些地方发生案件，则警察破案难度很大。现在大街小巷都装了天网监控系统，无论不法分子做了什么，只要在这座城市当中，就有一个地方的摄像头能够拍到。不法分子蒙面也毫无意义，因为天网监控系统有一项黑科技——人脸识别。

曾经有一张动图在网上非常流行，其拍摄的画面中每个人都被独立框出来，标识出性别、衣着、形态等基本信息，这就是天网人脸识别系统的早期样式。现在最新的天网人脸识别系统，可以快速在人群中扫描出指定目标，或者根据特征筛选出特定人员，即使蒙面也没有用，只要能看到眼睛就能大致筛选出来。最厉害的是，这套人脸识别系统还能识别出一个人在不同年龄的样貌。这一点对于寻找走失儿童非常重要，即使儿童走失几年，也依然可以被人脸识别系统精准识别出来。

天网监控系统实质上就是一个大型的视频监控系统，可对完成"运用信息检索解决问题"任务起到借鉴所用。

1.3.5 任务演示

本任务以"智慧社区系统设计"信息检索任务为例，阐述这类信息检索的过程及检索结果的表达方法。

【步骤1】提取检索词。根据信息检索词的提取步骤，拟定本情境的检索词为"智慧社区""系统""平台""技术""设计"。其中，"系统"和"平台"为近似词，"技术"则是根据检索目标补充的限定检索词。

【步骤2】构建检索表达式。根据本任务的检索目标，构造检索表达式为"智慧社区 AND 系统 OR 平台 OR 技术 AND 设计"。本任务为工作岗位情境，对检索结果的专业性和可靠性要求较高，因此可以选用中国知网作为主要的信息检索平台，并以百度搜索引擎作为辅助的检索工具。

【步骤3】检索结果的筛选。我们将检索词输入中国知网和百度搜索平台，根据信息筛选原则和需求取舍法、逐层筛选法等筛选方法，得到检索的有效信息，如表1-10所示。

表 1-10 "智慧社区系统设计"信息检索结果

序号	检索结果标题	备注
1	智慧社区建设评估：现状、问题与策略	中国知网
2	智慧社区创建下的芜湖市老旧小区改造技术探究	中国知网
3	基于智慧社区综合技术的北京市社区养老空间优化探究	中国知网，硕士学位论文
4	智慧社区建设状况研究——以中新天津生态城为例	中国知网，硕士学位论文
5	J新区M街道智慧社区建设研究	中国知网，硕士学位论文
6	拉萨市智慧社区建设研究	中国知网，硕士学位论文
7	荣成市智慧社区项目可行性研究	中国知网，硕士学位论文
8	面向智慧社区的弱电智能化系统建设分析	中国知网
9	论"互联网+"背景下的智慧社区建设策略	中国知网
10	智慧社区综合设计方案与研究	中国知网
11	新时代我国城市智慧社区建设研究	中国知网，硕士学位论文
12	智慧社区服务系统的设计与实现	中国知网
13	基于物联网的智慧社区设计与实现	中国知网，硕士学位论文
14	重庆智慧社区信息服务平台建设实践与研究	中国知网
15	我国智慧社区的发展现状及功能设计	中国知网
16	北戴河区智慧平安社区建设路径研究	中国知网，硕士学位论文
17	智慧社区平台系统架构设计说明书	百度
18	让智慧社区更智慧，智慧社区服务系统如何设计呢	百度
19	智慧社区智能化系统设计	百度
20	智慧社区系统功能架构设计方案	百度

【步骤4】检索结果的鉴别。应用全面检验法、多要素核查法、权威佐证法、相互检验法等方法对检索结果进行鉴别，去除序号为3的文献资料。其他的检索结果均与本任务高度相关，具有较高的参考价值。

【步骤5】检索结果的表达及可视化。检索结果的表达可运用1.3.3节中"观点和结论的表达"和"信息可视化"的方法，如图 1-12 和图 1-13 所示。

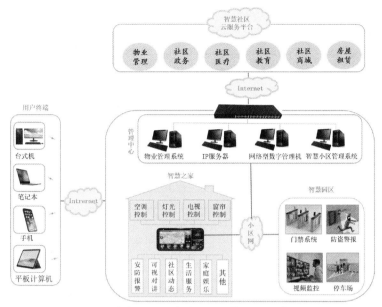

图 1-12　检索结果的表达——智慧社区系统框架图

信息网络系统

➢智慧社区以信息网络技术为驱动，带给人们一种更加安全、舒适、便捷的品质生活。

➢互联网、物联网等信息技术的发展，加速了智慧社区的规划和建设。

图 1-13　检索结果的表达——信息网络系统文字及图片表述

在图 1-12 中，我们使用了可视化表达方式，通过系统框架图具体形象地向观众介绍了智慧社区的基本构成和主要功能。在图 1-13 中，使用了简洁明快的文字并辅以形象的图片，向观众展示了智慧社区的子系统——信息网络系统的功能、技术构成和应用场景。

1.3.6　任务实战

虽然视频监控系统设计与实施可能不是我们非常熟悉的领域，但是借助信息检索，我们仍然可以获得非常专业的结果。学生参照 1.3.5 节中演示的步骤，开始自己的任务操作，并填写任务操作单，如表 1-11 所示。

表 1-11　任务操作单

任务名称	运用信息检索解决问题		
任务目标	（1）应用信息检索词的提取方法 （2）使用中国知网和百度等搜索引擎相结合的方法完成信息检索 （3）进行信息的筛选和鉴别，完成信息的提炼和表达		
小组编号			
角色	姓名	任务分工	
组长			
组员			
组员			
组员			
组员			

序号	步骤	操作要点	结果记录	评价
1	提取检索词			
2	构建检索表达式			
3	检索结果的筛选			
4	检索结果的鉴别			
5	检索结果的表达及可视化			
评语				
日期				

1.3.7　课后作业

任务 1.3 参考答案

1．多选题

（1）中国知网的信息检索方式包括（　　）。

A．简单检索　　　　　　　　B．高级检索

C．专业检索　　　　　　　　D．二次检索

（2）中国知网的分类排序方式包括（　　）。

A．主题分类排序　　　　　　B．发表时间分类排序

C．被引分类排序　　　　　　D．学科分类排序

（3）信息提炼的常用方法有（　　）。

A．资料汇编　　　　　　　　B．信息摘要

C．整理归档　　　　　　　　D．编写综述

（4）信息可视化的优点包括（　　）。

A．提高信息传递效率

B．帮助信息接收者快速把握信息要点

C．帮助信息接收者更好地理解事务活动

D．帮助信息接收者快速认知发展趋势

2．判断题

说服型主题表达一般要求重点突出、简明扼要。　　　　　　　　　　（　　）

项目 2　信 息 处 理

学习目标

知识目标

（1）掌握文档的基本操作，如文档的打开、复制、保存、打印、设置段落格式等。

（2）掌握图片、图形、艺术字等对象的插入、编辑和美化操作。

（3）掌握在文档中插入和编辑表格、对表格进行美化、灵活应用公式对表格中的数据进行处理等操作。

（4）掌握样式与模板的创建和使用操作，掌握目录的制作和编辑操作。

（5）掌握多人协同编辑文档的方法和技巧。

（6）掌握电子表格的操作，如电子表格的新建、保存、打开、关闭、切换、插入、删除、重命名、移动、复制、冻结、显示、隐藏、自动筛选、自定义筛选、高级筛选、排序和分类汇总等操作。

（7）掌握数据录入的技巧，如快速输入特殊数据、使用自定义序列填充单元格、快速填充和导入数据，掌握格式刷、边框、对齐等设置常用格式的方法。

（8）熟悉公式和函数的使用，掌握平均值、最大/最小值、求和、计数等常见函数的使用方法。

（9）了解常见的图表类型及电子表格处理工具提供的图表类型，掌握利用表格数据制作常用图表的方法。

（10）理解数据透视表的概念，掌握数据透视表的创建、更新数据、添加和删除字段、查看明细数据等操作，能利用数据透视表创建数据透视图。

（11）了解演示文稿的应用场景，熟悉相关工具的功能、操作界面和制作流程。

（12）掌握演示文稿的操作，如文件的创建、打开、保存、退出，幻灯片的创建、复制、删除、移动等。

（13）掌握在幻灯片中插入各类对象的方法，如文本框、图形、图片、表格、音频、视频。

（14）理解幻灯片母版的概念，掌握幻灯片母版、备注母版的编辑及应用方法。

（15）掌握幻灯片切换动画、设置对象动画的方法，掌握设置超链接、动作按钮、放映类型的方法，掌握导出不同格式幻灯片文件的方法。

能力目标

（1）熟练掌握使用文档处理、电子表格处理、演示文稿制作软件的技巧。

（2）掌握常用的任务案例信息处理方法，如邀请函制作、证书制作、工作计划表编制、个人简介演示等。

（3）能使用文档处理、电子表格处理、演示文稿制作等软件工具对信息进行加工、处理。

素质目标

（1）培养个人信息处理和信息处理团队协作的素养。

（2）通过学习、研讨和分析信息处理技巧，培养创新思维。

任务 2.1　文档处理

2.1.1　任务情境

【情境 1】（生活情境）结婚是人生中的一件大事，其中发放结婚请柬是很重要的环节。随着科技的逐步发展，新郎、新娘亲手制作电子结婚请柬开始兴起。电子结婚请柬是利用信息技术，在结合常规结婚请柬的基础上，增加个性化创意，集视觉和听觉于一体的新结婚请柬模式。如何利用常用的文档处理工具来完成电子结婚请柬制作呢？

【情境 2】（学习情境）在学习期间，学校需要学生提供一份详尽的个人电子履历表。电子履历表通常以表格形式呈现，且需要主题明确、内容清晰、层次分明，让阅读者一目了然。如何利用常用的文档处理工具完成上述工作呢？

【情境 3】（工作情境）在 IT 工作中，软件工程师需要撰写软件设计说明书。一份正式的软件设计说明书包含封面、目录、引言、总体设计、接口设计、数据库设计、功能模块设计、存储过程设计、角色授权设计、系统出错处理设计和测试计划等一级标题，以及附表、附图等内容。各一级标题又包含各级子标题。如何利用常用的文档处理工具来编制结构严谨的软件设计说明书？

【情境 4】（工作情境）企业定期举行员工培训。作为企业负责培训工作的员工，需要向培训合格的员工发放培训证书。培训证书的内容包含证书标题、证书获得者称呼、证书正文内容、落款证书颁发单位、落款证书颁发日期。如何利用常用的文档处理工具来完成培训证书制作呢？

面对上述及类似情景，我们需要利用文档处理工具来设计、编制一份令人满意的电子文档，圆满完成工作任务。WPS（Word Processing System，文字处理系统）软件是当前运用非常广泛的一款文档处理软件，它为用户提供了丰富的文档模板、范文和图片等大量素材资料。下面以 WPS 的运用为例介绍文档处理的方法。

2.1.2　学习任务卡

以 2.1.1 节中的情境 3 为例，在 IT 工作中，软件工程师需要撰写软件设计说明书。

利用 WPS 软件可编制结构严谨的软件设计说明书。

本任务以软件设计说明书的编制为例，帮助学生掌握文档处理工具的基本使用方法。学生请参照"文档处理"学习任务卡（见表 2-1）进行学习。

表 2-1　"文档处理"学习任务卡

学习任务卡			
学习任务	文档处理		
学习目标	（1）掌握文档排版的方法 （2）掌握插入及编辑表格的方法 （3）掌握插入及编辑图片的方法 （4）掌握绘制及编辑图形的方法 （5）掌握创建及编辑目录结构的方法		
学习资源	P2-1　文档处理　　　　　　　　V2-1　文档处理		
学习分组	编号		
	组长	组员	
	组员	组员	
	组员	组员	
学习方式	小组研讨学习		
学习步骤	（1）课前：学习文档版式、目录结构等概念，掌握设置文档版式、插入及编辑表格、插入及编辑图片、绘制及编辑图形、创建及编辑目录结构的操作 （2）课中：小组分析研讨。围绕 2.1.1 节中的情境 3，研讨软件设计说明书的撰写要点 （3）课后：完成课后作业		

2.1.3　任务解析

软件设计说明书用于说明一个软件系统中的各组成部分的设计思想，并为程序员编码提供依据。因此，它通常包括以下组成部分：封面、目录、内容（包括引言、总体设计、接口设计、数据库设计、功能模块设计、存储过程设计、角色授权设计、系统出错处理设计、测试计划等）及附件（包括附表、附图等）。

1. 文档排版要求

1）标题

标题用 2 号方正小标宋简体字并加粗（如有副标题，用小 2 号楷体）。标题可分为一行或多行居中排布，在回行时，要做到词意完整、排列对称。标题中除法规、规章名称加书名号外，一般不用标点符号。标题行距为固定值 34 号。

2）正文

正文用 3 号仿宋—GB2312 字体（表格内文字的字号可适当调整）。在标题下空一行开始正文，正文每自然段左空 2 字符，回行顶格。正文的数字、年份不能回行。正文的结构层次序数为：第一层为"一"，第二层为"（一）"，第三层为"1."，第四层为"（1）"，第五层为"①"。正文中如果有多级标题，则第一级标题用 3 号黑体字，第二级标题用 3 号楷体字，第三级标题用 3 号仿宋—GB2312（加粗）字，第四级标题用 3 号仿宋—GB2312 字。所有标题独立成行，不加标点。页码位于文档页面底部居中，格式为小 4 号宋体字，如"1""2""3"……对于成文日期，应用汉字将年、月、日标全，"零"用"○"。正文行距为单倍行距。

3）附件

文件资料如果有附件，则在正文下一行左空 2 字用 3 号仿宋—GB2312 字标识"附件"，后标全角冒号和名称。附件如果有序号，则使用阿拉伯数字表示（如"附件 1：××××"）。在附件名称后不加标点符号。

4）落款

凡不须加盖公章的材料都应在正文右下方落款处署成文单位全称，在其下一行相应处用 3 号仿宋—GB2312 字体标识成文日期（插入日期，用中文标明年月日）。

5）表格

表格字体为仿宋—GB2312；标题为 16 号字加粗，表头为 12 号字，内容为 10 号字（对于容量较大的个别表格，应按实际需要设计格式）；页码在文档页面底部居中，字号为 8 号。

2. 文档格式要求

（1）页边距：上、下边距为 2.5 厘米；左、右边距为 2.54 厘米。

（2）页眉、页脚：页眉为 1.5 厘米；页脚为 1.75 厘米。

（3）行间距：24 磅。

（4）纸型与打印方向：采用标准 A4 型纸，一般为竖向打印。表格等须横向打印的材料的上下边距为 2.5 厘米，左右边距为 2.54 厘米，页眉为 1.5 厘米，页脚为 1.75 厘米。

（5）印刷和装订：双面打印；左侧装订。

3. 文档样式

（1）文档排版样式，如图 2-1 所示。

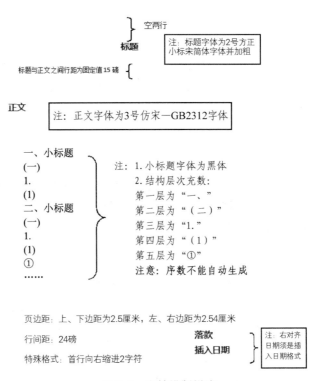

图 2-1　文档排版样式

（2）标题样式：样式正文内容。

一、样式小标题

（一）

1.

（1）

（2）

2.

（1）

（2）

（二）

1.

（1）

（2）

……

二、样式小标题

……

2.1.4　视野拓展

在平时的办公和学习中，几乎人人都会用到 WPS 软件。我们有时候会不小心删除已经编辑好的 WPS 文件，针对这种情况，有 3 种常用的解决办法。

1.　从回收站找回

如果只是不小心右击 WPS 文件并在打开的快捷菜单中选择了"删除"命令，则我们可以考虑从回收站中找回文件。

回收站是计算机系统为了防止用户进行误删操作而设置的垃圾数据聚集地。只要进行的不是永久删除操作，并且删除的文件数据容量不大，这些数据在被删除后就会先聚集到回收站。

2.　从备份中心找回

如果回收站被清空了或者在删除 WPS 文件的时候进行的是永久删除操作，那么我们可以考虑从备份中心完成 WPS 文件恢复。

首先，打开 WPS 软件，选择左上角的"文件"选项，在打开的下拉菜单中选择"备份与恢复"选项，然后选择"备份中心"选项。从备份中心找回文件如图 2-2 所示。

进行这种操作的前提是开启了备份功能，否则无法通过备份中心找回丢失的 WPS 文件。在这个页面的左下角有一个"设置"按钮，如图 2-3 所示。我们可以通过它来开启或者关闭备份功能，还可以通过它来设置定时备份的时间。

图 2-2　从备份中心找回文件

图 2-3　开启备份

3. 通过数据恢复找回

首先，打开 WPS 软件，单击左上角的"文件"按钮，在打开的下拉菜单中选择"备份与恢复"选项，再选择"数据恢复"选项，打开的页面如图 2-4 所示。

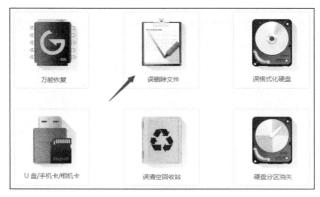

图 2-4　数据恢复页面

然后使用"误删除文件"这个功能就可以找回丢失的 WPS 文件。通过这种方法找回已删除的 WPS 文件也是有前提的，要求在 WPS 文件被误删之后，没有往保存误删文件的磁盘中写入新的数据。

2.1.5　任务演示

1. 插入表格

软件设计说明书封面如图 2-5 所示。

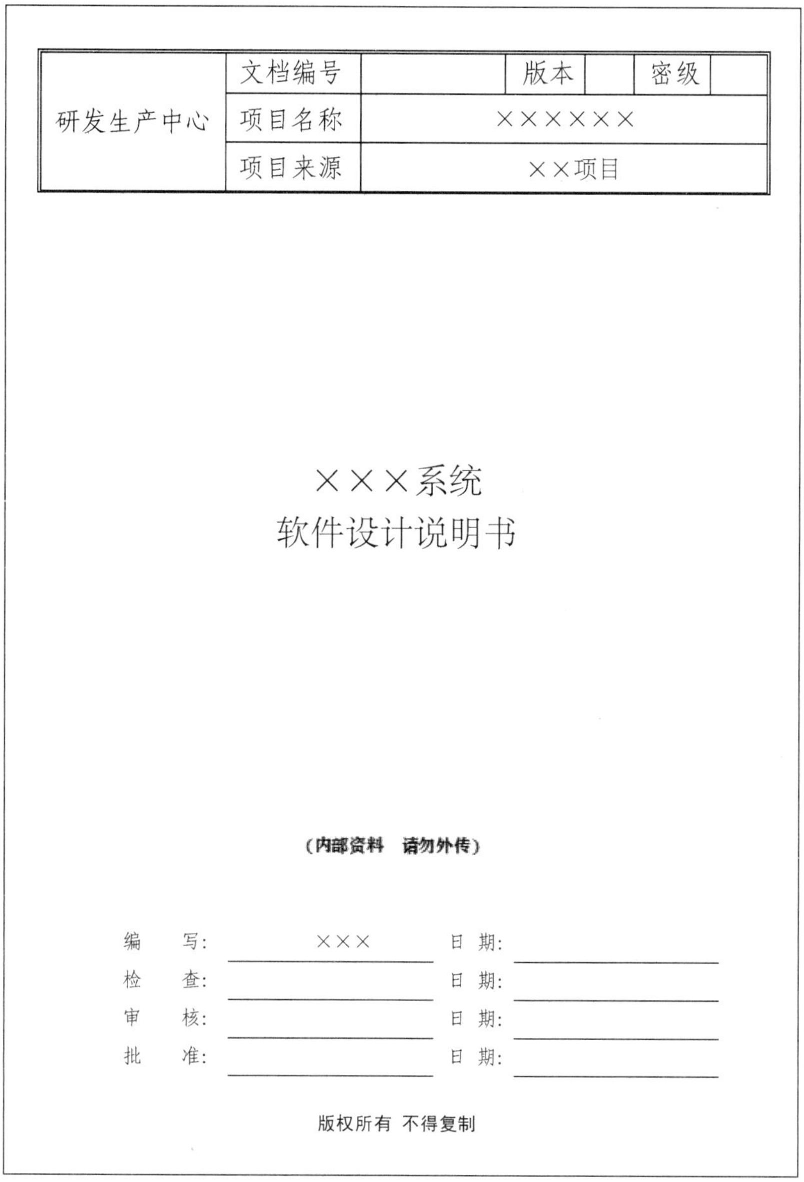

研发生产中心	文档编号		版本	密级	
	项目名称		××××××		
	项目来源		××项目		

×××系统
软件设计说明书

(内部资料　请勿外传)

编　　写：　　×××　　　日　期：_____
检　　查：_____　　　日　期：_____
审　　核：_____　　　日　期：_____
批　　准：_____　　　日　期：_____

版权所有　不得复制

图 2-5　软件设计说明书封面

在软件设计说明书封面上方有一个表格。制作该表格的步骤如下。

【**步骤1**】启动 WPS 软件。双击开机桌面上的 WPS 程序快捷方式"WPS Office"图标。

【**步骤2**】在 WPS 软件主界面中，选择"新建文字"选项。

【**步骤3**】选择"插入"→"表格"选项。

【**步骤4**】选择"插入表格"选项，根据需要输入表格行列数，如输入 3 行 7 列。

【**步骤5**】选中第 1 列的 3 行并右击，在打开的快捷菜单中选择"合并单元格"选项，将 3 行合并为 1 行。

【**步骤6**】用同样的方式分别处理第 2 行和第 3 行的第 3、4、5、6、7 列，将其合并为 1 列。

【**步骤7**】输入文字，将文字"文档编号"等设置为"仿宋—GB2312""3 号""粗体"字体，使其水平居中。

2. 目录制作

软件设计说明书的第二个部分是目录。我们可遵照以下步骤来完成目录的制作。

【**步骤1**】使用 WPS 软件输入软件设计说明书的文本内容。

【**步骤2**】选择文档第一页，选择"插入"→"空白页"选项，然后选择"引用"选项，如图 2-6 所示。

图 2-6 选择"引用"→"目录"选项

【**步骤3**】单击"目录"下拉按钮，在打开的下拉菜单中选择"智能目录"选项，根据文本选择目录样式，如二级目录或三级目录结构，自动插入目录，如图 2-7 所示。

图 2-7 自动目录

【**步骤 4**】根据案例选择二级目录结构，自动生成目录。

【**步骤 5**】如果对目录进行修改，则可以单击"更新目录"按钮，在打开的"更新目录"对话框中选中"只更新页码"或"更新整个目录"单选按钮，如图 2-8 所示。

图 2-8 更新目录

【**步骤 6**】也可以通过选择"引用"→"目录"→"自定义目录"选项来设置目录。完成的目录如图 2-9 所示。

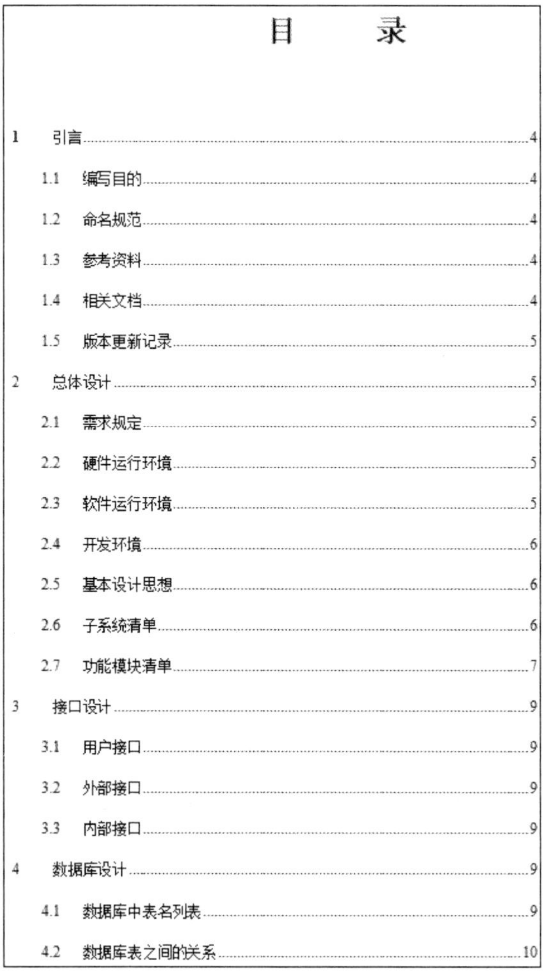

图 2-9 完成的目录

3. 插入图片

在编写文档的过程中，常需要插入图片。例如，将如图 2-10 所示的图片插入软件设计说明书中。

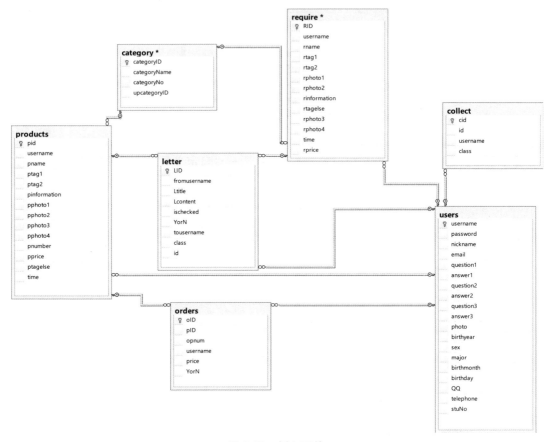

图 2-10　插入图片

插入图片的具体步骤如下。

【步骤 1】使用 WPS 软件打开软件设计说明书文件。

【步骤 2】在需要插入图片的页面，选择"插入"→"图片"→"本地图片"选项，打开如图 2-11 所示的"插入图片"对话框。

【步骤 3】在打开的"插入图片"对话框中找到需要插入的图片文件的位置，选中图片文件，单击"打开"按钮。

【步骤 4】在插入图片后将其选中，可以对图片进行编辑，也可以通过缩放调整图片尺寸大小，还可以设置图片居中对齐。

图 2-11 选择所需图片

2.1.6 任务实战

以 2.1.1 节中情境 4 为例,企业定期举行员工培训,作为企业培训工作的负责人,需要向培训合格的员工发放培训证书。

培训证书内容应包含证书标题、证书获得者姓名、证书正文内容、证书颁发单位、证书颁发日期等。培训证书如图 2-12 所示。

图 2-12 培训证书

通过使用 WPS 软件，可设计培训证书的版式结构，包含外边框设置（边框样式、颜色、尺寸等），证书顶部标题居中，单位 LOGO 图片插入，正文部分字体、字号、边距、行间距的设置，右下落款的字体、字号设置，将选中图片文件作为背景图片等。学生可参照 2.1.5 节中演示的方法，开始任务操作，并填写任务操作单，如表 2-2 所示。

表 2-2 任务操作单

任务名称		文档处理		
任务目标		（1）完成证书文字格式排版 （2）插入图片 （3）设置背景图片		
小组序号				
角色		姓名	任务分工	
组长				
组员				
组员				
组员				
组员				
序号	步骤	操作要点	结果记录	评价
1	标题中英文对照，居中对齐			
2	输入正文内容，首行缩进 2 字符，文字格式排版			
3	插入图片，将其设置为背景			
评语				
日期				

2.1.7 课后作业

1. 单选题

任务 2.1 参考答案

（1）在 WPS 文档的"字体"对话框中，不可设定文字的（　　）。

A．删除线 　　　　　　B．行距 　　　　　　C．字号 　　　　　　D．字符间距

（2）若要设定打印纸张大小，则可在 WPS 软件的（　　）进行。

A．"开始"选项卡中的"段落"对话框中

B．"开始"选项卡中的"字体"对话框中

C．"页面布局"选项卡下的"纸张大小"对话框中

D．以上说法都不正确

（3）在 WPS 软件的"表格属性"对话框中可以设置表格的对齐方式、行高、列宽和（　　）格式。

A．"字体" 　　　　　　　　　　　　　B．"字号"

C．"合并" 　　　　　　　　　　　　　D．"单元格"

（4）在 WPS 软件中，可以通过（　　）对目录进行更新。

A．在"目录"选项中选择"更新目录"选项

B．选择"引用"→"更新目录"选项

C．在目录级别中选择"更新目录"选项

D．以上都不是

（5）在 WPS 软件中，下列关于单元格的拆分与合并操作正确的是（　　）。

A．可以将表格左右拆分成 2 个表格

B．可以将同一行连续的若干个单元格合并为一个单元格

C．可以将某个单元格拆分为若干个单元格，这些单元格均在同一列

D．以上说法均错

（6）在 WPS 软件中，在文档中插入图片对象后，可以通过设置图片的文字环绕方式进行图文混排，下列不是 WPS 软件提供的文字环绕方式的是（　　）。

A．四周型　　　　　　　　　　B．衬于文字下方

C．嵌入型　　　　　　　　　　D．左右型

（7）在 WPS 文档编辑状态下，绘制一个图形，首先应该选择（　　）。

A．"插入"→"图片"选项

B．"插入"→"形状"选项

C．"开始"→"更改样式"选项

D．"插入"→"文本框"选项

（8）在 WPS 软件中选定图形的方法是（　　），此时出现"绘图工具"的"格式"选项卡。

A．按 F2 键　　　　B．双击图形　　　C．单击图形　　　D．按 Shift 键

（9）在使用 WPS 软件打印已经编辑好的文档前，可以在"打印预览"窗口中查看整篇文档的排版效果，打印预览在（　　）。

A．"文件"选项卡下的"打印预览"选项中

B．"文件"选项卡下的"选项"选项中

C．"开始"选项卡下的"打印预览"选项中

D．"页面布局"选项卡下的"页面设置"选项中

（10）在工作区中，闪烁的垂直条表示（　　）。

A．鼠标位置　　　B．插入点　　　C．键盘位置　　　D．按钮位置

2．判断题

（1）页眉与页脚一经插入，就不能修改。　　　　　　　　　　　　　　（　　）

（2）对文档的分栏最多可分为三栏。　　　　　　　　　　　　　　　　（　　）

（3）在 WPS 软件中可以插入表格，而且可以对表格进行绘制、擦除、合并和拆分单元格、插入和删除行列等操作。　　　　　　　　　　　　　　　　　　　　　（　　）

（4）在 WPS 软件中，不但可以给文本选取各种样式，而且可以更改文本样式。

（　　）

（5）在 WPS 软件中，文本框中的文字环绕方式都是浮于文字上方的。　　（　　）

任务 2.2 数据处理

2.2.1 任务情境

【情境 1】（学习情境）在大学求学期间，养成制订学习计划表的习惯对学生的大学学习规划尤为重要。如何编制一份可动态规划、调整的学习计划表，用来指导和督促自己学习任务的落实呢？

【情境 2】（工作情境）在工作中，如果你是单位人力资源部门的员工，则应如何制定一份既客观又有科学指导性的人力资源管理报表，从而为单位领导做出人力资源管理决策提供有力参考呢？

【情境 3】（生活情境）记账是管理资金的最简单方法。很多初学理财的人感到疑惑：将花出去的钱记下来有什么用呢？记账不是简简单单地把账目记载下来，而是要让你对自己的支出、借款、收入等资金流动状况一清二楚，从而达到合理调拨资金、平衡每月甚至每年开支的目的。如何使用表格工具制作个人收支分析表呢？

在面对上述及类似情景的时候，我们应熟练利用 WPS 软件中"新建表格"功能来设计、编制一份令人满意的电子数据表格，以便圆满完成工作任务和学习需求。

2.2.2 学习任务卡

作为单位人力资源部门的员工，你接到工作任务，需要编制一份人力资源管理报表，以便帮助领导做出人力资源管理决策。这就需要用到数据处理工具。本任务以人力资源管理报表编制为例，使学生掌握数据处理工具的基本使用方法。请参照"数据处理"学习任务卡（见表 2-3）进行学习。

表 2-3 "数据处理"学习任务卡

学习任务卡				
学习任务	数据处理			
学习目标	（1）表格版式设置 （2）表格函数和公式 （3）表格排序和筛选 （4）数据透视表 （5）数据图表编辑			
学习资源	P2-2 数据处理		V2-2 数据处理	
学习分组	编号			
	组长		组员	
	组员		组员	
	组员		组员	

学习方式	小组研讨学习
学习步骤	（1）课前：学习函数、公式、透视表、数据图表的概念；掌握表格版式设置；掌握表格的排序、筛选、分类、汇总，数据图表编辑，透视表编制等操作 （2）课中：小组研讨。围绕 2.2.1 节中的情境 2 人力资源管理表格编制的要点进行讨论 （3）课后：完成课后作业

2.2.3　任务解析

根据 2.2.1 节中的情境 2，制定一份既客观又有科学指导性的人力资源管理报表。

人力资源管理包含以下表格：面试评价表、员工考评表、职工薪酬表、工资结算清单、人员考勤表、人员年度离职分析表等。

我们可以利用 WPS 软件的数据排序和筛选、重复数据处理、数据约束力、数据拆分、数据透视表、表格函数、数据报表可视化呈现、图表编制等功能编制各种人力资源管理表格。

各种表格的编制步骤大同小异，以编制工资结算清单为例，工资结算清单涉及员工的切身利益，受到每位员工的关注。因此，我们需要快速、高效、精准地编制工资结算清单。

工资结算清单一般包含以下内容：表头包含标题、制表日期、部门名称、金额单位；工资结算清单第 1 行包含月份、基本信息、考勤、应发款项、应扣款项、实发工资；第 2 行包含基本信息（工号、姓名、职务、入职日期、基本工资、加班工资、职位津贴、餐补）、考勤（总工时、上班（时间）、加班（时间）、请假（时间）、迟到（次数）、旷工（时间））、应发款项（基本工资、加班工资、职位津贴、其他、合计）、应扣款项（水电费用、伙食费用、旷工/迟到、其他、合计）；第 3 行至倒数第二行是员工工资信息；最后一行包含实发工资合计栏目；表尾包含制表人、复核人、审批人等栏目。

1. 工资结算清单表格样式解析

1）表格计算

（1）应发款项（合计）=基本工资+加班工资+职位津贴+其他。利用表格公式或求和函数可以快速计算第 1 条记录该项的项目结果，利用第 1 条记录该项的项目结果实施句柄自动填充，从而快速自动完成计算。

（2）旷工/迟到罚款=旷工（H）×X/H+迟到（次数）×Y/次。我们利用表格公式或求和函数可以快速计算第 1 条记录该项的项目结果，对于其他记录该项的项目可以利用第 1 条记录该项项目的结果实施句柄自动填充，从而快速自动完成计算。

（3）应扣款项（合计）=水电费用+伙食费用+旷工/迟到罚款+其他。我们利用表格公式或求和函数可以快速计算第 1 条记录该项项目的结果，对于其他记录该项的项目可以利用第 1 条记录该项项目的结果实施句柄自动填充，从而快速自动完成计算。

（4）实发工资=应发款项（合计）-应扣款项（合计）。我们利用表格公式或求和函数可以快速计算第 1 条记录该项项目的结果，对于其他记录该项的项目可以利用第 1 条记录该项项目的结果实施句柄自动填充，从而快速自动完成计算。

2）表格编辑

（1）编辑基本信息、考勤、应发款项、应扣款项、实发工资等项目需要使用单元格合并功能。

（2）编辑基本工资、加班工资、职位津贴、餐补、其他、合计、水电费用、伙食费用、旷工迟到、实发工资、实发工资等汇总单元格需要将数据类型改为数值性数据。

（3）入职日期单元格为日期性数据。

（4）其他单元格数据为文本型数据。

（5）根据工号对数据进行升序排序。

3）表格版式设置

（1）所有单元格数据居中对齐。

（2）所有文本单元格使用仿宋 11 号字。也可根据表格宽度的需要，自定义单元格字体、字号。

2.2.4　视野拓展

在线协作是非常方便的一种现代工作方式。WPS 软件也支持多人在线协作。WPS 文字、WPS 表格和 WPS 演示文稿支持多人在线协作的方式是相似的。

以 WPS 文字为例，使用 WPS 软件打开文档，单击左上角的"首页"按钮，选择"文档"→"我的云文档"选项，找到需要分享的文档并右击，在打开的快捷菜单中选择"分享"选项（或在文件上传到云文档后，单击"分享"按钮）。

在文档权限选项卡中，选择"可编辑"及"创建并分享"选项。复制分享链接，发给微信或 QQ 好友即可。具体步骤如下。

【步骤 1】在 WPS 软件首页，选择"文档"→"我的云文档"选项，打开"我的云文档"窗口，如图 2-13 所示。

【步骤 2】选中文档并右击，在打开的快捷菜单中选择"分享"选项，如图 2-14 所示。

图 2-13　选择"文档"→"我的云文档"选项

图 2-14　右击打开快捷菜单

【步骤 3】在打开的对话框中指定共享编辑人，也可以选择任何人可编辑，如图 2-15 所示。

图 2-15　选择"任何人可编辑"选项

【**步骤4**】把生成的复制链接发给共享编辑人，如图 2-16 所示。

图 2-16　发送链接

【**步骤5**】还可把生成的微信复制链接发给共享编辑人，如图 2-17 所示。

图 2-17　生成的微信复制链接

2.2.5　任务演示

本任务以编制工资结算清单为例，介绍编制表格的主要方法。工资结算清单样式如图 2-18 所示。

工资结算清单

部门：　　　　　　　　　　　单位：元　　　　　　　　　　　　　　　　　　　　日期：2021年11月20日

月份	基本信息								考勤						应发款项					应扣款项					实发工资
工号	姓名	职务	入职日期	基本工资	加班工资	职位津贴	餐补	总工时	上班(H)	加班(H)	请假(H)	迟到(次)	旷工(H)	基本工资	加班工资	职位津贴	其他	合计	水电费用	伙食费用	旷工迟到	其他	合计	实发工资
1	×××	员工							0					0	0	0	0	0					0	0.00
2	×××	员工							0					0	0	0	0	0					0	0.00
	×××	员工							0					0	0	0	0	0					0	0.00
	×××	员工							0					0	0	0	0	0					0	0.00
	×××	员工							0					0	0	0	0	0					0	0.00
	×××	员工							0					0	0	0	0	0					0	0.00
	×××	员工							0					0	0	0	0	0					0	0.00
	×××	员工							0					0	0	0	0	0					0	0.00
	×××	员工							0					0	0	0	0	0					0	0.00
	×××	员工							0					0	0	0	0	0					0	0.00
	×××	员工							0					0	0	0	0	0					0	0.00
金 额 合 计（元）														0	0	0	0	0	0	0	0	0	0	

实发工资合计（人民币大写）：（¥0.00）

复核：　　　　　　　　　　审批：

制表：　　　　　　　　　　收款人（签名）：

图 2-18　工资结算样式

1. 数据排序

【步骤1】启动 WPS 软件。双击开机桌面上的 WPS 程序快捷方式"WPS Office"。

【步骤2】编辑工资结算清单表格，选中"工号"单元格。

【步骤3】选择"数据"→"排序"→"升序"选项，将数据按"工号"从小到大排序，如图 2-19 所示。

图 2-19 数据排序

2. 设置单元格数值数据

【步骤1】选中工资结算清单中的"合计"单元格并右击，在打开的快捷菜单中选择"设置单元格格式"选项。

【步骤2】在打开的"单元格格式"对话框中，选择"数字"→"数值"选项，在"小数位数"数值选择框中输入"2"，如图 2-20 所示。

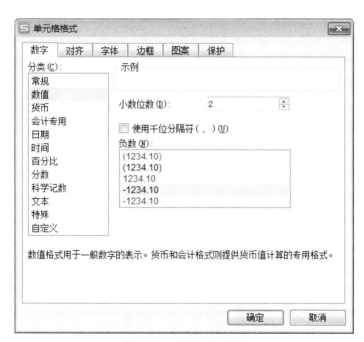

图 2-20 设置小数位数

【步骤3】选中工资结算清单"姓名"单元格并右击，在打开的快捷菜单中选择"设置单元格格式"→"数字"→"文本"选项。

【步骤4】选中工资结算清单"入职日期"单元格并右击，在打开的快捷菜单中选择"设置单元格格式"→"数字"→"日期"选项。

3. 表格计算

【步骤 1】 选中工资结算清单中的第 4 行“应发款项”→“合计”单元格。

【步骤 2】 在公式框中输入“=基本工资（第 3 行单元格名称如 Q6）+加班工资（第 3 行单元格名称如 R6）+职位津贴（第 3 行单元格名称如 S6）+其他（第 3 行单元格如 T6）”，如图 2-21 所示。

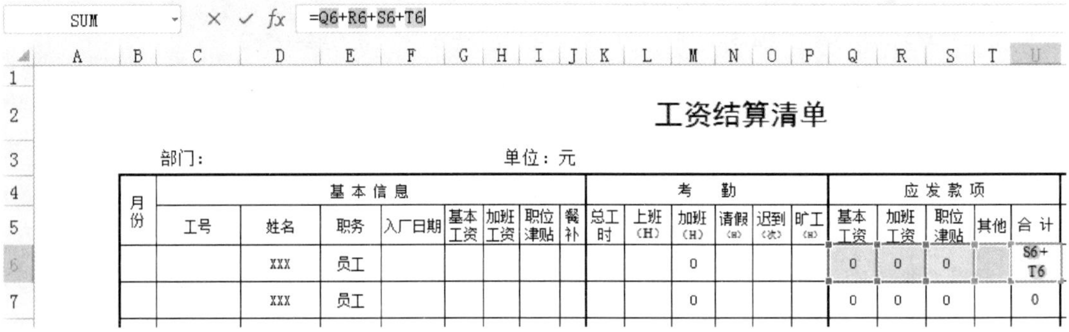

图 2-21　表格计算

【步骤 3】 输入公式后，单击“fx”左边的“√”按钮执行计算，“合计”单元格名称 U6 就是 4 项和值。

【步骤 4】 选中工资结算清单中第 3 行“合计”单元格，并把鼠标指针指向单元格右下角，待鼠标指针变成实心“十字形”后，向下拖动鼠标指针，实现该列其他单元格数据的自动计算，并把结果填充到单元格内，如图 2-22 所示。

应发款项				
基本工资	加班工资	职位津贴	其他	合计
3000	1000	2000	600	6600
0	0	0	0	0
0	0	0	0	0
0	0	0	0	0
0	0	0	0	0
0	0	0	0	0

图 2-22　拖动自动计算

【步骤 5】 用求和函数也可以实现上述操作。在“fx”公式框中输入“=sum(Q6:T6)”，单击左边的“√”按钮执行计算，“合计”单元格名称 U6 就是 4 项和值，如图 2-23 所示。

图 2-23　用求和函数实现自动计算

4．设置表格版式

【步骤 1】选中工资结算清单并右击，在打开的快捷菜单中选择"设置单元格格式"选项。

【步骤 2】选择"字体"选项卡，在"字体"列表框中选择"宋体（正文）"，设置字号为 11 号，如图 2-24 所示。

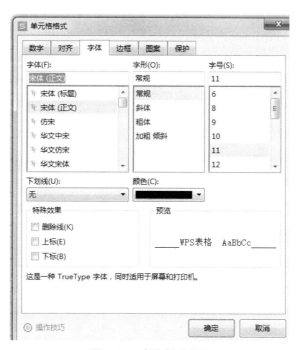

图 2-24　表格版式设置

2.2.6　任务实战

根据 2.2.1 节中情境 3，我们可以使用 WPS 表格中的函数、公式、数据快速输入、数字格式设置、统计汇总、数据图表呈现等数值处理功能，编制个人收支分析表格。个人收支分析表一般包含收入（工资收入、奖金收入、理财收入、其他收入等）、支出（餐饮伙食、水果零食、交通通信、人际交往、文化娱乐、日用品、偿还贷款、其他开支等)、收入总计、支出总计、结余、数据分析图表等栏目,如图 2-25 所示。

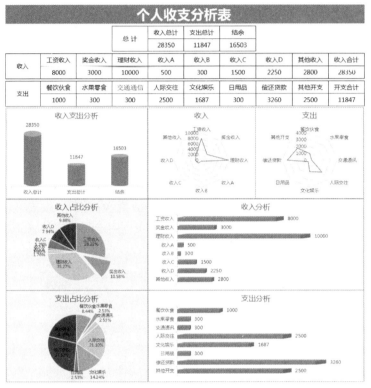

图 2-25　个人收支分析表样式

学生参照 2.2.5 节中演示的方法,开始任务操作,并填写任务操作单,如表 2-4 所示。

表 2-4　任务操作单

任务名称	数据处理	
任务目标	根据个人收支数据生成分析图表	
小组序号		
角色	姓名	任务分工
组长		
组员		
组员		
组员		
组员		
1　收入表		
2　支出表		
3　收入分析图		
4　支出分析图		
5　收入占比分析图		
6　支出占比分析图		
作品	个人收支分析表.xls	

评语	
日期	

注意：本任务有以下要求。

（1）个人收支表样式如图 2-25 所示。

（2）表中收入至少包含每月工资收入、奖金收入、理财收入、其他收入等项；支出至少包含餐饮伙食、水果零食、交通通信、人际交往、文化娱乐、日用品和其他支出等栏目。

（3）在汇总栏目中要使用公式或函数计算。

（4）收入、支出分析图表呈现形式包含柱状图、饼状图、曲线图、百分比图等。

2.2.7 课后作业

任务 2.2 参考答案

1. 单选题

（1）WPS 表格有多个常用函数，其中函数 AVERAGE（区域）的功能是（   ）。

A．返回函数的最大值

B．求区域内数据的个数

C．求区域内所有数据的平均值

D．求区域内数字的和

（2）在 WPS 表格中进行公式计算时，应在单元格中首先输入（   ）。

A．+   B．/

C．–   D．=

（3）在 WPS 表格中，单元格格式（   ）。

A．不可改变   B．随时可以改变

C．有的可以改变，有的不能改变   D．一旦确定，就不可改变

（4）对 WPS 工作簿中的工作表使用"重命名"选项后，下面说法中正确的是（   ）。

A．只改变工作表的名称   B．只改变它的内容

C．既改变其名称又改变其内容   D．既不改变其名称又不改变其内容

（5）在 WPS 表格中一个完整的函数包括（   ）。

A．"="和函数名   B．函数名和变量

C．"="和变量   D．"="、函数名和变量

（6）在 WPS 表格单元格中输入文字时，默认的对齐方式是（   ）。

A．左对齐   B．右对齐   C．居中对齐   D．两端对齐

（7）下列选项不属于 WPS 表格的"单元格格式"对话框中"数字"选项卡中的内容的是（   ）。

A．字体   B．货币   C．日期   D．自定义

（8）在 WPS 表格中用预置小数方法输入数据，如果设置小数位为"2"，则输入数据 12345 时单元格中内容为（   ）。

A．12345   B．12345.00   C．123.45   D．1234500

（9）在 WPS 表格中，下图中的 D1 单元格值为（　　）。

| SUM | ▾ | × | ✓ | f_x | =A1-B1+C1 |

▲	A	B	C	D
1	23	44	52	=A1-B1+C1

A．31 　　　　　　　　　　　　B．67

C．119 　　　　　　　　　　　D．96

（10）在 WPS 表格中将成绩总分按从小到大排序，可选中 A1:E4 区域，选择"数据/排序"选项，（　　）。

▲	A	B	C	D	E
1	姓名	高等数学	大学英语	JAVA程序设计	总成绩
2	张三	70	78	90	238
3	李四	80	75	92	247
4	王五	68	85	80	233

A．以"总成绩"为主要关键字，按"降序"排序

B．以"姓名"为主要关键字，按"降序"排序

C．以"总成绩"为主要关键字，按"升序"排序

D．以"姓名"为主要关键字，按"升序"排序

2．判断题

（1）移动表中数据时，将鼠标指针放在选定的内容上拖动即可。　　　　　　（　　）

（2）在工作表中，若要隐藏列，则必须选定该列相邻右侧 1 列，单击"开始"选项，选择"格式"→"列"→"隐藏"选项。　　　　　　　　　　　　　　　　　（　　）

（3）在 WPS 表格中按 Ctrl+Enter 组合键能在所选的多个单元格中输入相同的数据。

　　　　　　　　　　　　　　　　　　　　　　　　　　　　　　　　　　（　　）

（4）单元格中只能显示公式计算结果，而不能显示输入的公式。　　　　　　（　　）

（5）同一张工作簿不能引用其他工作表。　　　　　　　　　　　　　　　　（　　）

任务 2.3　信息演示

2.3.1　任务情境

【情境 1】（学习情境）在大学学习期间，在班级会场或者校级会场上，我们有时需要展示自己。如何编制一份自我简介的演示文档，向同学们介绍自己的基本信息、学习经历、个人爱好、个人专长、个人成绩、人生格言呢？

【情境 2】（工作情境）在工作中，如果你是一名工程师，因业务需要而承接了一个信息管理系统项目，你需要把项目方案演示给客户。如何制作一份设计严谨、色调庄重，大

纲结构层次清晰，图片、图表运用得当的演示文稿呢？

【情境 3】（学习情境）在大学学习期间，教师需要你做阶段性学习情况汇报。如何制作一份合适的演示文稿，将你的学习基本情况、学习成果、存在问题、解决方案等汇报给教师呢？

在面对上述及类似情境的时候，我们通过演示文稿展示自己，可以获得很好的成效。下面以运用 WPS 软件制作演示文稿为例介绍信息演示的方法。

2.3.2　学习任务卡

在 2.3.1 节中的情境 2 中，公司承接了一个酒店布草信息管理系统项目。作为工程师，你需要把项目方案演示给客户，要求选用色调庄重的演示模板，采用层次清晰的大纲结构，适当插入图片、分析图表作为项目的支撑论据。酒店布草信息管理系统项目内容包含现状、痛点、解决方案、实现价值等。本任务以酒店布草信息管理系统演示文稿编制为例，使学生掌握信息演示工具的基本使用方法。请参照"信息演示"学习任务卡（见表 2-5）进行学习。

表 2-5　"信息演示"学习任务卡

学习任务卡			
学习任务	信息演示		
学习目标	（1）了解演示文稿的应用场景 （2）掌握演示文稿模板选择 （3）掌握演示文稿版式设置方法 （4）掌握演示文稿插入图片及编辑方法 （5）掌握演示文稿插入图表及编辑方法 （6）掌握演示文稿动画设计播放方法		
学习资源	P2-3　信息演示　　　　　　　V2-3　信息演示		
学习分组	编号		
	组长	组员	
	组员	组员	
	组员	组员	
学习方式	小组研讨学习		
学习步骤	（1）课前：学习演示文稿模板、动画设计等基本概念，掌握演示文稿版式设置，图片、图表插入及编辑，音视频插入及播放，文稿播放动画设计的方法 （2）课中：小组研讨，围绕 2.3.1 节中的情境 2，研讨酒店布草信息管理系统演示编制要点 （3）课后：完成课后作业		

2.3.3　任务解析

演示文稿一般由封面、目录、正式演示内容、封底致谢页面组成。

正式演示内容包含现状、痛点、解决方案、实现价值 4 个主标题页面。

在现状页面用多张分析图片、分析图表和数据来阐述酒店布草管理的现状，有数据，有图表，说服力强。

在痛点页面阐述酒店布草管理的不足，包含传统纸质管理交接手续复杂、查询难度大；酒店布草统计难度大；无法准确监控布草洗涤过程，易漏掉处理环节；无法统计布草使用和洗涤次数，不能做到科学管理和使用布草。

解决办法页面提出用以 RIFD（Radio Frequency Identification，射频识别）技术为核心的信息管理系统来管理酒店布草，以便解决痛点问题，增加其他功能和特性；提出管理系统工作机制；提出关于信息系统使用前瞻性的建议。

实现价值页面包含信息管理系统带来的批量扫描识别，降低成本，全自动设计，自动生成报表，提高系统灵敏性、可靠性等多方面的价值体现。

酒店布草信息管理系统演示文稿版式解析如下。

（1）选择严谨、庄重的封面、目录演示文稿模板，以符合科技类项目演示的要求。

（2）所有演示页面要图文并茂。

（3）杜绝出现整个页面只由文字构成的情况。

（4）插入文本框、图片、数据表格、分析图表。

（5）页面图片、文本框、文字排版美观。

（6）设计生动、活泼的动画播放形式。

2.3.4　视野拓展

有一些非常实用的小技巧，可以帮助我们更好地运用 WPS 进行演示文稿制作。

【技巧 1】制作 PPT 滚动数字（动态数字、数字播放）。

首先新建一个空白演示文稿，选择"插入"→"文本框"选项，插入一个文本框。然后，在文本框中输入数字，如输入 99，如图 2-26 所示。

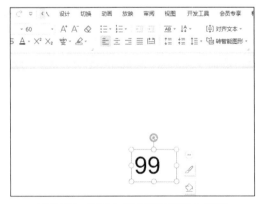

图 2-26　在插入的文本框中输入数字

选中文本框，选择"动画"→"动画窗格"选项。在打开的"动画窗格"对话框中，单击"添加效果"按钮，选择"动态数字"选项。如图 2-27 所示。这样当播放幻灯片时，就可以呈现文本框内的数字从 1 滚动到 99 的效果。

图 2-27　选择动态数字效果

【技巧 2】使用动画刷复制动画效果。

首先选中图片 1，设计图片 1 为"菱形"动画效果；然后选中图片 1，单击"动画刷"按钮，可以看到鼠标指针已经变成一个刷头模样；最后选中图片 2，设置图片 2 的动画效果与图片 1 动画效果设置一致。

温馨提示：单击"动画刷"按钮起复制作用。若想将动画应用于多个对象，则可以双击"动画刷"按钮，选中多个图片，将多个图片的动画效果设置为和该图片相同的动画效果。

【技巧 3】使用配色方案。

选择"设计"→"配色方案"选项，在打开的对话框中，分别按色系、颜色、风格选择配色方案。例如，若想选择贴合中国风的颜色风格，则单击"按风格"按钮，在中国风下选择配色方案。

2.3.5　任务演示

本节以酒店布草信息管理系统演示文稿编制为例，介绍演示文稿制作的主要方法。部分页面如图 2-28～图 2-33 所示。

图 2-28　封面页

图 2-29　目录页

1 现状

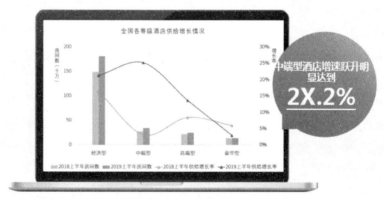

随着经济发展水平的提升，消费水平也不断升级，大众消费趋势呈中端化发展，中端酒店的发展空间也随之扩张。

图 2-30　现状页一

图 2-31　现状页二

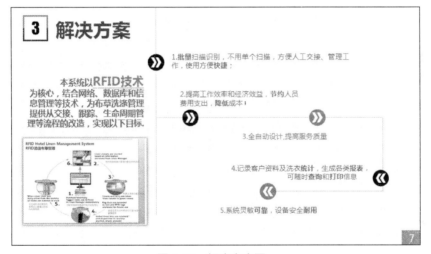

图 2-32　解决方案页一

图 2-33　解决方案页二

1. 插入图片

【**步骤 1**】启动 WPS 软件，双击开机桌面上的 WPS 程序快捷方式 "WPS Office"。

【**步骤 2**】在 WPS Office 主界面中，单击 "新建演示"，在新建演示文稿界面左边幻灯片视图中右击，在打开的快捷菜单中选择 "新建幻灯片" 选项，新建一张幻灯片如图 2-34 所示。

图 2-34　新建幻灯片

【**步骤 3**】在新建的幻灯片中单击 "插入" → "图片" 按钮，如图 2-35 所示。

图 2-35　插入图片

【**步骤 4**】选择插入图片的文件名，单击 "打开" 按钮，如图 2-36 所示。

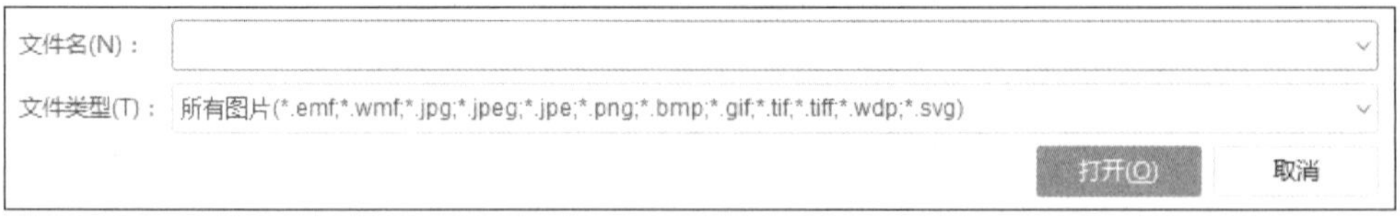

文件名(N)：		
文件类型(T)：	所有图片 (*.emf;*.wmf;*.jpg;*.jpeg;*.jpe;*.png;*.bmp;*.gif;*.tif;*.tiff;*.wdp;*.svg)	
	打开(Q)	取消

图 2-36　选择图片文件名

【步骤 5】在插入图片后将其选中，可以对图片进行编辑，可以通过缩放来调整图片尺寸大小，还可以拖动图片放到页面合适位置。

2. 插入文本框

【步骤 1】在新建的幻灯片中，选择"插入"→"文本框"选项，如图 2-37 所示。

图 2-37 插入文本框

【步骤 2】在幻灯片空白处，拖动鼠标绘制文本框，可对文本框进行编辑，可以通过缩放来调整文本框尺寸大小，也可以拖动文本框放到页面合适位置，还可在文本框中输入文字，如图 2-38 所示。

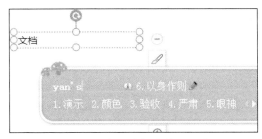

图 2-38 在文本框中输入文字

3. 插入图表

【步骤 1】在新建的幻灯片中，选择"插入"→"图表"选项，如图 2-39 所示。

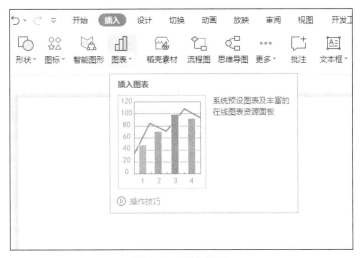

图 2-39 插入图表

【**步骤 2**】选择插入图表的文件名，单击"打开"按钮，如图 2-40 所示。

文件名(N)：		
文件类型(T)：	所有图片(*.emf;*.wmf;*.jpg;*.jpeg;*.jpe;*.png;*.bmp;*.gif;*.tif;*.tiff;*.wdp;*.svg)	

打开(O)   取消

图 2-40　选择图表文件名

（注：该图与图 2-36 相同，为了使操作步骤完整展现，特此保留，下同）

【**步骤 3**】在插入图表后将其选中，可以对图表进行编辑，可以通过缩放来调整图表尺寸大小，还可以拖动图表到页面合适位置。

4. 绘制图形

【**步骤 1**】在需要绘制图形的页面中，选择"插入"→"形状"选项，如图 2-41 所示。

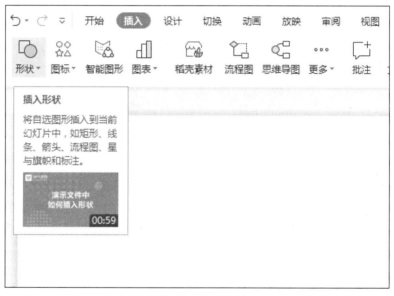

图 2-41　选择形状

【**步骤 2**】在打开的页面中，分别选择线条和箭头，对线条和箭头进行编辑，将其拖放到合适位置，通过缩放来调整线条和箭头的尺寸大小。

5. 插入背景图片

【**步骤 1**】在新建幻灯片中，选择"插入"→"图片"命令。

【**步骤 2**】选择插入图片的文件名，单击"打开"按钮，如图 2-42 所示。

文件名(N)：		
文件类型(T)：	所有图片(*.emf;*.wmf;*.jpg;*.jpeg;*.jpe;*.png;*.bmp;*.gif;*.tif;*.tiff;*.wdp;*.svg)	

打开(O)   取消

图 2-42　选择图片文件名

【步骤3】在插入图片后，选中图片并右击，打开的快捷菜单如图 2-43 所示。

图 2-43　图片右击打开快捷菜单

【步骤4】选择"设为背景"选项。

6. 动画设计

【步骤1】放映幻灯片。在菜单栏中选择"放映"→"从头开始"或"当页开始"选项，或者单击右下角状态栏中的"从当前幻灯片开始播放"按钮，即可播放幻灯片。在播放过程中，单击可进行下一步播放。

【步骤2】自动放映设置。要实现自动放映，需要为每张幻灯片设置播放时间，即设置排练计时。具体操作步骤如下。

（1）设置排练计时。打开需要自动放映的幻灯片，选择"放映"→"排练计时"选项，跳转到计时窗口。按照正常的操作流程播放幻灯片，录制控制框会根据操作记录每张幻灯片的播放时长。在录制过程中可以暂停，如果在录制某张幻灯片时出现错误，则可以单击"重复 ↻"按钮，重新录制这张幻灯片。

（2）应用排练计时。在菜单栏中选择"放映"→"放映设置"选项，在打开的"设置放映方式"对话框的"换片方式"栏中选中"如果存在排练时间，则使用它"选项，实现排练计时的应用。按 F5 键播放，即可查看计时播放效果。

【步骤3】自定义放映。在"自定义放映"对话框中单击"新建"按钮，如图 2-44 所示，打开"定义自定义放映"对话框。在该对话框中，可以设定幻灯片放映名称。在"演示文稿中的幻灯片"一栏中选中所要播放的幻灯片。单击"添加"按钮，如图 2-45 所示，此时在"在自定义放映中的幻灯片"一栏中会显示选中的幻灯片。

图 2-44 "自定义放映"对话框

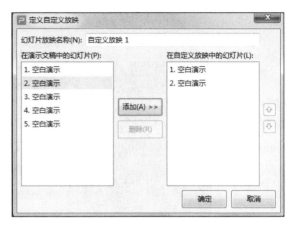

图 2-45 "定义自定义放映"对话框

如果需要对幻灯片的顺序做调整，则可以选中要调整的幻灯片，如图 2-46 所示，单击"向上"或"向下"箭头按钮，调整它在整个幻灯片中的播放位置。如果不需要这张幻灯片，则可以将其删除。设置完成后，单击"确定"按钮。

【步骤 4】完成上述操作，选择放映名称后，单击"放映"按钮即可放映该自定义的演示文稿文件，如图 2-47 所示。

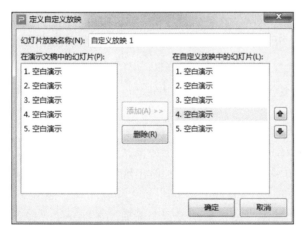

图 2-46 可通过箭头调整放映顺序

图 2-47 单击放映按钮

【步骤 5】设置放映类型。选择"放映"→"放映设置"选项。在打开的"放映设置"下拉菜单中，可以选择手动放映或者自动放映，如图 2-48 所示。

选择"放映设置"选项，打开"设置放映方式"对话框，设置放映效果，如图 2-49 所示。

图 2-48　打开"放映设置"选项

图 2-49　"设置放映方式"对话框

【步骤 6】选中幻灯片页面中的图片元素，选择"动画"选项，打开"动画"菜单，如图 2-50 所示。

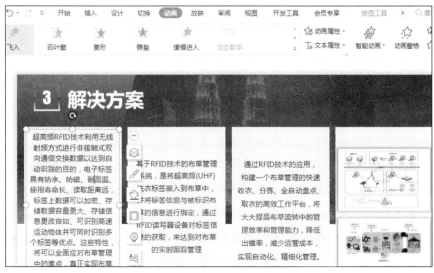

图 2-50　"动画"菜单

【步骤 7】第一个文本框元素选择"飞入"动画。

【步骤 8】第二个文本框元素选择"百叶窗"动画。

【步骤 9】第三和第四个文本框元素分别选择"菱形"和"缓慢进入"动画。

2.3.6 任务实战

根据 2.3.1 节中的情境 3，在大学学习期间，教师需要你做阶段性学习的情况汇报。请按照要求，完成学习汇报演示文稿制作，并填写任务操作单，如表 2-6 所示。

表 2-6 任务操作单

任务名称		信息演示		
任务目标		使用 WPS 编制一份图文并茂的学习汇报演示文档		
小组序号				
角色		姓名	任务分工	
组长				
组员				
组员				
组员				
组员				
序号	步骤	操作要点	结果记录	评价
1	模板选择			
2	封面			
3	目录			
4	正文			
5	封底			
6	放映特效			
评语				
日期				

本任务有以下要求。

（1）在演示文稿模板中选择具有欢快色调的模板。

（2）演示文稿至少包括封面、目录、正文和封底 4 个部分；演示文稿内容至少包含基本情况、学习成果、存在问题、解决方案 4 个页面。

（3）在演示文稿封面、目录页插入合适的背景图片。

（4）在演示文稿放映时，选择一首轻音乐作为背景音乐。

（5）要求演示文稿图文并茂，版式设置合理、美观。

（6）要有分析图表、数据表格、图片等演示文稿支撑元素。

（7）对于每张演示文稿至少做一个动画动作，要求风格各异。

2.3.7　课后作业

任务 2.3 参考答案

1. 单选题

（1）在 WPS 演示文稿中，下列关于为幻灯片添加超链接的说法中错误的是（　　）。

A. 不可以链接到其他演示文稿

B. 可以链接到音视频文件

C. 可以链接本文档的其他幻灯片

D. 可以链接本文档的最后一张幻灯片

（2）在 WPS 演示文稿放映时，用户可以利用绘图笔在幻灯片上写字或画画，这些内容（　　）。

A. 自动保存在演示文稿中　　　　　B. 不可以保存在演示文稿中

C. 在本次演示中不可擦除　　　　　D. 在本次演示中可以擦除

（3）对于幻灯片的动画效果，应通过"动画"选项卡的（　　）选项来设置。

A. 自定义动画　　　　　　　　　　B. 动作设置

C. 动画预览　　　　　　　　　　　D. 幻灯片切换

（4）若想在幻灯片放映时，以 2s 为时间单位自动换片，则应对幻灯片（　　）进行设置。

A. 自定义动画　　B. 幻灯片切换　　C. 动作　　　　D. 版式

（5）在 WPS 演示文稿中，要给幻灯片添加过渡效果，可以通过设置（　　）实现。

A. 自定义动画　　　　　　　　　　B. 幻灯片放映

C. 超链接　　　　　　　　　　　　D. 幻灯片切换

（6）要在 WPS 演示文稿的所有幻灯片的左上角添加 LOGO 标志，最便捷的途径是（　　）。

A. 选择幻灯片版式　　　　　　　　B. 应用设计模板

C. 编辑幻灯片母版　　　　　　　　D. 设置背景

（7）在 WPS 演示文稿中，若想插入一个轻音乐作为背景音乐，则可以通过选择（　　）来实现。

A."插入"→"视频"选项　　　　　B."插入"→"图片"选项

C."插入"→"音频"选项　　　　　D."插入"→"文本框"选项

（8）在 WPS 演示文稿的幻灯片中添加文字，可以选择"插入"菜单中的（　　）选项。

A."图片"　　　B."文本框"　　　C."表格"　　　D."音频"

2. 判断题

（1）动画效果"打字机效果"可以应用于任何幻灯片对象。　　　　　　（　　）

（2）如果希望将幻灯片由横排变为竖排，则需要更换背景。　　　　　　（　　）

（3）对于任何一张幻灯片，都要进行"动画设置"的操作，否则系统会提示错误信息。

（　　）

（4）在空白的幻灯片中，不可以直接插入文字。　　　　　　　　　　　（　　）

（5）在 WPS 演示文稿中，不可以插入文件夹。　　　　　　　　　　　（　　）

模块 2 计 算 思 维

　　计算思维指个体在问题求解、系统设计的过程中，运用计算机科学领域的思想与实践方法所产生的一系列思维活动。

　　具备计算思维的表现：能采用计算机等智能化工具界定问题、抽象特征、建立模型、组织数据；能综合利用各种信息资源、科学方法和信息技术工具解决问题，能将这种解决问题的思维方式迁移、运用到解决职业岗位与生活情境的相关问题的过程中。

项目 3 计算思维的建立

学习目标

知识目标

（1）理解计算思维的概念和核心思想。

（2）理解问题求解的一般步骤和过程。

（3）理解抽象和自动化的思想。

（4）了解计算思维在问题求解中的应用。

能力目标

（1）掌握问题求解的具体方法和步骤。

（2）掌握利用计算思维解决生活场景和工程应用场景的方法。

素质目标

（1）培养科学的问题求解的思维。

（2）培养严谨细致的工作作风。

任务 问题求解过程

任务情境

【情境 1】（学习情境）你和同学们准备举办一场面向全校新生的防电信诈骗舞台剧，你们应该怎么做？

【情境 2】（工作情境）假如你是一名学校就业部门工作人员，应如何举办一场面向毕业生的就业讲座？

【情境 3】（生活情境）在和朋友们聚会时，你需要为大家做顿饭，要求有素、有荤、有汤，你应该怎么做？

在日常生活和工作中，我们可能会遇到类似上述情境的问题，而且解决问题没有明确的知识范围，也没有人去示范怎么做。我们要整合各方面的资源，尝试采用各种各样的方式，找到好的办法。同时，评判这种方法是否正确还需要考虑多方面的因素。

学习任务卡

本任务要求学生了解问题求解的过程，从而建立计算思维。请参照"问题求解过程"学习任务卡（见表 3-1）进行学习。

表 3-1　"问题求解过程"学习任务卡

学习任务卡			
学习任务	问题求解过程		
学习目标	(1) 理解问题求解的一般步骤和过程 (2) 了解计算思维的概念和核心思想 (3) 掌握计算思维在问题求解中的应用		
学习资源	P3-1　问题求解过程　　　　V3-1　使用数字化工具进行问题求解（全家旅行计划）		
学习分组	编号		
	组长		组员
	组员		组员
	组员		组员
学习方式	小组研讨学习		
学习步骤	(1) 课前：学习计算思维、抽象、自动化等概念 (2) 课中：小组研讨。围绕本任务的情境 1～情境 3，分析并研讨具体的问题解决方案 (3) 课后：完成课后作业		

任务解析

计算思维是人类科学思维中，以抽象化和自动化，或者以形式化、程序化和机械化为特征的思维形式。计算思维是先将一个复杂的问题进行分解，通过逻辑分析和细分步骤构思解决方案，从而形成解决问题的模型，再将该模型应用到更多同类问题的解决过程中的一种思维方式。

使用计算思维进行问题求解可以概括为 4 个步骤：分解问题、模式认知、抽象思维、算法设计。上述描述看上去比较抽象，但是，人们在解决日常生活问题时会经常不自觉地用到这种方法，它包括了数学、逻辑、推理和预测、问题解决能力等。

例如，你需要为全家人外出旅行设计一个方案，如果运用计算思维来设计方案，你就需要从分解问题着手。

1. 分解问题

分解问题指把大问题拆解成小问题，把复杂问题拆解成简单问题，把未知问题拆分成若干已知问题的过程。例如，将"计划全家人旅行"这个大的任务分解成几个小任务，先分解成"出行""住宿""旅行活动"3 个小任务，然后依次解决每个小任务。每个小任务又可以进一步分解成不同的子任务，如小任务"住宿"又可以分解成"确定时间""确定地点""酒店信息""付款"4 个子任务，如图 3-1 所示。当每个子任务都得到解决时，"计划全家人旅行"的大任务自然就迎刃而解了。

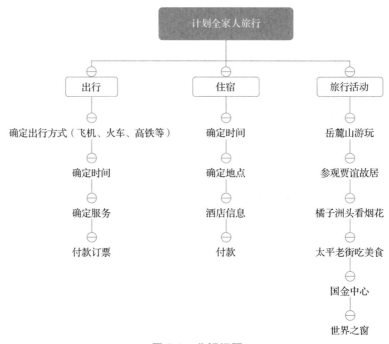

图 3-1 分解问题

2. 模式认知

我们可以根据过去的经验及过去解决问题的方法，来解决眼前的问题。这些经验和方法可以来源于自身实践，也可以是学习所得的。模式认知的核心思想就是找到事物规律，然后不断重复执行。例如，总结以前旅行中的经验，如高铁出行的正点率很高，可以优先选择；连锁酒店的服务品质有保障，可以优先选择等。这些模式都可以应用到这次的旅行计划中。

3. 抽象思维

如图 3-2 所示，左边和右边是两个不同的行程计划，对比后会发现，左边有很多没有必要的细节，如"换上夏天的衣服""上洗手间"等，如果把很多时间花在解决这些细节上，就会降低解决问题的效率，增加问题解决的成本。通过抽象思维精简左边不重要的细节，将其精简为右边最重要的 4 个活动。抽象思维就是要剥离出问题的核心，抓住问题的本质，找出重要的因素，忽略不重要的因素，去繁求简。

4. 算法设计

任何解决问题的步骤、计划都可以被称为算法，如炒菜的步骤、出行的路线规划。例如，今天的行程是去岳麓山游玩，那么怎么从酒店出发到达岳麓山？如图 3-3 所示，需要根据天气情况来规划不同的出行方案。

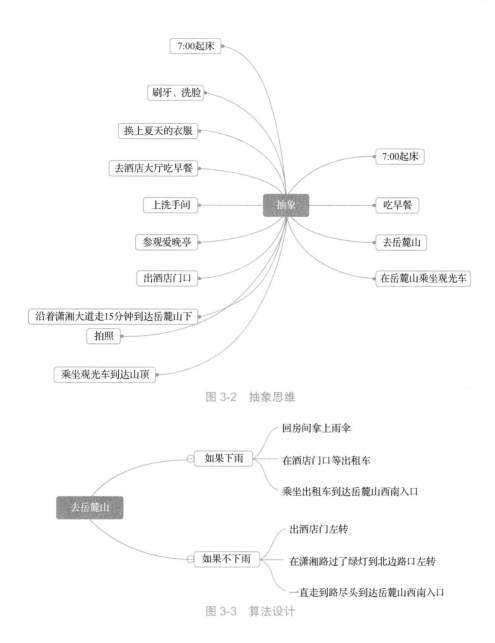

图 3-2　抽象思维

图 3-3　算法设计

视野拓展

　　人类在认识世界和改造世界的科学活动过程中，离不开思维活动。思维不仅增强了个人对物质世界的理解和洞察，还促进了人类之间的交流，从而使人类获得知识交流和传承的能力，这个意义的重要性是不言而喻的。早期人类表达思维结果的方式比较模糊和凌乱，因此，早期人类对于知识的传承是困难和缓慢的。正因为如此，人类对于自身的思维活动很早就开展了研究，并且提出了一些原则，这些原则揭示了思维活动的关键特点。

　　（1）思维活动的载体是语言和文字，没有通过语言和文字表达出来的思维是无意义的。

　　（2）思维的表达方式必须遵循一定的格式，需要符合一定的语法和语义规则。只有符合语法和语义规则的表达，才能被其他人所理解。

（3）为了使别人相信自己的思维结论，我们必须采取合理的表达方式，说明获得结论的理由，以使别人不去重复思维的过程而相信你的结论。

这就是思维逻辑原则。这 3 条原则对于人类文化传承和知识积累是十分重要的。只有遵从这 3 条原则，人类文化才能在一个可靠的背景下发展，人类才能具备相互信任的基础。到目前为止，符合以上 3 条原则的思维模式大体可以分为 3 种。

（1）以观察和归纳自然（包括人类社会活动）规律为特征的实证思维。

（2）以推理和演绎为特征的逻辑思维。

（3）以抽象化和自动化为特征的计算思维。

这 3 种思维模式各有特点、相辅相成，共同组成了人类认识世界和改造世界的基本科学思维内容。

1. 实证思维

实证思维起源于物理学的研究，其集大成者是伽利略（Galileo）、开普勒（Kepler）和牛顿（Newton）。开普勒是现代科学中第一个有意识地将自然观察总结成规律，并把这种规律表示出来的人。伽利略建立了现代实证主义的科学体系，强调通过观察和实验（实验是把自然现象单纯化，以保证可以仔细研究其中的一个局部的方法）获取自然规律的法则。牛顿把观察、归纳和推理完美地结合起来，形成了现代科学大厦的整体框架。

现在普遍的观点是实证思维要符合 3 条原则：第一，可以解释以往的实验现象；第二，逻辑上自洽，即不能自相矛盾；第三，能够预见新的现象，即思维结论必须经得起实验的验证。这 3 条原则是比较苛刻的。例如，爱因斯坦的狭义相对论和广义相对论发表以后，尽管理论上是十分完美的，也能够解释当时物理学中一些让人们感到困惑的问题，但是其预言的现象未能观测到，因此在很长一段时间内，没有成为一个真正公认的物理学理论。量子理论尽管在逻辑上还有一些不够严谨的地方（但没有矛盾），但是它的结论经得起实验的检验，并且预言的一些重要现象得到了证实，因此它被看作是一种普遍公认的物理学理论。人类在自己的文化发展中采取了谨慎的态度，在没有必要的时候，不去轻易改变知识结构的主体框架。

2. 逻辑思维

逻辑思维的研究起源于希腊时期，集大成者是苏格拉底（Socrates）、柏拉图（Plato）、亚里士多德（Aristotle），他们基本构建了现代逻辑学的体系。之后，又有众多逻辑学家做出了突出贡献，如莱布尼茨（Leibniz）、希尔伯特（Hilbert）等，使逻辑学成为人类科学思维的模式和工具。

逻辑思维也要符合一些原则：第一，有作为推理基础的公理集合；第二，有一个可靠和协调的推演系统（推演规则）。

任何结论都要从公理集合出发，经过推演系统的合法推理得出结论。这些推理的过程必须是可验证的，从总体上看，验证的复杂程度必须低于获得这个推理过程的复杂程度，甚至在某些领域，如自然科学所要求的，验证的过程应该是可机械化的。逻辑思维的结论正确性来源于公理的正确性和推理规则的可靠性，因此结论的正确性是相对的，为了保证推理结论的可接受程度，人们往往要求作为推理基础的公理体系是可证伪的。

3. 计算思维

与前两种思维一样，计算思维也是与人类思维活动同步发展的思维模式，但是计算思维概念的建立和明确经历了较长的时期。

在人类思维产生的时候，形式、结构、可行这些意识就已经存在于思维之中，是人类经常使用和熟悉的内容，但是计算思维作为一种科学概念被提出应该是在莱布尼茨、希尔伯特之后。莱布尼茨提出了机械计算的概念，而希尔伯特建立了机械化推理的基础。这些工作把原来思维中属于形式主义和构造主义的部分明晰地表达出来，使其明确成为人类思维的一种模式。希尔伯特给出了现在被称为"希尔伯特纲领"的数学构造框架，试图把数学还原为一种有限过程。尽管这个纲领并没有最后实现，但是与此相关的工作真正弄清楚了什么是计算、什么是算法、什么是证明、什么是推理。这就对计算思维所涵盖的主要成分逐一进行了深入的揭示，计算思维的一些主要特征从实证思维和逻辑思维中独立出来，不再是前两者的附属，而成为与前两者齐驱并驾的第 3 种思维模式。

计算思维的标志是有限性、确定性和机械性。因此，计算思维表达结论的方式必须是一种有限的形式（回想一下，数学中表示一个极限经常用一种潜无限的方式，这种方式在计算思维中是不被允许的）；语义必须是确定的，在理解上不会出现因人而异、因环境而异的歧义性；同时必须是一种机械的方式，可以通过机械的步骤来实现。这 3 种标志是计算思维区别于其他两种思维的关键。计算思维的结论应该是构造性的、可操作的、可行的。

到了 20 世纪，关于思维的 3 个方面真正形成了相互支撑的科学体系，科学研究也明确提出了理论、实验和计算三大手段。这 3 种思维基本涵盖了目前为止科学思维的全部内容，因此，尽管计算思维冠以计算两个字，但不是只与计算机科学有关的思维，而是人类科学思维的一个远早于计算机出现的组成部分。计算思维也可以被称为构造思维或者其他什么思维，因为计算机的发展极大促进了对于这种思维的研究和应用，并且这种思维在计算机科学的研究和工程应用中得到广泛的认同，所以人们习惯地称其为计算思维。这只是一个名称而已，这种名称反映了人类文化发展的痕迹。

人类科学活动还包含其他的思维模式，如类比、联想和猜测（灵感），这些思维不仅伴随着科学活动的全过程，还是很多创新思想的源泉，在科学活动中占据着重要地位。但是这几种思维不符合关于科学思维的 3 条原则，这几种思维的过程很难通过具体形式表达出来，很难使别人相信它们的思维结论，除非其结论可以使用实证思维、逻辑思维或者计算思维的方式表达出来，因此，这几种思维现在还不能被称为科学思维。如果将来随着人们对于思维过程研究的深入，可以找到 1 种很好的表达方式，对这几种思维清晰地加以描述，这些思维模式就可以被称为科学思维。

尽管计算思维在人类思维的早期就已经萌芽，并且一直是人类思维的重要组成部分，但在很长一段时间里，计算思维的研究是作为数学思维的一部分进行的。这是因为计算思维相应的手段和工具发展缓慢。尽管人们提出了很多对于各种自然现象的模拟和重现方法，设计了复杂、系统的构造，但都因缺乏相应的实现手段而被束之高阁。

随着科学的不断进步，人类对世界的认识越来越深刻，改造世界的力度和速度也不断加大。改造世界要求应用已有的知识设计可以实现的方案，达到预设的目标，这就促进了对于器件、装置、系统等各方面的新的设计和制造。这些都强调了可构造性、可实现性与可验证性等，对计算思维提出了新的要求和挑战。从工业化革命开始，人类从以认识世界为主，转向了以改造世界为主。蒸汽机、电力、材料、医药等的进步彻底改变了人们对于世界的认识。在这个过程中，人们把对于自然规律的认识变成一种具有可构造性、可实现性的新知识内容，用于创造自然界原本没有的物体，这是人类对于知识应用的深化和延拓。在这个过程中，计算思维起到了重要的作用。只有把人类对于自然的认识规律通过计算思维转化为实际可行的行为方案，才能达到改造世界的目标，同时能够深化人类对原有知识的理解。计算思维不仅是人类改造世界的手段，还是认识世界的手段。随着工业化的进程，人们对于计算思维的重要性有了越来越清晰的认识，也越来越得益于计算思维带来的丰硕成果。

随着社会进步和发展，人类对于计算思维的运用越来越普及。在人类社会早期修建一所房子，整个建筑的构思可能就在建造者的脑子里面；但是随着工程规模的不断扩大，这种靠记忆来设计和规划建筑的方式越来越不适应社会要求，因此建筑需要有施工图纸。施工图纸就是关于房子的形式化的表达方式，这种方式使人们可以相互沟通设计的思想，共同组织工程的实施。思维从人的头脑中被解放出来，成为一种有形的东西。大家可以共同参与思维过程。当然这种工程图纸是需要符合计算思维所具有的有限性、确定性和机械性特征的。这就是计算思维给人们带来的益处，也是人们对于计算思维的认识不断深化的结果。现代考古工作者经常苦恼于不清楚古代很多先进的施工工艺是如何进行的，其原因就是古代的施工很少留有关的工程说明；保留下来的篇幅很少的工程说明也语焉不详，不能清晰表达出这些工艺究竟是怎样实现的。也就是说，这些说明不符合计算思维描述结论的原则，因此无法重复这些工艺或者过程，使知识的传承出现了断档。这种状况随着历史的进步逐渐得到改善，近代的很多工程留下了丰富的、符合计算思维要求的文档，因此我们（当然也包括后人）可以从工程文件中清晰地了解这些工程的施工方法和工艺。采取计算思维的模式来描述各种工程活动是人类进步的表现，也是人类知识积累和文化传承的重要方式。

即使到了今天，我们处理问题求解、系统设计及人类行为理解等方面的问题，也要采用计算思维的模式进行问题描述和规划。计算思维已经成为思考、表达和操作各项环节的基本模式，并且发展出一套相应的描述格式和规范。人类在这些方面的相互理解甚至超越了语言的界限。计算思维的应用，使人类前所未有地拉近了彼此的距离，使人类可以毫无障碍地交流各种建设目标、工程设计和施工组织。

美国卡内基梅隆大学（Carnegie Mellon University，CMU）的周以真教授总结和概括了计算思维的定义，其定义得到了学界的广泛认可。她的定义是：计算思维是一种能够把问题及其解决方案表述成为可以有效地进行信息处理形式的思维过程。她总结计算思维具有以下特性。

（1）概念化，不是程序化。计算机科学不是计算机编程，像计算机科学家那样去思维意味着不仅能为计算机编程，还能够在抽象的多个层次上进行思维。

（2）根本的，不是刻板的技能。基本技能是每个人为了在现代社会中发挥职能所必须掌握的技能。刻板技能意味着机械地重复操作。当计算机科学真正解决了人工智能的大挑战——使计算机像人类一样思考之后，思维有可能真的变成机械的了。

（3）是人的，不是计算机的思维。计算思维是人类求解问题的一条途径，但绝不是要使人类像计算机那样地思考。计算机枯燥且沉闷，人类聪颖且富有想象力。配置了计算设备，我们就能用自己的智慧去解决那些计算时代之前不敢尝试的问题，达到"只有想不到，没有做不到"的境界。

（4）数学和工程思维的互补与融合。计算机科学在本质上源自数学思维，因为和所有的科学一样，其形式化解析基础构建于数学之上。计算机科学从本质上又源自工程思维，因为我们建造的是能够与实际世界互动的系统，基本计算设备的限制迫使计算机学家必须进行计算性的思考，不能只是数学性的思考。虚拟世界的自由构建使我们能够设计超越物理世界的各种系统。

（5）是思想，不是人造物。我们生产的软件、硬件等人造物将以物理形式呈现，并时时刻刻影响我们的生活，同时产生的还有帮助我们求解问题、管理日常生活、与他人交流和互动的计算概念。

（6）面向所有的人、所有地方。当计算思维真正融入人类活动的整体，不再表现为一种显式哲学的时候，它就将成为一种现实。

周以真教授认为，计算思维是 21 世纪中叶每个人都要使用的基本工具，它将像数学和物理那样成为人类学习知识和应用知识的基本组成和基本技能，计算思维的核心概念是抽象（Abstraction）与自动化（Automation），也被称为 2A。

计算思维虽然有着计算机科学的许多特征，但是计算思维本身并不专属于计算机科学。实际上，即使没有计算机，计算思维也在逐步地发展，并且其有些内容与计算机也没有关系。但是，正是计算机的出现，给计算思维的研究和发展带来了根本性的变化。计算机对信息和符号的快速处理能力，使许多原本只是理论可以实现的过程变成了实际可以实现的过程。对于海量数据的处理、复杂系统的模拟、大型工程的组织，借助计算机实现整个过程的自动化、精确化和可控化，大大拓展了人类认知世界和解决问题的能力。机器替代人类的部分智力活动，催发了对智力活动机械化的研究热潮，凸显了计算思维的重要性，推进了对计算思维的形式、内容和表述的深入探索。在这样的背景下，作为人类思维活动中以形式化、程序化和机械化为特征的计算思维受到前所未有的重视，并且作为研究对象被广泛和仔细地研究。

研究一个问题如何转变为能够用计算机解决的问题，是推动计算机科学快速发展的关键。在不到 100 年的时间，计算机从一个理论上的装置图灵机，变成了几乎人手一台的机器。这种情况得益于人们对计算机科学的持续深入的研究和探讨。什么是计算、什么是可计算、什么是可行计算等，这些计算思维的根本性质得到了彻底研究。这不仅推进了计算机科学和工程科学的发展，还推进了计算思维本身的发展。在这个过程中，一些属于计算思维的特点被逐步揭示出来，计算思维与逻辑思维、实证思维的差别越来越清晰化。计算思维的概念、结构、格式等变得越来越明确，其内容得到了不断丰富。例如，在对指令和数据的研究中，层次性、迭代表述、循环表述及各种组织结构（树状结构、网状结构等）被明确提出来，这些研究成果使计算思维的具体形式和表达方式清晰化，使原来存在于头脑中模模糊糊的东西成为一种科学而明确的概念。计算机的出现丰富了人类改造世界的手段，同时也强化了原本存在于人类思维中的计算思维的意义和作用。从思维的角度看，计算机科学主要研究计算思维的概念、方法和内容，并发展出解决问题的一种思维模式，这极大地推动了计算思维的发展。

例如，计算机的出现，催生了计算机程序的兴起和发展。计算机程序就是用一种计算机可以理解的方式来描述所要解决的问题。计算机是一个机械的执行机构，因此要想把一个计算过程描述清楚，获得期望的输出结果，就需要对这个过程进行十分清楚和准确的描述。这个描述不仅要求对过程本身的表述清晰，还要求考虑出现各种意外情况时如何响应和处理。这种人机交流的方式逐步发展和完善，而这一点正是人类自身使用计算思维进行思考、交流和沟通的特征，这些特征在计算机发展的过程中被强化和凸显出来。人们用于与计算机进行交流的技术和手段也适用于人类自身的交流。作为一种表达思维的方式，计算机程序中采用了各种技术和手段，如在描述语句方面，采用了递归结构、循环语句、中断和跳出等；在数据组织方面，采用了队列、栈、树等，并且发展出一整套形式语言理论、编译理论、检验理论及优化理论，这些理论和技术都是计算思维中的核心概念。计算思维原本就是人类交流中已经存在的表达方式，随着计算机程序的研究而逐步得到清晰化和准确化。计算机科学中所发展起来的各种技术不仅用于编写程序，还广泛应用到其他领域。需要精确描述的工程组织或者工艺过程，都采取了类似计算机程序那样的表达方法。这样的例子还可以在计算机科学的其他方面找到。例如，递归描述、并行处理、类型检查、分治算法、关注分离、冗余设计、容错纠错、度量折中等。这些内容都存在于计算思维之中，因计算机科学的发展而得到明确的定义和解释，从而使计算思维本身得到非常深入的研究和发展。这既推进了计算机科学的发展，也促进了人类对这些属于计算思维的重要内容的进一步理解。总的来说，计算机的出现和发展强化了计算思维的意义和作用。

4. 抽象

抽象指从众多的事物中抽出与问题相关的本质属性，而忽略或隐藏与认识问题、求解问题无关的非本质的属性。例如，苹果、香蕉、生梨、葡萄、桃子等，它们共同的特性是水果。得出水果概念的过程，就是一个抽象的过程。

抽象的具体程序是千差万别的，但是一切抽象过程都具有 3 个环节：分离、提纯、简略。

所谓分离，就是暂时不考虑所要研究的对象与其他各对象之间各式各样的总体联系。这是抽象的第一个环节。解决任何一个问题都应首先确定问题所需要解决的对象，而任何一种对象就其现实原型而言，总是处于与其他事物千丝万缕的联系之中，是复杂整体中的一部分。但是，解决任何问题都不可能考查现象之间所有的复杂关系，必须对其进行分离、简化，这就是一种抽象。例如，要研究落体运动这一物理现象，揭示其规律，就必须首先撇开其他现象，如化学现象、生物现象及其他形式的物理现象，把落体运动这种特定的物理现象从现象总体中抽取出来。把研究对象分离出来，其实质就是从探索某种规律出发，撇开研究对象同客观现实的整体联系。

所谓提纯，就是在思想中排除那些模糊基本过程、掩盖普遍规律的干扰因素，从而在纯粹的状态下对研究对象进行考查。实际存在的具体现象总是复杂的，与多方面的因素错综交织在一起，综合地起着作用。如果不对其进行合理的纯化，就难以揭示事物的基本性质和运动规律。由于物质技术条件的局限性，有时无法采用物质手段排除那些干扰因素，这就需要借助思想抽象。

　　伽利略本人对落体运动的研究就是如此。在地球大气层的自然状态下，自由落体运动规律的表现受空气阻力因素的干扰。人们直观看到的现象是重的物体比轻的物体先落地。正是由于这一点，人们长期以来认识不清落体运动的规律。古希腊伟大学者亚里士多德得出了重的物体比轻的物体坠落较快的错误结论。要排除空气阻力因素的干扰，就必须创造一个真空环境，考查真空中的自由落体遵循的规律。在伽利略时代，人们还无法用物质手段创设真空环境来进行落体实验。伽利略就依靠思维的抽象力，在思想上撇开空气阻力的因素，设想在纯粹形态下的落体运动，从而得出了自由落体定律，推翻了亚里士多德的错误结论。在纯粹状态下对物体的性质及其规律进行考查，是抽象过程的关键性环节。

　　所谓简略，就是对纯态研究的结果所必须进行的一种处理，或者对研究结果的一种表述方式。它是抽象过程的最后一个环节。对复杂问题进行纯态的考查，这本身就是一种简化。对考查结果的表达需要简化，无论是对考查结果的定性表述还是定量表述，都只能简略地反映客观现实。也就是说，只有撇开那些非本质的因素，才能把握事物的基本性质和规律。因此，简略也是一种抽象，是抽象过程的一个必要环节。例如，伽利略发现的自由落体定律就可以用一个简略公式来表示：$S = \dfrac{1}{2}gt^2$。式中，S 表示物体在真空中的坠落距离；t 表示坠落的时间；g 表示重力加速度。伽利略的自由落体定律表示的是真空中自由落体的运动规律，但是，生活中一般所说的落体运动是在地球大气层的自然状态下进行的，因此要把握自然状态下的落体运动的规律表现，就不能不考虑空气阻力因素的影响。相对实际情况来说，伽利略的自由落体定律是一种抽象的认识。

　　抽象作为一种科学方法，在古代、近代和现代被人们广泛应用。随着科学的发展，抽象方法的应用也越来越深入，科学抽象的层次也越来越高。如果说与直观、常识相一致的抽象为初级的科学抽象，那么与直观、常识相背离的抽象可以被称为高层次的科学抽象。抽象法在科学发现中是一种必不可少的方法。人们之所以需要应用抽象法，是因为其客观的依据就在于自然界现象的复杂性和事物规律的隐蔽性。如果自然界的现象十分单纯，事物的规律是一目了然的，就不需要应用抽象法了。但是，实际情况并非如此。科学的任务就在于透过错综复杂的现象，排除假象的迷雾，揭开大自然的奥秘，科学地解释各种事实。因此，我们需要撇开和排除那些偶然的因素，把普遍的联系抽取出来。这就是抽象的过程。

　　自然界事物及其规律是个多层次的系统，与此相对应，抽象也是一个多层次的系统。在抽象的不同层次中，有低层的抽象，也有高层的抽象。相对于解释性的理论原理来说，描述性的经验定律是低层抽象，而解释性的理论原理是高层抽象。理论抽象本身也是多层次的。例如，牛顿的运动定律和万有引力定律相对于开普勒的行星运动的三大定律来说，是高层抽象，因为我们通过牛顿的运动定律和万有引力定律的结合，能从理论上推导出开普勒由观测总结得到的行星运动三大定律。如果高层抽象不能演绎出低层抽象，就表明这种抽象并未真正发现更普遍的定律和原理。一切普遍性较高的定律和原理，都能演绎出普遍性较低的定律和原理。一切低层的定律和原理都是高层的定律和原理的特例。

　　对于同一事物，可以在不同层次进行抽象。例如，说到某个具体的人，如长沙民政职业技术学院计算机网络技术系学生张三，可以有如下多个层次的抽象。

张三　　　　　　　　　　　　　　具有张三本人一切属性

长沙民政职业技术学院学生　　　　略去本人的具体属性

大学男生	略去长沙民政职业技术学院的属性
大学生	略去性别属性
青年人	略去社会属性
人	略去生理属性
动物	仅就动物学观点
生物	仅就生物学观点
物质	哲学家观点
要素	非常抽象的哲学概念

因为抽象的层次不同，所以抽象出的外在属性是不相同的。低层抽象体现了高层抽象的属性，但不能代表高层抽象。我们可以说"张三是青年人"，但青年人远不止张三一个。反过来说，高层抽象蕴涵了低层抽象的主要属性，但不能代表低层抽象的全部属性。我们可以说"张三是个青年人"，但青年人并不一定要像张三那样长一脸的络腮胡子、穿蓝 T 恤衫。

在实际生活中，这样的例子有很多。例如，打仗，司令部的首领、元帅、参谋关心的是敌我双方兵力、装备和士气的对比，现场条件及为取胜而实施的战略；将军、师长、团长、营长、连长们关心的是他们那个地段的地形、兵力部署，以及为取得胜利而制订的战术方案和作战要求；士兵们则关心自己的枪法和格斗技术水平，以及如何多杀伤敌人并保护好自己。显然，元帅心目中的打仗概念和士兵心目中的打仗概念，以及为打仗要做的事是完全不同的。元帅并不关心某个士兵是用枪还是用手榴弹，士兵也无须过问为什么要守住某个咽喉要道，为什么要放弃另一个根据地。

我们可以在高层抽象上处理事物，但若没有低层抽象的实现，则高层抽象将失去意义。这就像没有士兵的元帅、没有硬件的软件一样。也就是说，无论在哪个层次上处理该事物，最终还得由低层实现，只是处理者不知道或无须知道罢了。例如，司机心目中的汽车驾驶靠方向盘、刹车、油门和交通规则。事实上，没有发动机、车轮、车架、变速器，汽车是不能动的，但司机完全可以不去了解发动机的原理、功率，齿轮的模数等细节。这种处理上的独立性和实现上的相互联系是不同层次抽象的重要特性。

人们要发现各种规律和因果联系，必须应用抽象法。抽象的具体形式是多种多样的，大致可分为表征性抽象和原理性抽象两大类。

1）表征性抽象

所谓表征性抽象，是以可观察的事物现象为直接起点的一种初始抽象，它是对物体所表现出来的特征的抽象。例如，物体的形状、质量、颜色、温度等，这些关于物体的物理性质的抽象，所概括的就是物体的一些表面特征。

2）原理性抽象

所谓原理性抽象，是在表征性抽象的基础上形成的一种深层抽象，它所把握的是事物的因果性和规律性的联系。这种抽象的成果是定律、原理。例如，杠杆原理、自由落体定律、牛顿的运动定律和万有引力定律、光的反射和折射定律、化学元素周期律、生物体遗传因子的分离定律、能的转化和守恒定律、爱因斯坦的相对性运动原理等，都属于原理性抽象。

总之，抽象指人们在感性认识基础上运用概念、判断、推理等方式，透过现象抽取研究对象本质的理性思维法。人们在实践的基础上，对丰富的感性材料进行"去粗取精、去伪存真、由此及彼、由表及里"的加工制作，形成概念、判断、推理等思维形式，以反映事物的本质和规律。

5. 自动化

计算机科学研究的根本问题是"什么能被（有效地）自动进行？"。"自动化"是计算思维的核心概念之一。二者的区别在于：前者强调的是"什么能自动进行？什么不能自动进行？如果能自动进行，其有效性如何？"，也就是关于可计算性及其计算复杂性的问题；后者强调的是人和机器的协同问题，即问题求解过程中哪些环节适合（必须）由人处理、哪些环节适合机器自动地处理。

周以真教授认为，"计算机"既可以是一台机器，又可以是一个人，也可以是人和机器的组合。计算思维中的"自动化"关注的是在问题求解过程中，哪些环节或者哪个抽象层面的问题适合于"人"处理，哪些环节或者哪个抽象层面的问题适合于"机器"处理。这其实就是人与计算机的协同问题，这是"所有的人"应该学习、理解并掌握计算思维的核心和关键。也就是说，计算机科学家或者专业人士关注的是"能行性"和"有效性"这类理论性非常强的学科根本性问题，而非专业人士不需要关注深奥的计算复杂性理论，只要知道"能行性"和"有效性"的"结果"或"结论"，明白哪些事情由人做、哪些事情可由机器自动完成即可。

抽象与自动化是密切相关的问题。周以真教授指出"计算是抽象的自动化"。自动化意味着我们需要用某种计算机来解释抽象。抽象是分层次的，不同层次的抽象是不一样的，那么相应地，"自动化"也有对应的层次问题，即不同层次的抽象对应不同层次的自动化。例如，在物理实现层面，依据频率恒定的控制信号，在控制器的统一协调与指挥下，整个计算机系统自动地完成指定的计算任务；在指令层面，计算机系统按照指令逻辑自动地完成指定的计算任务；在高级语言程序层面，把高级语言程序自动地转换为机器可直接执行的机器语言程序；在问题求解层面，确定哪些环节（部分）需要人工处理、哪些环节（部分）可被机器自动地完成，以及有没有更好的抽象技术，使其自动地映射成计算机世界的解；在方法论层面，如何充分发挥人和机器各自的优势和特点，以充分体现计算思维的意义。

任务演示

以情境 3 为例，来演示计算思维的建立过程。如果你需要为大家做顿饭，要求有素、有荤、有汤，你应该怎么做？

【步骤 1】分解问题。我们可以先把问题分解为要做什么菜、什么饭、什么汤，如可以做香菇炒菜心、蒸鱼、西红柿蛋汤等，再分析每道菜都需要什么食材，并将原料备齐。

【步骤 2】模式认知。明确几道菜的做法（模式）。例如，炒菜的做法是将处理好的食材混合快炒；蒸菜是将食材放进蒸锅里用高温蒸汽烹饪；而炖菜则是将食材加水，用小火进行慢煮。

【步骤 3】抽象思维。为了避免做饭时间过长导致菜变凉，几道菜应在相差不多的时间出锅,因此,我们需要按时间排序制作菜品抽象为排序问题。

【步骤4】算法设计。明确制作每个菜品的细节和过程,按步骤进行。例如,西红柿蛋汤的制作步骤是清洗西红柿并切块—打鸡蛋并调匀—用锅将水煮开—放入西红柿和鸡蛋—放入调料—出锅。

任务实战

本任务需要学生综合运用所学内容,通过信息检索的方法,选择一个身边的具体问题,分析、整理运用计算思维解决问题的过程中需要做哪些工作、产出什么成果,并将上述要素用思维导图形式整合成一张流程图,填写任务操作单,如表3-2所示。

表 3-2　任务操作单

任务名称		问题求解过程		
任务目标		运用信息检索方法,以思维导图形式,整理计算思维关键要素		
小组序号				
角色		姓名	任务分工	
组长				
组员				
组员				
组员				
组员				
序号	步骤	操作要点	结果记录	评价
1	分解问题			
2	模式认知			
3	抽象问题			
4	算法设计			
评语				
日期				

课后作业

1. 单选题

下列工具能够用来进行算法设计的是（　　　）。

项目 3 参考答案

A．浏览器　　　　　　　　　　　B．微信

C．思维导图　　　　　　　　　　D．地图软件

2. 多选题

（1）抽象的基本流程有（　　　）。

A．分离　　　　　　　　　　　　B．总结

C．提纯　　　　　　　　　　　　D．简略

（2）使用计算思维进行问题求解的步骤包括（　　）。

A．分解问题　　　　　　　　　B．模式认知

C．抽象思维　　　　　　　　　D．算法设计

（3）计算思维的核心思想是（　　）。

A．抽象　　　　　　　　　　　B．判断

C．自动化　　　　　　　　　　D．流程

3．判断题

现实生活中的每个问题都能够利用自动化解决。　　　　　　　　　　　（　　）

项目 4　计算思维的运用

学习目标

知识目标

（1）了解活动方案策划的主要内容。

（2）理解活动方案策划的一般步骤。

（3）了解数字化项目管理的工作步骤。

能力目标

（1）掌握运用计算思维的具体步骤。

（2）掌握运用计算思维分析活动方案策划和数字化项目管理的方法。

素质目标

（1）培养科学运用计算思维解决问题的意识。

（2）培养严谨细致的工作作风。

任务 4.1　活动方案策划

4.1.1　任务情境

【情境】（工作情境）小李是一名电商平台的活动策划人员。最近，该电商平台要策划一次优惠推广活动，由小李负责这项工作，他应如何策划这次推广活动呢？

4.1.2　学习任务卡

在日常工作中，活动策划是常见的工作任务，广泛应用于各行各业。如何快速、高效地完成一次活动策划呢？我们可以运用计算思维的 4 个步骤进行活动策划，同时为了更高效率地完成工作，可以使用信息化工具进行辅助工作。在本任务中，我们可以使用思维导图软件（如 MindMaster、XMind 等）进行活动设计。

本任务要求学生运用计算思维完成一项活动方案策划，请参照"活动方案策划"学习任务卡（见表 4-1）进行学习。

表 4-1　"活动方案策划"学习任务卡

学习任务卡			
学习任务	活动方案策划		
学习目标	（1）理解运用计算思维解决日常工作的基本步骤 （2）了解活动策划的基本步骤和要素 （3）掌握信息化工具在问题求解中的应用方法		
学习资源	P4-1　活动方案策划　　　V4-1　活动策划案		
学习分组	编号		
	组长	组员	
	组员	组员	
	组员	组员	
学习方式	小组研讨学习		
学习步骤	（1）课前：了解需求，自主学习信息化工具使用方法，掌握活动策划基本要素 （2）课中：小组研讨。围绕 4.1.1 节中的情境，分析并研讨具体的问题解决方案 （3）课后：完成课后作业		

4.1.3　任务解析

要完成活动方案策划，应按照计算思维的 4 个步骤开展工作：分解问题、抽象问题、模式认知、算法设计。

1. 分解问题

将活动方案策划任务分解成多个子任务，可以按照活动的执行过程来分解，也可以按照需要达到的目标来分解。

2. 抽象问题

分析并找出影响活动成败的关键要素，一般可以使用 5W2H 分析法。

3. 模式认知

使用信息检索查阅资料，找到活动成功案例的共性特征和模式。

4. 算法设计

结合前面的步骤和具体资源分配情况，设计合适的方案，一般可以使用甘特图（Gantt Chart）进行时间、资源、人力的综合配置。

4.1.4　视野拓展

活动策划是用于扩大影响力、达到预期目的的有效行为。一份可执行、可操作、创意突出的活动策划案，可有效提升企业的知名度及品牌美誉度。活动策划案是相对于市场策划案而言的，它们同属市场策划的分支。活动策划、市场策划是相辅相成、相互联系的。市场策划和活动策划都从属于企业的整体营销思想，只有在品牌策划完善的前提下做出的市场策划案和活动策划案才能兼具整体性和延续性，也只有这样才能够使受众群体了解一个品牌的文化内涵。

1. 活动分类

（1）营销主导型活动策划：其活动以盈利销售为主、品牌宣传为辅，可分线上、线下两大类。线上活动是在互联网上进行的活动，其活动策划一般多见于各大电商平台，除了线上促销活动，还凭借互联网强大的交互、信息传播功能，发展出许多独特的活动类型，如团购、众筹、裂变等。线下活动是在实际生活场景中进行的活动，一般多见于各大文娱晚会、地域性的活动和品牌方促销活动等。

（2）传播主导型活动策划：以品牌宣传为主、盈利销售为辅的策划，如诺贝尔经济学奖得主广东行、小区电影巡回展、概念时装秀暨客户联谊会、华语电影传媒大奖等。这类活动注重传播媒体形象。品牌 LOGO 和活动报纸版面图片以背景板、单册（页）、海报、白皮书、礼品等形式出现。

（3）集体活动策划：受上级文件指示或为特定行政工作安排而进行的策划活动，如校园歌手大赛，消防安全知识竞赛等。本类活动相对来说规模不大，常见于校园、社区等，盈利性不强，目的性较强。此类活动形式比较丰富，如唱歌、跳舞、知识抢答、诗歌朗诵等。

（4）混合型活动策划：兼具营销主导和传播主导型活动策划的特点，既做营销又搞传播，属于"鱼和熊掌兼得"型，如××财富论坛、××商品品鉴会、××公司答谢年会等。在当前媒介经营市场竞争日益白热化的形势下，媒体将越来越多地扮演企业或准企业角色，将越来越倚重营销主导型和混合型活动策划，因此这个领域也将成为国内各大媒体未来的"战场"。

2. 活动目标

举办活动要有一个明确的目标，就像一条行驶在茫茫大海上的船只，如果找不到确定的方向，就会迷失。因此，企业需要拟定活动预期、最大限度地吸引公众参加，竭尽所能地完成活动的各种目标，并传达出活动的深远含义。

（1）活动策划具有大众传播性。一个好的活动策划一定会注重受众的参与性及互动性。有的活动策划会把公益性也引入活动中，这既能与媒体一贯的公信力相结合，又能够提升品牌在群众中的美誉度。如果活动本身具有一定的新闻价值，就能够在第一时间传播出去，引起公众的注意。

（2）活动策划具有深层阐释功能。广告本身所具有的属性，决定了它不可以采取全面陈述的方式来表现内容。但是，通过活动策划，可以把客户需求表达得明明白白。因此，活动策划可以把企业要传达的目标信息传播得更准确、详尽。

（3）活动策划具备公关职能。活动的策划往往是围绕一个主题展开的，这种主题大多是关于环保、节约能源等贴近百姓生活的能够获得广大消费者关注的主题。通过这些主题，企业能够最大限度地树立品牌形象，从而使消费者不仅从产品中获得使用价值，还从中获得精神层面的满足与喜悦。广告宣传尤其是公益广告的宣传有时也能够获得公关效应，但远不能与活动策划公关职能的时效性、立体性相比。

（4）活动策划具有延时性。一个好的活动策划可以进行二次传播。所谓"二次传播"，就是一个活动发布出来后，被别的媒体纷纷转载，使活动策划的影响被延时了。但是，我们绝对看不到这样的情况：一个广告因设计得好而被别的媒体转载了。活动策划在具备诸多优势的同时，也有一些不足。一方面，活动策划往往不能脱离广告宣传独立展开；另一方面，活动策划操作不当容易引起受众的排斥心理。

3. 活动要素

（1）可信度。活动策划还要求有一定的可信度，在大多数情况下，可信度源自方案的执行力。特别是专业从事活动策划的公司，活动策划得再好，没有足够的资源实施也是不行的。丰富的活动举办经验，不但能为活动策划者提供参考，而且能使活动策划者累积足够的执行资源。

（2）吸引力。对目标受众的吸引力大小是活动推广策划成功与否的根本。在一个活动推广策划中，想要充分吸引受众的注意，就要抓住受众群体的关注点，提高活动的吸引力，满足受众的好奇心、价值表现、荣誉感、责任感、利益等各方面的需求，给予恰当的物质鼓励，提高受众的重视度及参加欲望。

（3）关联度。活动策划内容要和活动本身的目的紧密衔接，要整合关联性较强的事情及关联的资源。

（4）执行力。活动推广不仅需要前期精心的策划，还需要最大限度地执行。执行力表现在具体的任务描绘、任务流程步调、执行人员、执行时间、突发事情的处置计划等方面。在活动执行的进程中若因出现问题而引起受众的不满，则活动的推广作用会大打折扣，甚至起到反作用。因此，在活动前，要对整个活动的活动计划进行反复推敲，查看是否有缺陷。对于大型的线下推广活动，应有一个比较好的训练和演习过程。在活动中要统一指挥，有序地执行活动计划。

（5）传达力。企业在开展活动推广时，在很多情况下希望把品牌文化传达给更多的受众群体，完成最大化的品牌宣传效益。活动推广的传达力表现在活动前、中、后的各个时期。在活动前，勾起受众的参与热情，为活动预热；在活动中，做好活动组织任务，把活动的内容与主题展现出来，获取受众对企业及企业文化的反馈；在活动完毕后，把宣传效应进一步分散和延伸，经过其他的信息传达媒介，进一步扩展活动的影响力，获取更大的商业价值。

4.1.5　任务演示

1. 分解问题

接到完成活动方案策划的工作任务后，我们首先要进行任务分解。任何一个活动方案策划都可以被分解成几个阶段：准备期、策划期、执行期、传播期、复盘期。每个阶段都可以被进一步细化，如图 4-1 所示的主要任务分解如下。

图 4-1　分解问题

（1）准备期：明确活动用户和活动目的。

（2）策划期：准备一份完整的策划案。

（3）执行期：根据数据及时调整活动方案。

（4）传播期：开展预热、引爆、收尾工作，达到传播推广效果。

（5）复盘期：回顾目标、显现效果、对比差异、总结经验。

使用思维导图，总结各阶段的主要工作任务（子任务）。

2．模式认知

分析成功的活动方案策划，找出它们共有的特征和模式，总结为以下几点。

（1）有明确的目标。这是活动策划的第一步，目标是一切决策的指导方针。

（2）选择合适的时间节点和活动主题。任何活动都要师出有名，都要找到一个理由，然后把这个理由与产品结合起来。这个"理由"是用户的第一触点，是活动方案策划的核心，如淘宝"双 11"购物节、京东"618"购物节等。

（3）策划出"有意义"的活动。策划与产品、用户密切相关，参与门槛低，流程简化，规则简单，让用户信任的活动。这些活动来源于前人经验的积累，如图 4-2 所示。

（4）合理分配资源，如资金预算、推广资源、人力资源等。

（5）做好数据监控和统计。数据可以帮助我们判断活动是否已达到目标、是否需要及时对活动内容进行优化。

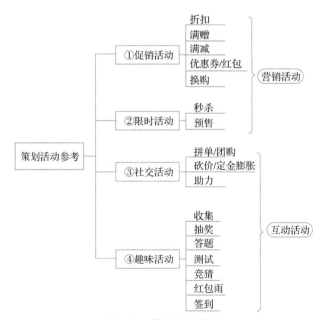

图 4-2　策划活动参考

3．抽象思维

如何快速抓住活动策划的重点、排除不重要的细节信息呢？常见的做法是使用 5W2H 分析法，明确活动的目的、原因、地点、预算、实现途径、时间和人员。5W2H 是一个非常经典的策划方法，非常简单、方便，便于人们理解和使用，能够快速找出活动要素，广泛应用于企业管理和技术活动，可以准确界定、清晰表述问题，提高工作效率，可以有效掌控事件的本质，完全地抓住事件的主骨架，把事件打回原形，帮助决策和执行性活动措施落地。它富有启发意义，有助于思路的条理化，杜绝盲目性，促使我们全面思考问题、弥补疏漏，进一步探讨改进活动的可能性。

5W 包括以下 5 个方面。

（1）Why（为什么）：为什么要这么做？原因是什么？

（2）What（是什么）：目的是什么？做什么工作？

（3）Who（谁）：由谁来承担？由谁来完成？由谁负责？

（4）When（何时）：什么时间完成？什么时机最适宜？

（5）Where（何处）：在哪里做？从哪里入手？

2H 包括以下两个方面。

（1）How（怎么做）：如何提高效率？如何实施？方法怎样？

（2）How Much（多少）：做到什么程度？数量如何？质量水平如何？费用产出如何？

以日常生活中购买水果为例。

Why：家里缺水果。

What：买苹果、橘子、猕猴桃。

Who：自己去买。

When：15:00 前去买，16:00 前买回。

Where：步步高超市。

How：往返都使用共享单车做代步工具。

How Much：预计本次买水果花费 50 元。

例如，领导临时让你陪同去上海出差，你可以在电话里运用 5W2H 分析法一次性确认所有关键要素，这样既不会有遗漏，又不会显得没有头绪。

Why：为什么要你去？

What：出差的任务是什么？

Who：和哪些人一起去？和谁见面？

When：什么时间到？什么时间返程？

Where：具体地址在哪里？去了住哪里？

How：去上海乘坐什么交通工具？

How Much：有多少预算？

根据活动的实际需求，我们从活动的中心开始展开、拆分，具体考虑每个细节，保障活动方案策划的全面性，产生更多的可能。综合全部信息，我们可以得出活动方案策划大纲，如图 4-3 所示。

图 4-3　活动方案策划大纲

4. 算法设计

根据 5W2H 分析法罗列出的基础大纲和头脑风暴产出的活动方案，我们就可以开始策划细化活动方案，具体分 3 步。

【步骤 1】根据大纲和实际情况，填充活动具体细节。

【步骤 2】补充活动信息，将活动落地。在确定活动目标、时间和策略后，我们可以进一步明确任务分配、时间进度、责任人。

【步骤 3】使用甘特图，保证活动顺利进行。甘特图有利于我们在活动期间按照环节来进行数据监测，一旦出现问题，就可以快速找到根源并进行优化；也可以明确人员分工，让每个人都知道自己在活动中需要承担的工作职责，使大家在活动执行时各司其职，便于奖励和问责。

最终的活动方案策划如图 4-4 所示。

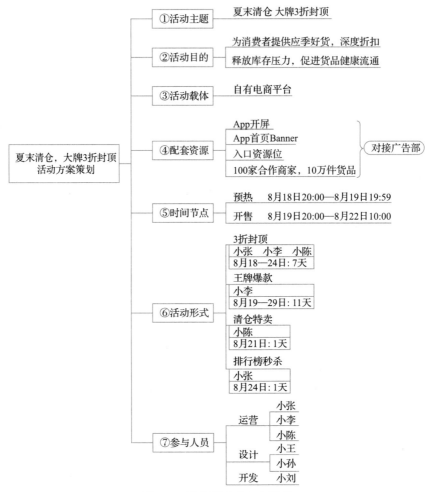

图 4-4 最终的活动方案策划

4.1.6 任务实战

本任务需要学生运用计算思维解决日常生活中的活动方案策划工作，分析整理在计算思维的 4 个关键环节中需要做哪些工作、产出什么成果、达成什么效果，制作演示文稿进行分组展示、汇报，并填写任务操作单，如表 4-2 所示。

表 4-2 任务操作单

任务名称	活动方案策划	
任务目标	作为一名"三下乡"志愿者，如何组织一场面向留守儿童的关爱活动	
小组序号		
角色	姓名	任务分工
组长		
组员		
组员		
组员		
组员		

（续表）

序号	步骤	操作要点	结果记录	评价
1	分解问题			
2	模式认知			
3	抽象问题			
4	算法设计			
评语				
日期				

4.1.7 课后作业

1. 单选题

活动策划中最重要的步骤是（　　　）。

A．确定目标　　　　　　　　　　　　B．资金预算

C．推广方法　　　　　　　　　　　　D．领导支持

任务 4.1 参考答案

2. 多选题

（1）使用 5W2H 法可以确定的活动要素有（　　　）。

A．时间　　　　　　　　　　　　　　B．人物

C．地点　　　　　　　　　　　　　　D．预算

（2）活动策划中复盘的作用包括（　　　）。

A．回顾目标　　　　　　　　　　　　B．显示效果

C．差异对比　　　　　　　　　　　　D．经验总结

（3）甘特图的作用是（　　　）。

A．确定活动中每个环节的持续时间　　B．确定活动每个环节的人员分工

C．确定活动的资金投入　　　　　　　D．确定活动的流程

3. 判断题

活动策划中的"问题分解"主要靠经验和头脑风暴。　　　　　　　　　　（　　　）

任务 4.2　数字化项目管理

4.2.1　任务情境

【情境】（工作情境）小张刚刚从开发工程师晋升为项目经理，就接手一个 App 开发的项目，他应如何对这个项目进行管理呢？

在日常工作中，开发一个新产品，举行一场大型国际会议，为客户做 ERP（Enterprise Resource Planning，企业资源计划）系统的咨询、开发、实施与培训等，都可以被称为项目。

在工程应用工作场景中，如软件工程开发、网络工程实施等，项目管理能力已经成为

一项必备技能。项目管理人员应运用各种相关技能、方法与工具，为满足或超越项目有关各方对项目的要求与期望，开展各种计划、组织、领导、控制等方面的活动。做好项目管理工作，不但需要使用方法论，而且需要使用高效的数字化管理工具（如通用项目管理软件 Project、软件开发行业项目管理软件 PingCode 等）。

4.2.2 学习任务卡

本任务要求学生运用计算思维，完成数字化项目管理，请参照"数字化项目管理"学习任务卡（见表 4-3）进行学习。

表 4-3 "数字化项目管理"学习任务卡

学习任务卡			
学习任务	数字化项目管理		
学习目标	（1）理解运用计算思维解决项目管理的基本步骤 （2）了解项目管理的基本步骤和要素 （3）掌握信息化工具在项目管理中的应用方法		
学习资源	P4-2　数字化项目管理　　　V4-2　数字化项目管理		
学习分组	编号		
	组长		组员
	组员		组员
	组员		组员
学习方式	小组研讨学习		
学习步骤	（1）课前：了解需求，自主学习信息化工具使用方法，掌握项目管理的基本要素 （2）课中：小组研讨。围绕 4.1.1 节中的工作任务，分析并研讨具体的问题解决方案 （3）课后：完成课后作业		

4.2.3 任务解析

要完成软件开发的项目管理，应按照计算思维的 4 个步骤开展工作：分解问题、抽象问题、模式认知、算法设计。

1. 分解问题

将项目管理按照项目的发展过程分解成 5 个阶段，可以依据项目管理的一般过程和阶段来进行分解，也可以按照项目管理需要达到的目标的不同方面来进行分解。

2. 抽象问题

分析并找出影响项目管理各阶段的关键要素，并对不同要素进行分析和整理，可使用甘特图整理出项目的关键路径。

3. 模式认知

使用信息检索、查阅资料、专家咨询等方式，找到成功的项目管理的共性特征和模式。

4. 算法设计

设计出合适的项目管理方案，可以使用数字化项目管理工具进行时间、资源、人力的综合配置，并在项目的实施过程中进行监控和纠偏。

4.2.4　视野拓展

1. 项目管理的定义

根据美国项目管理协会的定义，项目是为创造独特的产品、服务或成果而进行的临时性工作。项目管理指把各种系统、方法和人员结合在一起，在规定的时间、预算和质量目标范围内完成项目的各项工作，即对从项目的投资决策开始到项目结束的全过程进行计划、组织、指挥、协调、控制和评价，以实现项目的目标。

项目是为完成某一独特的产品或服务所做的一次性努力。根据这个定义，项目具有目标明确性、活动一次性及资源消耗性等特性。换句话说，具备这 3 个主要特性的活动，都可以被看作项目。现实中的项目随处可见，如设备消缺、会议组织、技术竞赛、结婚典礼及家居装修等。在这些项目的实施过程中都存在项目管理问题，但是，在实际生活与工作中，人们更多关注事情本身，而较少关注与做好事情相关的组织、计划、控制等过程，或者没有经验与能力关注这些过程。

项目管理指在项目活动中运用知识、技能、工具和技术来实现项目要求。项目管理总体包括 5 个过程：启动过程、计划过程、执行过程、控制过程、收尾过程。项目管理包含九大领域的知识：范围管理、时间管理、成本管理、质量管理、风险管理、人力资源管理、沟通管理、采购管理及系统管理的方法与工具。作为项目管理者，要全面掌握 9 个核心领域的知识，并重点把握系统管理的观念，避免因沉湎于某个细节而失去对全局的把控。

任何项目都会在范围、时间及成本 3 个方面受到约束，这就是项目管理的三约束。项目管理就是以科学的方法和工具，在范围、时间、成本三者之间寻找到一个合适的平衡点，以使项目所有干系人都满意。项目是一次性的，旨在产生独特的产品或服务，但我们不能孤立地看待和运行项目。这要求项目经理要用系统的观念来对待项目，认清项目在更大的环境中所处的位置。这样在考虑项目范围、时间及成本时，就会有更为适当的协调原则。

1）项目的范围约束

项目的范围就是明确项目的任务。作为项目管理者，首先必须搞清楚项目的核心，明确把握项目干系人期望通过项目获得什么样的产品或服务。对于项目的范围约束，我们容易忽视项目的商业目标，而偏向技术目标，导致项目最终结果与项目干系人期望值之间产生差异。

因为项目的范围可能随着项目的进展而发生变化，从而与时间、成本等约束条件产生冲突，所以面对项目的范围约束，项目管理者要根据项目的商业利润核心做好项目范围的变更管理，既要避免无原则地变更项目的范围，也要根据时间与成本的约束，在取得项目干系人一致意见的情况下，合理地按程序变更项目的范围。

2）项目的时间约束

项目的时间约束就是规定项目需要在多长时间内完成、项目的进度应该怎样安排、项目在时间方面的要求、各项活动的先后顺序。当进度与计划之间发生差异时，我们应重新调整项目的活动历时，以保证项目按期完成，或者通过调整项目的总体完成工期，以保证活动的时间与质量。

在考虑项目的时间约束时，一方面要研究项目范围的变化对项目时间的影响，另一方面要研究项目变化对项目成本产生的影响。我们应及时了解项目的进展情况，通过对实际项目进展情况的分析，为项目干系人提供准确的报告。

3）项目的成本约束

项目的成本约束就是规定完成项目需要花多少钱。对于项目成本的计量，一般用花费多少资金来衡量，也可以根据项目的特点，采用特定的计量单位来表示。成本约束的关键是通过成本核算让项目干系人了解在当前成本约束下所能实现的项目范围及时间要求。我们应评估当项目的范围与时间发生变化时，会产生多大的成本变化，以决定是否变更项目的范围、改变项目的进度，或者扩大项目的投资。

在实际完成的项目中，一些项目只重视项目的进度，而不重视项目的成本管理。这些项目管理者只有在项目结束时，才能让财务或计划管理部门的预算人员进行项目结算。项目管理者对内部消耗资源性的项目，往往不做项目的成本估算与分析，这使项目干系人根本认识不到项目所造成的资源浪费。因此，对内部开展的一些项目，也要进行成本管理。

项目是独特的，每个项目都具有很多不确定性的因素，因此项目在资源使用方面存在竞争性。除了极小的项目，我们很难完全按照预期的范围、时间和成本三大约束条件完成项目。因为项目干系人总是期望用最低的成本、最短的时间，来实现最大的项目范围。这3个期望之间是互相矛盾、互相制约的。项目范围的扩大，会导致项目工期的延长或项目成本的增加；同样，项目成本的减少，也会导致项目范围受到限制。作为项目经理，要运用项目管理的九大领域知识，在项目的5个过程中，科学合理地分配各种资源，尽量实现项目干系人的期望，获得更高的满意度。

2. 项目的生命周期

项目的生命周期包括5个阶段：启动、计划、执行、控制与收尾。对于项目的启动过程，项目管理者要特别注意对组织环境及项目干系人进行分析；在后面的过程中，项目管理者要做好项目控制。项目控制的理想结果是在要求的时间、成本及质量限度内完成项目。

1）项目的启动

项目的启动就是一个新的项目开始的过程。在重要项目上的微小成功，比在不重要项目上获得巨大成功更有意义与价值。从这种意义上讲，项目的启动阶段非常重要，这是决定是否投资及投资什么项目的关键阶段，此时的决策失误可能造成巨大的损失。重视项目的启动过程，是保证项目成功的首要步骤。

项目的启动的输出结果有制定项目章程、任命项目经理、确定约束条件与假设条件等。项目启动的主要内容是进行项目的可行性研究与分析，这项活动要以商业目标为核心，而不是以技术为核心。项目应围绕明确的商业目标开展活动，以实现商业预期利润为重点，并提供科学合理的评价方法，以便未来对商业预期利润进行评估。

2）项目的计划

项目的计划是项目实施过程中非常重要的一个阶段。我们通过对项目的范围、任务、资源进行分析，制订一个科学的计划，使项目团队有序地开展工作。正因为有了计划，我们在实施过程中才能有一个参照，并通过对计划的不断修订与完善，使后面的计划更符合实际，更能准确地指导项目工作。

以前有一个错误的概念，认为计划应该准确，所谓准确就是项目的实际进展必须按计划来进行。实际并非如此，计划是管理的一种手段，是使项目的资源配置、时间分配更科学合理的方式，在实际执行中是可以被不断修改的。

在项目的不同知识领域有不同的计划，我们应根据实际项目情况，编制不同的计划，其中项目计划、范围说明书、工作分解结构、活动清单、网络图、进度计划、资源计划、成本估计、质量计划、风险计划、沟通计划、采购计划等，是项目计划的重要内容。

3）项目的执行

项目的执行指项目主体内容的执行过程，包括项目的前期工作，因此我们不仅要在项目具体实施过程中注意项目范围变更、记录项目信息、鼓励项目组成员努力完成项目，还要在项目启动与收尾过程中，强调实施的重点内容，如正式验收项目范围等。

在项目执行中，最重要的是项目信息的沟通，即及时提交项目进展信息，以项目报告的方式定期汇报项目进度，这有利于开展项目控制、保证项目质量。

4）项目的控制

项目的控制是保证项目朝目标方向前进的重要手段，是及时发现项目偏差并采取纠正措施，使项目朝目标方向推进的重要方法。

项目的控制可以使项目实际进展符合计划。我们也可以修改计划使之更符合项目现状。修改计划的前提是项目符合期望的目标。项目控制的重点有几个方面：范围变更、质量标准、状态报告及风险应对。处理好以上 4 个方面的控制，项目的控制任务大体上就完成了。

项目的控制过程贯穿项目的实施过程，因此也常常把项目的实施过程与控制过程合并为项目的执行过程。

5）项目的收尾

项目的收尾不仅是对当前项目价值的评估、对项目干系人的交代，还可以作为以后项目工作的重要财富。一些项目管理者更重视项目的启动与执行，而忽视项目收尾工作，因此其项目管理水平一直未得到提高。

3. 任务分解

在项目管理实践中，我们常用 WBS（Work Breakdown Structure，工作分解结构）进行任务分解。WBS 是用于界定项目工作范围，以可交付的成果为导向对项目进行划分与分组，推动团队实现项目目标、提交可交付成果而实施的工作，其最低层次为工作包。简单来说，WBS 是一个在项目管理中厘清头绪、根据目标做出规划的工具。WBS 包含 3 个关键词。

Work（工作）：工作产品或可交付成果，即付出努力的结果。

Breakdown（分解）：划分成不同部分或类别，分解为更简单的事物。

Structure（结构）：用确定的组织方式来安排事务。

WBS 的具体分解步骤：目标—任务—工作—活动。它的目的是将主体目标逐步分解成一项项可具体执行的工作，并直接分派到个人，直到将任务分解到不能再细分为止。

WBS 的分解原则是什么？下面以拆解咖喱牛肉的做法为例进行讲解，如图 4-5 所示。

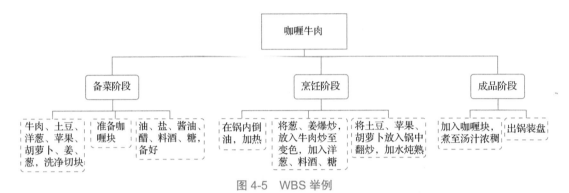

图 4-5　WBS 举例

从这个案例中不难看出，任何一项任务分解都需要满足以下 4 个原则。

（1）100%原则。100%原则指在进行任务分解时，被分解的任务要 100%包含所有的交付物。例如，拆解咖喱牛肉的做法，必须覆盖整道菜肴的全部工序和模块，根据不同模块做进一步子任务的分解。

（2）元素互斥。在做任务分解时，要遵循"相互独立且完全穷尽"的原则。相互独立，意味着每项任务不重复；完全穷尽意味着不遗漏、不误事。用一个简单的例子来解释"元素互斥"，将采购水果与采购办公用品合并为一个任务，就属于不合理的分解。

（3）围绕目标。做任务分解时，最重要的原则是围绕期望目标做计划，做任何分解都要围绕期望达到的目标做任务计划。

（4）有合理的工作包大小。项目分解出来的工作包并非越细越好，而是得满足可交付、可分配、可责任到人的要求，且每个工作包以不超过 1 天的工作量为好。

编制 WBS 常用的方法有 3 种：自上而下分解、自下而上集成和类比法。前两者取自项目团队及利益相关者；类比法更多取自经验。

（1）自上而下分解。这种方式体现了项目管理者的梳理能力，适合没有 WBS 编制经验、没有 WBS 模板、不了解项目产品的服务特性、不熟悉项目生命周期特性的项目管理者、项目管理团队使用。我们自上而下分解任务，要持续关注项目任务，将任务充分细化，保证没有遗漏，以便于项目管理层的监督控制。

（2）自下而上集成。这种方法体现了项目管理者的组合能力，适合了解项目产品或服务特性、项目生命周期，有合适的 WBS 模板可供项目管理者使用。但需要注意的是，在编制 WBS 前，我们要确定所有可交付成果，确保工作包的汇总合乎逻辑。

（3）类比法。类比法更多依靠项目管理的过往经验。我们可以参考类似项目的 WBS。

4. 数字化项目管理的步骤

完成数字化项目管理，我们需要按照计算思维的 4 个步骤开展工作：分解问题、模式认知、抽象问题、算法设计。

（1）分解问题：将项目管理任务分解成多个子任务，一般可按照项目的主要过程，将任务粗线条地分解成启动、计划、执行、控制、收尾 5 个阶段。

（2）模式认知：使用信息检索，查阅资料，找到前人总结的项目管理的共性特征和模式。

（3）抽象问题：分析并找出能够影响项目成败的关键要素，一般可以使用 SMART（Specific Measurable Attainable Relevant Time-bound，目标管理）原则分析并找出关键要素。

（4）算法设计：结合项目实际情况和具体资源分配情况设计合适的方案，一般可以使用甘特图、关键路径、资源日历等进行时间、资源、人力的综合配置。

4.2.5　任务演示

1. 分解问题

接到项目管理工作任务，首先要进行任务分解，如图 4-6 所示。任何一个项目管理都可以按照其生命周期分解成 5 个阶段：启动阶段、计划阶段、执行阶段、控制阶段、收尾阶段。

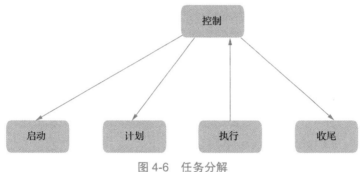

图 4-6　任务分解

（1）启动阶段。每个项目都需要有确定的目标，且这个目标要可执行、可拆解、可度量。

（2）计划阶段。项目计划阶段包括确定工作任务、任务分解、安排任务优先级、预算成本和风险管理。在此阶段，我们需要把项目目标进行分解、逐层下降，每下降一层，代表对项目工作的定义更详细，直到将任务分解到不能再细分为止。

（3）执行阶段。在此阶段，开始具体分配任务，确认每个任务的开始、截止时间，优先级等，跟踪、审查和报告项目进展，以实现项目管理计划中确定的绩效目标。

（4）控制阶段。控制阶段旨在比较项目执行情况与计划要求，发现、分析和解决偏差，保证项目执行符合计划。计划制订不可能完美无缺，计划执行也不可能做到滴水不漏，因此在执行计划过程中有偏差是很正常的，加强对执行过程的控制并对其进行纠偏就是项目控制阶段的主要工作目的。

（5）收尾阶段。将项目收尾并移交给用户，开展后期维保工作。

2. 模式认知

分析成功的项目管理，找出它们共有的特征和模式，总结为以下几点。

（1）有清晰可达的目标。

（2）能够协调好项目进度、时间、资源配置。

（3）做好项目监控和统计，可以实时发现项目执行中存在的问题，及时进行调整。

以项目计划为例，我们可以先使用 5W2H 原则，以思维导图的形式将 5 个 W 和 2 个 H 写出来，对每个部分都要做到心中有数。这样无论是个人计划还是工作计划，都能做到清晰明了。

使用 5W2H 原则的优势有：可以准确界定、清晰描述问题，提高工作效率；有利于快速、准确地抓住事情的本质，确定核心问题；简单、方便，易于理解、使用；有助于思路的条理化、全面思考问题，避免遗漏重要问题。在数字化项目管理软件中配置项目计划，如图 4-7 所示。

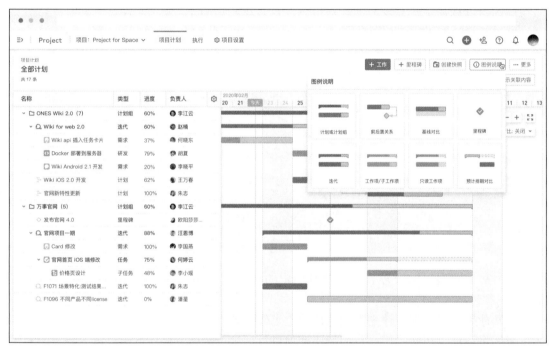

图 4-7　配置项目计划

3. 抽象思维

甘特图又被称为横道图、条状图，以提出者亨利·劳伦斯·甘特（Henry Laurence Gantt）的名字命名。甘特图通过条状图来显示项目进度和其他与时间相关的系统进展的内在关系。通过甘特图，可以一目了然地看到一个项目里面的各任务分别从什么时候开始、到什么时候结束，不同任务之间是否有时间重叠，以及哪些任务可以同时做、哪些任务必须有先后顺序，如图 4-8 所示。

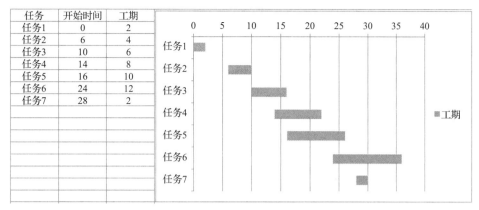

任务	开始时间	工期
任务1	0	2
任务2	6	4
任务3	10	6
任务4	14	8
任务5	16	10
任务6	24	12
任务7	28	2

图 4-8 使用 Excel 绘制的简单甘特图

使用甘特图能够快速分析并找出影响项目成败的关键活动，下面以项目执行阶段为例进行说明。

1）需求分析

进入可视化产物的输出阶段，产品经理提供最简单也最接近成品的产品原型，并以线框图形式表示。在这个过程中，还可能产生业务流程图和页面跳转流程图。业务流程图侧重于不同节点、不同角色所进行的操作，页面跳转流程图主要指不同界面间的跳转关系。

研发项目经理根据需求及项目要求，明确项目里程表，根据项目里程表完成产品开发计划，明确详细阶段的时间点，根据开发计划进行项目任务分解，完成项目的分工。

研发工程师按照各自的分工，完成概要需求分析，概要需求旨在让研发工程师初步理解业务，评估技术可行性。

2）设计

界面设计师根据产品的原型，输出界面效果图，并提供界面标注，根据主要的界面编制一套界面设计规范。界面设计规范主要明确常用界面的形式、尺寸等，以方便研发部门快速开发产品。界面设计通常涵盖产品交互的内容。

研发工程师根据界面效果图输出需求规格。需求规格应包含最终实现的内容的一切要素。

研发工程师完成概要设计、通信协议及表结构设计，完成正式编码前的一系列研发设计工作。

3）开发

研发工程师正式进入编码阶段。在这个过程中，研发工程师大部分时间用来写代码，有时需要进行技术预研、需求确认。

在编码过程中一般还须进行服务端和移动端的联调等。

完成编码后需要进行功能评审。

4）测试

测试工程师按阶段设计测试实例，提交未通过的流程测试，并分配给相应的研发人员进行调整。

研发工程师根据测试结果修改代码，完成后提交测试，在测试通过后完成工作。

测试工程师编写测试结果报告，包括功能测试结果、压力测试结果等。

测试工程师编写系统各端口的操作手册、维护手册等。

综合全部信息，我们可以在数字化项目管理软件中制作项目甘特图，如图4-9所示。

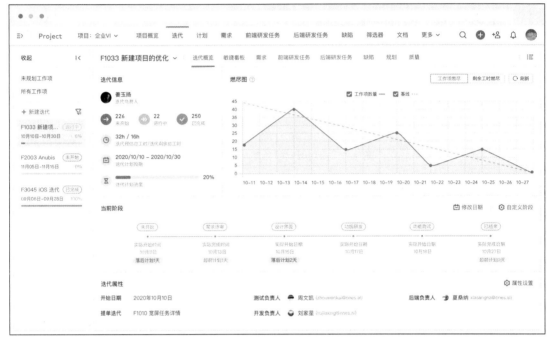

图4-9　制作项目甘特图

4. 算法设计

根据之前步骤得到的信息，我们可以开始细化项目管理内容，具体分为3步。

【步骤1】根据项目计划和实际执行情况，填充具体细节。

【步骤2】补充具体步骤信息，进一步明确任务分配、时间进度、责任人。

【步骤3】实时监控，保证项目的每个步骤执行到位。

以项目收尾为例，合格的项目收尾包括以下步骤。

（1）确认已关闭所有采购项目。

（2）确认工作都已完成并符合要求。

（3）已正式验收并移交产品。

（4）编制完工报告。

（5）更新项目文件。

（6）从项目整体角度总结经验教训并存档。

（7）解散团队，释放资源。

我们可以通过数字化工具监控项目完成度，如图4-10所示。

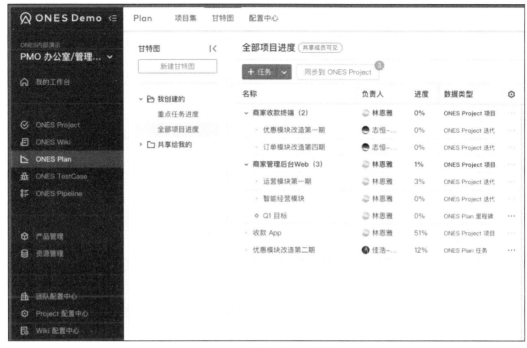

图 4-10　监控项目完成度

4.2.6　任务实战

本任务需要学生运用计算思维解决工程应用场景下的项目管理问题，按照计算思维的 4 个关键过程分析并整理需要做哪些关键工作、产出什么成果、达成什么效果，并制作幻灯片进行分组展示汇报。请运用之前所学的信息检索技能完成这项任务，并填写任务操作单，如表 4-4 所示。

表 4-4　任务操作单

任务名称	数字化项目管理	
任务目标	（1）某高校需要部署私有云系统 （2）使用数字化工具进行项目管理	
小组序号		
角色	姓名	任务分工
组长		
组员		
组员		
组员		
组员		

（续表）

序号	步骤	操作要点	结果记录	评价
1	分解问题			
2	模式认知			
3	抽象问题			
4	算法设计			
评语				
日期				

4.2.7 课后作业

1. 单选题

下列不属于项目的是（　　）。

A. 社区组织的自闭症儿童关爱活动　　B. 某学校组织的小学生春游

C. 一款手机 App　　D. 某省举办的运动会

任务 4.2 参考答案

2. 多选题

（1）项目的阶段包括（　　）。

A. 启动　　B. 实施

C. 规划　　D. 收尾

（2）项目的核心约束条件包括（　　）。

A. 时间　　B. 人员

C. 范围　　D. 成本

（3）下列属于项目干系人的是（　　）。

A. 项目经理　　B. 项目投资人

C. 项目设备供应商　　D. 项目监理

3. 判断题

任何成功的项目必须具有清晰可达的目标。　　（　　）

模块 3　数字化创新与发展

　　数字化创新与发展指个体综合利用相关数字化资源与工具，完成学习任务并具备创造性地解决问题的能力。

　　具备数字化创新与发展素养的表现：能理解数字化学习环境的优势和局限性；能从信息化角度分析问题的解决路径，并将信息技术与所学专业相融合，通过创新思维、具体实践解决问题；能合理运用数字化资源与工具，养成数字化学习与实践创新的习惯，开展自主学习、协同工作、知识分享与创新创业实践，形成可持续发展能力。

项目 5 实现数字化

学习目标

知识目标

（1）了解数字化的现状。

（2）理解数字化的含义。

（3）了解支撑数字化的关键技术。

（4）掌握数字化系统组成。

（5）了解典型行业的数字化转型。

能力目标

（1）能从身边识别并发现数字化应用场景。

（2）能分析数字化案例的实现原理。

（3）能在生活中按需选择合适的数字化产品。

（4）能在工作与生活中具备数字化思维解决问题。

素质目标

（1）培养小组分工协同意识。

（2）通过学习、研讨和分析身边的数字化转型案例，培养创新创业意识。

任务 5.1 数字化实现机制

5.1.1 任务情境

【情境 1】（学习情境）在传统教学中，学生只能跟随教师的教学进度进行学习，学习范围比较狭窄，学习方式单一。现在学生可以通过慕课（MOOC）、职教云、B 站的视频，自主选定感兴趣的学习题材，随时随地学习，自主控制学习进度；遇到问题时，可以通过百度、知乎、博客、微信公众号、微信小程序等途径查看别人的文章，真正实现个性化的学习。

【情境 2】（工作情境）当你需要去 2 千米外的地方工作时，你可能觉得走路太慢、坐公共交通工具无法准时到达。这时，共享电动车就成为首选。你可以随时扫码开锁，随走随停，随时支付。共享电动车给人们的生活带来了很大便利。

【情境 3】（生活情境）当你要去一个陌生的地域，不知如何到达时，通常需要利用百度地图进行语音导航。百度地图将准确地给出路线方案，供人们选择。在行进的过程中，百度地图还会随时根据实时路况，提示用户切换路线。

以上情境都是数字化的体现，离不开数字化技术的支持。什么是数字化？有哪些数字化技术？这些数字化技术如何为我们服务？这些技术给我们带来了怎样的好处？下面我们一起走进数字化的世界，探究它的实现机制。

5.1.2　学习任务卡

本任务要求学生理解数字化实现的机制，请参照"数字化实现机制"学习任务卡（见表 5-1）进行学习。

表 5-1　"数字化实现机制"学习任务卡

学习任务卡		
学习任务	数字化实现机制	
学习目标	（1）了解生活中数字化的应用场景 （2）理解数字化的含义 （3）了解信息的数字化表示 （4）掌握数字化系统的实现机制	
学习资源	P5-1　数字化实现机制　　　V5-1　数字化实现机制任务解析	
学习分组	编号	
	组长	组员
	组员	组员
	组员	组员
学习方式	头脑风暴+小组研讨学习	
学习步骤	（1）课前：查阅数字化应用相关资料 （2）课中：小组研讨。围绕 5.1.1 节中的情境 1～情境 3，研讨数字化系统的实现机制和数字化带来的好处 （3）课后：完成课后作业	

5.1.3　任务解析

现在全球、全国、全领域、全行业都在讨论数字化，人们对"数字化"这个词并不陌生。但关于什么是数字化，众说纷纭，具体的概念从微观到宏观都有。要想弄明白数字化，需要区分几个重要且相似的概念：数字化、数字技术、数字化平台、数字化产品、数字化系统。

本任务让学生先从了解数字化的背景开始，结合身边的数字化场景，理解数字化的意义，从而产生"为什么要学习数字化"的动力；然后具体理解数字化的含义，分析数字化系统的组成，了解支撑数字化的技术，从而形成"数字化是什么"的内涵理解。最后，依托数字化知识，在生活中寻找更多的数字化应用或者想象更多的数字化场景，并分析数字化的优势。

1. 数字化背景

习近平总书记在 2021 年世界互联网大会乌镇峰会上致贺信时指出："数字技术正以新理念、新业态、新模式全面融入人类经济、政治、文化、社会、生态文明建设各领域和全过程，给人类生产生活带来广泛而深刻的影响。"[①]

《中华人民共和国国民经济和社会发展第十四个五年规划和 2035 年远景目标纲要》提出"加快数字化发展 建设数字中国"，并就打造数字经济新优势、加快数字社会建设步伐、提高数字政府建设水平、营造良好数字生态进行部署。

数字化已经成为国家重点关注、发展的一个领域。当今社会正发生着数字化的深刻变革。数字化影响到我们生活的方方面面，给社会带来巨大的经济效益，成为新一代的经济增长引擎。

数字化是数字经济的主要驱动力，是信息技术发展到高级阶段的结果。随着新一代数字技术的快速发展，各行各业利用数字技术创造了越来越多的价值，加快推动了各行业的数字化变革。

数字技术革命推动了人类的数字化变革。人类社会的经济形态随着技术的进步不断演变。农耕技术开启了农业经济时代，工业革命实现了农业经济向工业经济的演变，如今数字技术革命推动了人类生产生活的数字化变革，孕育出一种新的经济形态——数字经济。数字化成为数字经济的核心驱动力。

数字技术成本的降低让数字化的价值得到充分发挥。计算机出现后，涌现出物联网、云计算、人工智能等各类数字技术，其成本不断降低，从科学走向实践，形成了完整的数字化价值链，在各领域实现应用，推动了各行业的数字化，为各行业不断创造新的价值。

数字基础设施快速发展推动数字化应用更加广泛深入。政府和社会各界全面加快数字基础设施建设，推进工业互联网、人工智能、物联网、车联网、大数据、云计算、区块链等技术集成创新和融合应用，让数字化应用更加深入社会经济运行的各个层面，成为推动数字经济发展的核心动力。

2. 身边的数字化场景

数字化是大势所趋，正在影响着我们的生活，会给我们未来的生活带来颠覆性的改变。下面从我们身边的几个场景寻找数字化的踪影。

1）数字化图书馆

当你来到图书馆时，进门刷脸系统对你进行身份识别，为你推荐学习座位，显示你来到图书馆的学习天数，根据来图书馆的学习次数，给予你一个学习排行榜排名。你看着学习排名的变化，内心是不是更有成就感？

图书馆的数据还会自动更新，根据你的过往数据，分析你的学习喜好，如常借什么类

---

① 刘亮，2021. 习近平向 2021 年世界互联网大会乌镇峰会致贺信[EB/OL].（2021-09-26）[2021-12-12]. http://news.cctv.com/2021/09/26/ARTIvpWOK38QUFaQVcccsZ1T210926.shtml.

型的书、常坐哪个区域、常和谁一起去图书馆。在新书入库时，校园 App 可以精准地为你推荐新书。在图书馆座位充足时，校园 App 会同时给你和你的朋友发送消息，推荐你们一起来图书馆学习。当图书馆没有你想看的新书时，你可以在手机上随时推送想要看的新书，图书馆管理员根据推送可以快速补充图书。学校教师可以通过你的学习数据，获得对你的全面认知，给你全方位的评价；你也可以获得教师的个性化指导。

这里的图书馆管理系统不仅管理图书，还将来图书馆的你、图书馆的座位、图书馆管理员、图书馆的书、学校教师全部纳入数字化管理，它需要校园 App 的联动，使数据在人与物、物与物、人与人之间流通。因为有了数字化，所以图书馆的管理更好，使你在图书馆的体验更妙，使你的学习效率更高，使教师对你的认识更全面。

2）数字化篮球场

想打篮球时，你可以在手机上查看一下哪个篮球场空置，一键通知自己的好友，快速组建团队。不用带篮球，因为学校篮球场边存放着共享篮球。轻松扫码，完成支付，便可以来一场畅快淋漓的运动。

这时，篮球的数据、场地的数据、付款的数据、你的个人信息都是数字化的。

这些数据可以自动更新，通过一定策略的分析，让教师了解你的运动状况，让学校优化篮球场配置，让你的运动体验感更好。

3）数字化教室

教室的门根据课表在正确的时间自动解锁，教室空调实时根据当日天气自动开启或关闭，将室温调节到最舒适的状态。当你走进教室时，门口的摄像头自动完成签到。在教师需要现场演示时，摄像头可以聚焦并实时将画面投影到你的计算机或手机上。当你瞌睡时，课桌开始变红。在下课时，如果桌面上有垃圾，桌子会"叫"你回来。在上课结束后，系统将自动完成对你本次课堂表现的评分。

这样的智慧教室之所以能实现，离不开大量信息的数字化，如你的人脸数据、课表数据、天气数据、摄像头实时获取的数据等。数据并不来自单一的系统，而是在多样的系统之间进行流通，配合实现最优化的效果，产生最大的效益。

这样的数字化教室可以给你带来舒适的学习体验，提高你的学习效率，也可以减少教师的日常班级管理工作，从而使其更集中于对教学效果的优化。

通过以上 3 个校园场景，你是不是初步感受到了数字化给人们带来的便利？实际上，数字化在商业领域产生了更大的价值和更深刻的影响。

4）商业领域的数字化

以我国目前三大电商——阿里巴巴、京东和拼多多为例，3 家企业的财务报告显示，它们 2019 年的成交总金额分别为 60 000 亿元、17 000 亿元和 4 716 亿元。电商在零售业中不断扩张，它以网络平台为介质，利用电子或互联网技术更好地与客户对接，及时传递最新信息，有效缩减支出，并且利用数字技术对客户群体的喜好进行数据分析，获取市场最新动向，及时调整产品结构。电商平台充分利用技术支持、物流规模、品牌信息等多方面的优势，站在零售业的更高维度上，以更低的成本和更个性化的服务，实现了对低维度传统实体零售业的降维打击。三大电商的共同特点是都拥有海量的用户数据，实现了精准的客户画像，利用大数据、云计算、人工智能等新一代的数字技术，对数据进行加工处理，将数据的价值发挥到极致，产生了巨大的产能。

2018 年国际数据公司的一份调查显示，全球 1 000 强企业中 67%的企业、中国 1 000 强企业中 50%的企业已经把数字化转型上升到企业的战略高度。

3. 数字化的含义

数字化很重要，已经上升到国家战略高度，那么什么是数字化？目前对于数字化的定义众说纷纭，编者总结如下。

1）"百度百科"对数字化的定义

数字化指利用信息系统、各类传感器、机器视觉等信息通信技术，将物理世界中复杂多变的数据、信息、知识，转变为一系列二进制代码，引入计算机内部，形成可识别、可存储、可计算的数字、数据，再以这些数字、数据建立相关的数据模型，进行统一处理、分析和应用。这是一种狭义的数字化理解。它重点表现的是模拟信号转换成数字信号并存储到计算机的过程，其代表性发展是数码照相机的出现。

2）《价值共生》中对数字化的定义

《价值共生》对数字化的定义是，数字化指现实世界与虚拟世界并存且融合的新世界，它是利用人工智能、移动技术、通信技术、社交、物联网、大数据、云计算等，在虚拟世界中重建的现实世界。数字化并不脱离现实世界，而是通过信息技术、网络平台等将现实世界与虚拟世界相融合。

这就像现实中的东西有个虚拟世界的数字影子，当我们看到一个东西，拿出手机拍它时，就能把它的数字影子调出来。例如，看到街上一个女孩穿的衣服很好看，我们用手机一拍，就能够知道这件衣服在哪儿有卖，报价多少，一共有多少个商家在卖。如果想知道自己的穿着效果，则可以直接将衣服和我们的照片匹配。

女孩的衣服在现实世界和虚拟世界中同时存在。手机的拍摄将现实世界与虚拟世界连接起来，这需要依赖物联网技术。在虚拟世界里，如果想获得衣服的报价和所有卖家信息，就需要人工智能对衣服图片的识别、大数据对数据的挖掘与分析、云计算提供算力、通信技术传播数据、移动 App 展现数据。这一系列过程都是数字技术在发生作用。

因此，未来世界是两套世界。一套世界是我们现实能够摸得到的世界，另一套世界就是数字世界。这个概念偏重数字与现实的关系。未来的数据和知识会像电一样，顺着各种管线走进我们生活的各个层面。数字化可以赋予产品一些力量。

3）从数据融通的角度定义

数字化建立在传统信息化的基础上，以数据为核心，注重数据在多信息系统、多部门、多角色之间的流通，实现系统互通、数据互联，全线打通数据融合，为业务赋能，为做出决策提供精准信息。

与信息化相比，它更注重打通多个信息系统的数据，使数据标准化，在流程上实现数据的统一，挖掘数据的最大化效益，服务于整体环境，产生较好效果，凸显数字资源的价值。

前面所描述的数字化教室，天气数据来源于国家气象相关系统，课表数据来源于教务系统，摄像头实时采集课堂数据，最终形成的评分进入教师的教学信息系统，利用校园 App 同步展示数据。这里的数据不仅用于展示，还和智能空调、智能门、智能课桌等物体形成交互，最终给环境中的人带来最舒适的体验。这体现了数字化的价值。

4）从数字化对传统行业的影响定义

数字化通过利用互联网、大数据、人工智能、区块链、人工智能等新一代信息技术，对企业、政府等各类主体的战略、架构、运营、管理、生产、营销等各层面进行系统性的、全面的变革，它强调的是数字技术对整个组织的重塑。数字技术能力不再只是单纯地解决降本增效问题，而成为赋能模式创新和业务突破的核心力量。

在此概念中，数字化不是被动地反映各行业现有业务，而是主动挖掘现有业务中的创新点，产生新的价值。

4. 数字化的层级

数字化可分为 3 个阶段或者 3 个层级。
第一个层级：信息的数字化。
第二个层级：流程的数字化。
第三个层级：数字化转型。

5. 数字技术

从之前的定义中可以看出，数字化是一个较抽象的概念，它注重的是信息形式的转换（信息—数据）、数据的流通、数据价值的转换，它是行业级的、社会级的一种趋势。

与数字化不同，数字技术是具体的，是实现数字化所需要的某些信息化技术。业界常用 A、B、C、D 来指代现阶段兴起的数字技术：A 代表人工智能（Artificial Intelligence，AI），B 代表区块链（Blockchain），C 代表云计算（Cloud Computing），D 代表大数据（Big Data）。

这些数字技术，都是由二进制数字"0"和"1"组成的，因此现实世界的所有内容都需要转化为二进制的数字，这是数字空间的基石。

当前四大数字技术的概念及应用领域如下。

1）人工智能

（1）人工智能的概念。

尼尔逊（Nilson）教授对人工智能的定义如下：人工智能是关于知识的学科——怎样表示知识及怎样获得知识并使用知识的科学。美国麻省理工学院的温斯顿（Winston）教授认为：人工智能就是研究如何使计算机去做过去只有人才能做的智能工作。这些说法反映了人工智能学科的基本思想和基本内容，即人工智能是研究人类智能活动的规律，构造具有一定智能的人工系统，研究如何让计算机去完成以往需要人的智力才能胜任的工作，也就是研究如何应用计算机的软、硬件来模拟人类某些智能行为的基本理论、方法和技术。

百度百科对人工智能下的定义：人工智能是研究、开发用于模拟、延伸和扩展人的智能的理论、方法、技术及应用系统的一门新的技术科学。

斯图亚特·罗素（Stuart Russell）与彼得·诺维格（Peter Norvig）认为：智能主体指一个可以观察周遭环境并做出行动以达到目标的系统，人工智能就是关于智能主体的研究与设计。

简单来说，人工智能是研究使计算机模拟人的某些思维过程和智能行为（如学习、推理、思考、规划等）的学科，主要包括计算机实现智能的原理、制造类似于人脑智能的计算机、使计算机能实现更高层次的应用。人工智能涉及计算机科学、心理学、哲学和语言学等学科。人工智能的研究领域包含机器人、语言识别、图像识别、自然语言处理和专家系统等多个子领域。

（2）人工智能领域中的几个关键概念。

①机器学习。机器学习是人工智能的一个子集，它专门研究计算机怎样模拟或实现人类的学习行为，以获取新的知识或技能，重新组织已有的知识结构，使之不断改善自身的性能。机器学习是人工智能的核心，是使计算机具有智能的根本途径。机器学习是用数据或以往的经验优化计算机程序的性能标准。通俗地讲，机器学习就是让机器拥有学习的能力，从而改善系统自身的性能。对机器而言，学习指从数据中学习，从数据中产生模型的算法，即学习算法。有了学习算法，只要把经验数据提供给机器，它就能基于这些数据产生模型。在面对新的情况时，模型能够提供相应的判断并进行预测。互联网大数据及硬件GPU（Graphics Processing Unit，图形处理器）的出现，使机器学习突破了瓶颈期。

②机器学习的分类：监督学习、无监督学习、半监督学习、迁移学习和强化学习。

③监督学习的要点是被用于学习的数据是带标记的。例如，要在图片中识别出烟头，我们需要先准备大量的有吸烟的图片和无吸烟的图片，然后通过机器学习算法进行训练，得出一个模型，最后将一张新的图片放到模型中去检测，使计算机得出该图片是否包含烟头的结论。

④无监督学习的要点是训练样本的标记信息是未知的。机器需要通过分析大量图片，将相似图片进行归类。

⑤半监督学习是监督学习和无监督学习的结合。

⑥迁移学习。迁移学习相当于一个人学会了骑自行车，则很容易学会开摩托车。

⑦强化学习，也被称为增强学习。强化学习带有激励机制，如果机器行动正确，则施予其一定的"正激励"；如果机器行动错误，则会给其一定的惩罚，称为"负激励"。经过多次迭代，机器会考虑在一个环境中如何行动才能达到激励的最大化。

⑧深度学习。深度学习是机器学习的一个子集，其本身也属于机器学习，但它是运用最成熟的机器学习算法。深度学习的运用有刷脸支付、语音识别、智能翻译、自动驾驶、棋类人机大战等。

（3）人工智能的应用。

机器感知就是使机器具有类似人的感觉，包括视觉、听觉、触觉、嗅觉、痛觉、接近感和速度感等。机器感知最典型的应用是计算机视觉和声音处理。计算机视觉研究如何对由视觉传感器（如摄像机）获得的外部世界的景物和信息进行分析和理解，也就是使计算机"看见"周围的东西；而声音处理则研究如何使计算机"听见"讲话的声音，对语音信息等进行分析和理解。

计算机视觉广泛应用于人脸识别、图像识别等场景，包含图像分类和目标检测。

图像分类指将给定图片输入计算机，使计算机通过人工智能算法判别该图片属于哪一种类型的图片。如图 5-1 所示为狗和猫的图片识别。图片分类可在生活中发挥很重要的作用，如百度云已经提供了果蔬识别、植物识别、动物识别等功能接口。果蔬识别可应用于智能冰箱、智慧农业等领域。

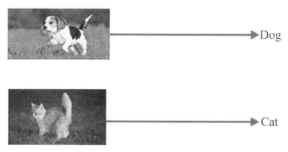

图 5-1 图像分类示例

目标检测指在一幅图片中识别出物体并标出物体所在位置，如图 5-2 所示。

图 5-2 目标检测示例

自然语言处理（Natural Language Processing，NLP）也是人工智能的一大应用板块，包含文字识别，如 QQ 识别拍摄的图片中的文字；语音识别，如用户语音控制智能设备开关；机器翻译，如将一种语言翻译为另一种语言；语音合成，如将文字转为语音等。

早上醒来，人们不再拿起手机看时间，而是可以直接询问"现在几点了？""今天天气怎样？""外面是否在下雨？"等。家中的智能语音设备会直接给出答案。例如，天猫精灵、小爱同学等，都是语音识别在智能家居中的应用。

人工智能广泛应用于各行业，包括但不限于智慧农业、智慧交通、智慧电商、智能医学、智能制造等。

（4）人工智能的发展。

我国政府高度重视人工智能的发展，《新一代人工智能发展规划》中提出："到 2030 年，使中国成为世界主要人工智能创新中心。"近年来，我国互联网巨头公司也都在人工智能领域开拓领地、积极部署，为我国人工智能应用场景落地提供强有力的支持。

2017 年 7 月 5 日，百度公司首次发布人工智能开放平台。目前，百度人工智能开放平台提供了很多开放能力，包括语音技术、图像技术、文字识别、人脸与人体识别、自然语言处理等。这些技术广泛应用于智能教育、智能医疗、智能零售、智能工业、智能政务、智能农业等行业，如智能零售行业中的门脸识别、快销商品检测、人脸实名认证、相似图片搜索等功能。

2017年8月，腾讯公司发布了人工智能医学影像产品——腾讯觅影。腾讯觅影是腾讯公司首款将人工智能技术应用于医学领域的 AI 产品。目前，腾讯觅影提供 AI 医学影像和 AI 辅助诊疗两个方向的产品。AI 影像可对早期肺癌进行筛查。

2017年10月，阿里巴巴宣布成立全球研究院——达摩院。

科大讯飞在智能语音技术上处于国际领先水平。

依图科技搭建了全球首个10亿级人像对比系统，并在2017年美国国家标准与技术研究院组织的人脸识别技术测试中，成为第一个获得冠军的中国团队。

2）区块链

从本质上讲，区块链是一个分布式的共享账本和数据库，具有"去中心化""不可伪造""全程留痕""可以追溯""公开透明""集体维护"等特征。基于这些特征，区块链技术奠定了坚实的"信任"基础，创造了可靠的"合作"机制，具有广阔的运用前景。

区块链在国际汇兑、信用证、股权登记和证券交易所等金融领域有着巨大的潜在应用价值。金融行业应用区块链技术，能够省去第三方中介环节，实现点对点的直接对接，从而在大大降低成本的同时，快速完成交易支付。

区块链可以与物联网和物流领域天然结合。物联网和物流领域通过区块链可以降低物流成本，追溯物品的生产和运送过程，并且提高供应链管理的效率。该领域被认为是区块链一个很有前景的应用方向。

通过区块链技术，我们可以对作品进行鉴权，证明文字、视频、音频等作品的存在，保证权属的真实、唯一性。作品在区块链上被确权后，后续交易都会进行实时记录，实现数字版权的全生命周期管理。区块链也可作为司法取证的技术性保障。

3）云计算

（1）云计算的概念。

云计算是一种能够通过网络以便利的、按需付费的方式获取计算资源（包括网络、服务器、存储、应用和服务等）并提高其可用性的模式。这些资源来自一个共享的、可配置的资源池，并能够以最省力和无人干预的方式被获取和释放。

云计算是与信息技术、软件、互联网相关的一种服务，这种计算资源共享池也被称为"云"，云计算把许多计算资源集合起来，通过软件实现自动化管理，只需要很少的人参与，就能快速提供资源。

云计算的核心是将很多的计算机资源协调在一起，使用户通过网络就可以获取无限的资源，同时使获取的资源不受时间和空间的限制。

总的来说，云计算区别于本地资源，它的资源离用户"较远"，在"云端"，而不是在本地。统一的云资源由专门的云服务提供商统一管理。用户可以在需要某项资源时，通过网络"租赁"。云服务提供商可通过一定的技术将集中管理的资源效益最大化，同时让用户使用资源更灵活。

（2）云计算的分类。

云计算的服务类型有3种，即基础设施即服务（Infrastructure as a Service，IaaS）、平台即服务（Platform as a Service，PaaS）和软件即服务（Software as a Service，SaaS）。

　　基础设施即服务是主要的服务类别之一，它向云计算提供商的个人或组织提供虚拟化计算资源，如虚拟机、存储、网络和操作系统。例如，百度公司提供的百度网盘，腾讯公司提供的云服务器，都是通过付费的方式为用户灵活提供服务器及存储资源的。

　　百度网盘可为用户提供 2TB 的免费使用空间，超出容量即需要用户付费；文件下载可根据传输速度决定是否收费。用户可通过下载百度网盘 App 实现对云端文件的操作，包括上传、下载、移动、删除等，如图 5-3 所示。用户可随时随地访问云端文件。

图 5-3　百度网盘为用户提供的存储服务

　　平台即服务是一种服务类别，为开发人员提供通过全球互联网构建的应用程序和服务平台。平台即服务为开发、测试和管理软件应用程序提供开发环境。例如，如果有需要识别动物类型的业务需求，开发人员就不需要各自编写动物识别算法，而可以直接调用百度云平台提供的动物识别接口。开发人员给云平台提供一张包含动物的图片，云平台会返回此图片中动物有可能的所属类型，对应每一种动物类型有匹配的概率值，如图 5-4 所示。

图 5-4　百度云平台提供的动物识别功能

　　软件即服务通过互联网提供按需付费的软件服务。云计算提供商托管和管理软件应用程序，并允许其用户连接到应用程序。用户可以随时通过全球互联网访问该应用程序。例如，腾讯云提供的企业办公软件——道一云 OA（Office Automation，办公自动化）和金蝶云财贸；在线画图软件提供多种类型的网上画图工具，包括思维导图、软件工程 UML 图、界面设计图等，避免用户在各自本地计算机上安装许多不同软件，如图 5-5 所示。在线画图属于面向个人的云软件服务，通常云服务商会为用户提供部分免费使用的权限，提供某些高级服务则需要用户付费。

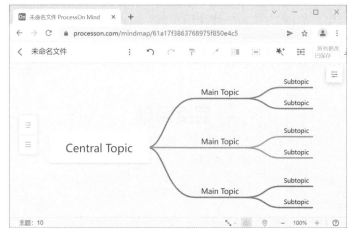

图 5-5　云产品：在线画图软件

（3）云计算的优势。

云计算的优势如表 5-2 所示。

表 5-2　云计算的优势

优势	描述
按需自助服务	用户可根据自己的需求购买云计算服务
广泛的网络接入	在任何地点、任何时间均可接入，只要有网络即可
资源池化	可随意加减资源，其最大特点是可屏蔽硬件差异，如品牌、型号
快速弹性伸缩	可快速根据需求增减服务
可计量服务	用技术和其他的手段实现单位的统一

4）大数据

（1）大数据的概念。

大数据指一种在获取、存储、管理、分析方面大大超出传统数据库软件工具能力范围的数据集合，它具有海量的数据规模、快速的数据流转、多样的数据类型和价值密度低四大特征。

大数据技术的战略意义不在于掌握庞大的数据信息，而在于对这些数据进行专业化处理。换而言之，如果把大数据看作一种产业，则这种产业实现盈利的关键在于提高其对数据的"加工能力"，通过"加工"实现数据的"增值"。

大数据包括结构化、半结构化和非结构化数据，非结构化数据越来越成为数据的主要部分。IDC（Internet Data Center，互联网数据中心）的调查报告显示：企业 80%的数据都是非结构化数据，这些数据每年增长 60%。

（2）数据处理过程。

人工智能需要从大量数据中学习经验，因此人工智能离不开大数据的支撑。数据采集是大数据分析的前提。大数据技术对数据的处理分为以下几个步骤：数据采集—数据存储

—数据清洗—数据分析（数据挖掘、数据可视化）。

数据采集指通过传感器、摄像头、射频识别（Radio Frequency IDentification，RFID）技术及互联网等方式获取各种结构化、半结构化与非结构化的数据。可以看出，数据的采集离不开物联网技术。

数据存储，顾名思义，就是将采集到的数据存放到存储设备。我们无法用单台计算机处理大数据，必须采用分布式架构处理数据。因此，大数据与云计算的关系就像一枚硬币的正反面一样密不可分。它的特色在于对海量数据进行分布式数据挖掘。但它必须依托云计算的分布式处理、分布式数据库和云存储、虚拟化技术。

数据清洗指检测和去除数据集中的噪声数据和无关数据，处理遗漏数据，以及去除空白数据域和知识背景下的白噪声。数据清洗方法有手工清洗和自动清洗。手工清洗指人工对录入的数据进行清洗，这种方法效率很低。自动清洗指结合人工智能的机器学习，可以对数据做聚类分析。

数据挖掘可用于判断电子邮件系统中的垃圾邮件，这属于文本挖掘。例如，一份电子邮件的正文中包含"推广""广告""促销"等词汇时，会被判定为垃圾邮件。数据挖掘还可用于金融领域中金融产品的推广营销，根据零售客户的特征变量（人口特征、资产特征、负债特征、结算特征），计算客户之间的距离，按照距离的远近，把相似的客户聚集为一类，从而有效地细分客户，将客户划分为理财偏好者、基金偏好者、活期偏好者、国债偏好者等。

（3）大数据的应用。

我们来看一个大数据应用的经典案例：全球零售业巨头沃尔玛在对消费者购物行为进行分析时发现，男性顾客在购买婴儿尿片时，常常会顺便购买几瓶啤酒来犒劳自己。于是沃尔玛尝试推出了将啤酒和尿片摆在一起的促销手段。这个举措居然使尿片和啤酒的销量都大幅增加。由此可见大数据分析对于人类生活和商业具有巨大价值。

数据挖掘技术可利用计算机进行数据分析，然后进行人性化的推荐和预测。例如，计算机根据我们日常浏览网页的兴趣进行广告推荐；微博上、网站上最显眼的内容也是我们最感兴趣的内容。这些都是计算机通过搜集用户浏览网页的操作记录，综合分析的结果。

数据分析还有一个比较广泛的应用，即数据可视化。数据可视化是统计某个企业有价值的数据，以直观的表格或图表的形式展现出来，可以在手机、计算机、数字大屏上展现数据，如图 5-6 所示。例如，金融可视化、医疗可视化、工业可视化等。

图 5-6 数据可视化示例

6. 信息的数字化表示

数字技术的底层原理就是把现实世界的所有信息，包括文字、图像、音频、物体等，都转化为二进制的"0"和"1"，这实际上就是信息的数字化表示。

现实中的信息，只有通过计算机存储、加工、处理，才能发挥数据应有的作用。因此，信息的数字化就是数字化的第一步。

如何将信息录入计算机呢？可以通过人工直接录入计算机系统，也可以通过数据采集设备采集信息录入计算机系统。人工录入的通常是小量数据，而数字化要在各行各业产生数字规模效应、输出价值，就需要生成海量数据。海量数据必然离不开无处不在的数据采集设备。

数据采集设备采集的数据包括：摄像头获取视频数据，传感器读取温度、湿度、血压、心率、重力等，射频识别技术自动识别物品标识，数码相机获得照片图像，录音笔获取音频，智能学习笔读取书本文字，扫描仪扫描图像，扫描枪扫描物品条形码等。

计算机中的信息包括文字、数值、字符、图像、音频和视频。每种信息都有其二进制表示的规则，如中文有国标编码，用 4 字节的二进制编码表示一个汉字；字符有 ASCII（American Standard Code for Information Interchange，美国信息交替标准代码）。A 在计算机中用数字 65 表示，转换成二进制编码为 01000001。图像有点阵法和矢量表示法。例如，用点阵法表示一个线段的图像，是将图像中没有线段的部分用 0 表示，将有线段的部分用 1 表示；用矢量表示法表示该图像存储线段的起点和终点坐标即可，当需要显示到屏幕时，再通过线段的数学公式推导出实际显示点。音频和视频的存储更复杂，但无论如何，0 和 1 的标准化数字代码比现实中用模拟信号表示的信息更有利于计算机的统一处理。

7. 数字化平台

数字化平台区别于数字技术，它是一个将各项数字技术或者新一代信息技术融合在一起协同工作的大系统。区别于数字技术只包含人工智能、区块链、云计算、大数据，新一代信息技术包含的技术更广泛，如物联网技术、移动通信技术、量子通信技术、VR 等。

如果将数字化平台比作人，则大数据、云计算、人工智能构成了聪明的大脑；人工智能提供智慧的算法；算法需要大量的数据"喂养"（大数据），还需要运算实体的支撑（云计算提供大量的设备、大量的存储）。因此，云计算是算力，大数据是算料，人工智能是算法。

聪明的大脑是为身体服务的，没有手、脚等终端，大脑就像空中楼阁。因此，物联网为数字化平台创造了大量的"手"和"脚"。物联网将现实中不具备生命的物体，打上标签，联入互联网；给普通物体装上嵌入式芯片，使物体有了"生命"，变成智能终端。智能终端可以感知环境中的数据，也可以根据大脑的指示进行响应。

互联网便是"神经系统"，负责终端与大脑之间的信息传递。新一代移动通信技术的出现，加快了现有"神经系统"信息传递的速度。5G 就是信息的高速公路。从 4G 到 5G，让曾经不能应用的实时视频成为可能。可以想象，现实中能用远程视频解决的问题太多了，其产生的效益是不可估量的。5G 技术提升了信息速度，新一代 5G 通信标准还扩展了终端设备接入网络的方式，使数字化平台的终端更丰富、终端接入方式更灵活。

有了"大脑""手脚终端"和"神经系统"，数字化平台就已经成型了。

区块链技术解决的是数据安全和数据信任的问题，它让"大脑"的决策参考依据变少，从而更快做出决策。

从具体功能上讲，云计算的核心功能在于计算能力、存储能力和通道能力；大数据的核心功能在于静态数据之大、动态数据之大及数据被使用后新生的叠加数据之大；人工智能的核心功能在于将数据去除垃圾使其变成信息，对信息进行挖掘、推送，使其形成知识，通过智能算法将知识形成决策性判断；而区块链则是一种特殊的互联网技术，是对"共识人群的一种管理方式"。如果说云计算、人工智能带来了生产力的提升，大数据让生产资料分发更高效，那么区块链就是对生产关系的变革。在此基础上，区块链技术可以通过新的信任机制大幅拓展人类协作的广度和深度。

数字化平台的结构如图 5-7 所示。

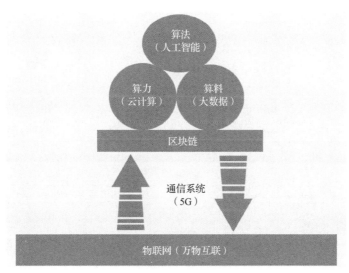

图 5-7　数字化平台的结构图

8. 数字化产品

数字化产品可以是信息、计算机软件、视听娱乐产品等可数字化表示并可用计算机网络传输的产品或劳务，如在线听书产品、在线收费小说等。

数字化产品也可以是机电信息一体化设备，指在传统的机械装备中，引入信息技术，嵌入传感器、集成电路、软件和其他信息元器件，从而形成机械技术与信息技术、机械产品与电子信息产品深度融合的装备或系统。例如，智能指纹锁（见图 5-8）、数控机床等。

图 5-8　智能指纹锁

采用数字化技术的硬件产品还有很多。例如，智能会议平板，华为 IdeaHub 会议平板自带华为云会议系统，方便各地的团队成员直接扫码一键入会。人脸识别测温门禁一体机，可以帮助企业更好地高效管理员工，通过人脸信息及体温对比，对出入人员进行双重管控，轻松满足疫情防控要求及日常考勤工作需求。

9. 数字化系统

数字化平台完整表述各项数字化技术之间的协同工作，从而形成一个庞大复杂的系统。这里将数字化系统从另一个角度简化理解。从数据的流动角度看，可以将数字化系统概括为数据的获取、数据的传输、数据的加工和处理、数据的展现和对设备的控制几个部分。获取数据和接受控制都由物联网终端设备实现，这些设备都是使用嵌入式技术的智能终端设备，通过拥有自己的 IP（Internet Protocol，网际互联协议）地址接入网络；智能处理中心可以是普通的信息系统，也可以是由人工智能、大数据、云计算、区块链等构成的数字技术，它通过通信网络接收来自终端设备的数据，也可以通过通信网络对终端设备发出控制（见图 5-9）。通信网络可以是有线的或无线的网络，也可以是普通速度的或超高速的网络。

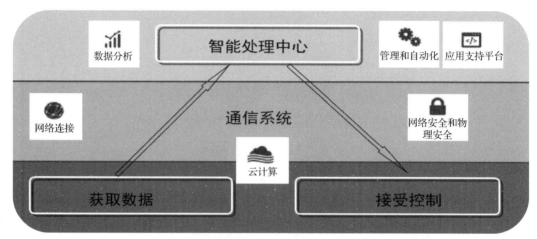

图 5-9　数字化系统的组成

这里对数字化系统的定义更贴近普通生活，并不是所有数字化系统都需要用到人工智能、大数据、云计算、区块链等。例如，常见的门禁系统通过摄像头获取车牌信息，利用图像识别技术提取车牌号码，将车牌号码通过网络传输到处理中心，比对数据库数据后判断为有效车牌，拉起门禁杆，允许车辆进入。

10. 数字化的优势

数字化拥有五全基因：全空域、全流程、全场景、全解析和全价值。

全空域是指打破区域和空间障碍，从天到地、从地上到水下、从国内到国际连成一体。

全流程指关系到人类所有生产、生活流程中的每个点，每天 24 小时不停地积累信息。

全场景指跨越行业界别，把人类所有生活、工作中的行为场景全部打通。

全解析指通过人工智能的收集、分析和判断，预测人类所有行为信息，产生异于传统的全新认知、全新行为和全新价值。

全价值指打破单个价值体系的封闭性，贯穿所有价值体系，并整合与创建前所未有的、巨大的价值链。

11. 信息化、数字化和智能化之间的关系

信息化一般指传统的通过网站建设在各行各业形成的系统，其用到的技术通常包括网站建设的 Web 技术、数据库技术、嵌入式技术、计算机网络技术等。数字化是信息化发展到高级阶段的结果，它通常依赖新一代信息技术的支撑，尤其是数字技术的支持，强调某个企业全业务流程的信息融合，充分利用和挖掘企业数据的价值，为用户提供全方位的优质服务。智能化则更注重从结果的角度评价服务商是否为用户提供了智能的服务，智能化的体验离不开人工智能、大数据、云计算和物联网的支持。智能化是数字化的终极目的，是数字化的高级阶段。实现数字化不一定要智能化，但在一般情况下数字化和智能化是相互融合的。它们之间的关系如图 5-10 所示。

图 5-10　信息化、数字化和智能化关系图

5.1.4　视野拓展

1. 新一代信息技术

新一代信息技术是以人工智能、大数据、移动通信（5G 技术）、云计算、物联网、区块链、虚拟现实、3D（3-Dimensional，三维）打印、量子计算机等为代表的新兴技术。这些技术的支撑使数字化丰富多彩、蓬勃发展。

对于人工智能、区块链、云计算和大数据，在前文中已做过介绍，下面重点来介绍其他新技术的概念及应用。

2. 5G 技术

5G 技术主要用于数据的传输，它是信息的高速公路，具有高速率、低时延和大连接的特点，是实现人、机、物互联的网络基础设施。

国际电信联盟（International Telecommunication Union，ITU）定义了 5G 的三大类应用场景，即增强移动宽带（Enhanced Mobile Broadband，eMBB）、超高可靠低时延通信（Ultra-Reliable and Low-Latency Communication，uRLLC）和海量机器类通信（Massive Machine Type Communication，mMTC）。增强移动宽带主要针对移动互联网流量爆发式增长，为移动互联网用户提供更加极致的应用体验；超高可靠低时延通信主要满足工业控制、远程医疗、自动驾驶等对时延和可靠性具有极高要求的垂直行业的应用需求；海量机器类

通信主要满足智慧城市、智能家居、环境监测等以传感和数据采集为目标的应用需求。

5G 技术的用户体验速率达 1Gbps，时延低至 1ms，用户连接能力达 100 万连接/平方千米。

2018 年 6 月，3GPP（3rd Generation Partneration Project，第三代合作伙伴计划）发布了第一个 5G 标准（Release-15），支持 5G 独立组网，重点增强移动宽带业务。2020 年 6 月 Release-16 标准发布，重点支持低时延、高可靠业务，实现对 5G 车联网、工业互联网等应用的支持。Release-17 标准将重点实现差异化物联网应用，实现中高速大连接。

5G 作为一种新型移动通信网络，不仅要解决人与人之间通信的问题，为用户提供增强现实、虚拟现实、超高清视频等更加身临其境的业务体验，还要解决人与物、物与物之间通信的问题，满足移动医疗、车联网、智能家居、工业控制、环境监测等物联网应用需求。最终，5G 将渗透到经济社会的各行业、各领域，成为支撑经济社会数字化、网络化、智能化转型的关键新型基础设施。

3. 物联网

物联网（Internet of Everything，IoE）被定义为将人、流程、数据和事物结合一起，使网络连接变得更加相关、更有价值。万物互联将信息转化为行动，给企业、个人和国家创造新的价值，并带来更加丰富的体验和前所未有的经济发展机遇。

万物互联需要依赖物联网技术的实现。物联网（Internet of Things，IoT）指通过各种信息传感器、射频识别技术、全球定位系统、红外感应器、激光扫描器等各种装置与技术，实时采集任何需要监控、连接、互动的物体或过程，采集其声、光、热、电、力学、化学、生物、位置等各种需要的信息，通过各类可能的网络接入，实现物与物、物与人的泛在连接，实现对物品和过程的智能化感知、识别和管理。物联网是一个基于互联网、传统电信网等的信息承载体，它让所有能够被独立寻址的普通物理对象形成互联互通的网络。物联网是实现数字化的利器。

4. 虚拟现实

虚拟现实就是虚拟和现实相互结合。从理论上来讲，VR 是一种可以创建和体验虚拟世界的计算机仿真系统，它利用计算机生成一种模拟环境，使用户沉浸到该环境中。VR 就是利用现实生活中的数据，通过计算机技术产生的电子信号，将其与各种输出设备结合，使其转化为能够让人们感受到的现象。这些现象可以是现实中真真切切的物体，也可以是将我们肉眼所看不到的物质通过 3D 模型表现出来。因为这些现象不是我们能直接看到的，而是通过计算机技术模拟出来的现实中的世界，故被称为虚拟现实。

用户可以在虚拟现实世界体验到最真实的感受。虚拟现实模拟环境的真实性与现实世界难辨真假，让人有种身临其境的感觉；同时，虚拟现实具有一切人类所拥有的感知功能，如听觉、视觉、触觉、味觉、嗅觉等感知系统；它具有超强的仿真系统，真正实现了人机交互，使人在操作过程中可以随意操作并且得到最真实的环境反馈。

5. 数字化与信息化的对比

与传统的信息化相比，数字化是在信息化高速发展的基础上诞生和发展的，但与传统信息化条块化服务业务的方式不同，数字化更多的是对业务和商业模式的系统性变革、重塑。

数字化打通了企业信息孤岛，释放了数据价值。信息化是充分利用信息系统，对企业的生产过程、事务处理、现金流动、客户交互等业务过程进行加工，生成相关数据、信息、知识，以支持业务效率的提升。数字化则是利用新一代 ICT（Information and Communications Technology，信息与通信技术），通过对业务数据的实时获取、网络协同、智能应用，打通企业数据孤岛，让数据在企业系统内自由流动，使数据价值得以充分实现。

数字化以数据为主要生产要素。数字化以数据作为企业核心生产要素，要求将企业中所有的业务、生产、营销、客户等有价值的人、事、物全部转变为数字存储的数据，形成可存储、可计算、可分析的数据、信息、知识，并通过对这些数据的实时分析、计算、应用来指导企业生产、运营等各项业务。

数字化变革了企业生产关系，提升了企业生产力。数字化让企业从传统生产要素，转向以数据为生产要素，从传统部门分工转向网络协同的生产关系，从传统层级驱动方式转向以数据智能化应用为核心的驱动方式，让生产力得到指数级提升，使企业能够实时洞察各类动态业务中的一切信息，实时做出最优决策，使企业资源得到合理配置，适应瞬息万变的市场经济竞争环境，实现最大的经济效益。

6. 数字化成功案例

1）腾讯整合虚拟数据

最初腾讯不过是一家研发了一款即时通信软件的小企业，但它抓住了互联网早期的机遇，在前期充分累积了大量用户的数据资源，并成功把公司业务延伸到金融、游戏、教育、出行、传媒等行业，最终成为我们熟知的大企业。腾讯通过整合虚拟数据打破了传统行业边界，实现跨界经营，打造产业生态圈，聚合优势资源，建立协同体系，通过资源整合，快速提高企业的整体价值。

2）人瑞人才科技公司

张建国于 1990 年加入华为技术有限公司（以下简称华为），见证并推动了华为早期的人力资源体系建设。他是华为首任人力资源总监，从华为离职后，曾任中华英才网 CEO（Chief Executive Officer，首席执行官）。他从 1990 年开始做人力资源工作，始终聚焦于人力资源领域。张建国最令人敬佩的地方在于他放弃了大部分从事人力资源的人通常会选择的发展方式，在 2010 年创办了人瑞人才科技公司，进入了看似不具备太多技术含量的人力外包领域。该公司于 2019 年 12 月在港股主板上市，发展势头强劲。他坚持每年持续投入重金打造人才管理系统，大胆应用数字化技术管理自身企业，通过数字化实践积累优势，进而改变行业格局。

人瑞人才科技公司已建立了全面一体化的人力资源生态系统，包括香聘平台、瑞聘平台、瑞家园平台、瑞云管理系统及合同管理一体化系统。人瑞人才科技公司通过该生态系统全面掌握、获取数据，了解供、需方真实诉求和情况。基于数据和对数据的加工与分析能力，人瑞人才科技公司为具有人才需求的客户灵活提供创新方法并制订解决方案，协助客户应对人才需求高峰与低谷。数字化使该公司能在短时间内为客户提供以效果为导向且转化率高的一站式招聘服务。

5.1.5 任务演示

为了更好地理解和消化数字化的概念，形成数字化思维，应从身边的数字化场景入手，分析场景中数字化用到了哪些关键技术、数字系统由哪些部分组成、数字化给我们带来哪些便利。接下来我们以 5.1.1 节中的情境 1～情境 3 为例，分步骤进行解析。

【步骤 1】选定数字化场景，填写任务操作单，如表 5-3 所示。

表 5-3　任务操作单

任务情境	操作要点	结果记录
学生通过慕课学习	准确描述所选数字化场景	学生登录慕课，搜索自己感兴趣的学习主题，确定学习内容，自主学习。教师登录慕课，发布教学内容
使用共享电动车	准确描述所选数字化场景	用户通过支付宝扫码开锁共享电动车，骑行过程中可设置暂停和继续开锁，骑行结束后，可关锁并在线支付，可选择支付宝支付、微信支付等多种形式
百度地图导航	准确描述所选数字化场景	用户可通过百度地图进行步行导航、车辆导航、打的叫车等服务，百度地图提供路线推荐服务、语音导航服务、智能调整路线服务，还包含一些"附近美食生活一条龙"推荐服务。地图可获取用户的路况反馈

【步骤 2】分析数字化系统组成，填写任务操作单，如表 5-4 所示。

表 5-4　任务操作单

任务情境	操作要点	结果记录
学生通过慕课学习	借助所学信息检索技术，准确列举本场景的组成	客户端（学生计算机或其他终端）、有线或无线网络、服务器（慕课网站）
使用共享电动车	借助所学信息检索技术，准确列举本场景的组成	电动车的传感器、控制器、移动通信网络、数据处理中心（管理用户、电动车等数据，并分析做决策）
百度地图导航	借助所学信息检索技术，准确列举本场景的组成	App（终端）、百度导航服务中心、移动通信网络

【步骤 3】确定数字化涉及哪些关键技术，填写任务操作单，如表 5-5 所示。

表 5-5　任务操作单

任务情境	操作要点	结果记录
学生通过慕课学习	运用头脑风暴以及信息检索技术进行分析	信息系统（Web 或 App）、视频
使用共享电动车	运用头脑风暴以及信息检索技术进行分析	物联网（传感器、控制器）、App（扫码、支付）、通信网络
百度地图导航	运用头脑风暴以及信息检索技术进行分析	App、人工智能（语音识别、智能推荐最优路径）、无线通信、全球卫星定位

【步骤 4】分析数字化系统中涉及哪些人或物，填写任务操作单，如表 5-6 所示。

表 5-6　任务操作单

任务情境	操作要点	结果记录
学生通过慕课学习	运用头脑风暴以及信息检索技术进行分析	学生、教师、信息化终端设备

（续表）

任务情境	操作要点	结果记录
使用共享电动车	运用头脑风暴以及信息检索技术进行分析	用户、共享电动车、车辆管理人员
百度地图导航	运用头脑风暴以及信息检索技术进行分析	用户、地图软件

【步骤5】分析数字化产生了怎样的效益，填写任务操作单，如表5-7所示。

表 5-7　任务操作单

任务情境	操作要点	结果记录
学生通过慕课学习	运用头脑风暴法进行讨论，列举出数字化的各种优势和劣势	（1）学生可自主选择学习主题和内容，随时随地学习，自主控制学习进度 （2）教师的优质资源固化，避免了重复低效的劳动，教师有更多时间去提升自我 （3）教育资源公开化、透明化后，优质资源更容易受到青睐，有利于市场机制筛选出优质资源 （4）有利于教育公平 （5）过多的数字化资源，需要学生有选择判断能力，否则容易在大量的数字资源中迷失和焦虑
使用共享电动车	运用头脑风暴法进行讨论，列举出数字化的各种优势和劣势	（1）用户随时按需获取交通出行工具，打通"最后一公里" （2）计费缴费方便，与支付宝、微信联合，操作简单，普及大众
百度地图导航	运用头脑风暴法进行讨论，列举出数字化的各种优势和劣势	（1）免费软件，使用方便，有手机即可 （2）地图数据提前下载，不费流量 （3）导航信息实时准确 （4）可帮助用户智能决策（选择最优路径） （5）语音交互，让操作更简单

5.1.6　任务实战

列举身边的数字化场景，分析其系统组成、关键技术，并阐述数字化的优势。参照5.1.5节中的演示内容，填写任务操作单，如表5-8所示。

表 5-8　任务操作单

任务名称	数字化实现机制	
任务目标	列举身边的数字化场景，分析数字化系统组成、关键技术及数字化的优势	
小组序号		
角色	姓名	任务分工
组长		
组员		
组员		
组员		
组员		

(续表)

序号	步骤	操作要点	结果记录	评价
1	选定数字化场景			
2	分析数字化系统组成			
3	确定涉及哪些关键技术			
4	数字化系统中涉及哪些人或物			
5	数字化产生了怎样的效益			
	评语			
	日期			

5.1.7 课后作业

任务 5.1 参考答案

1. 单选题

（1）信息在计算机中的数字化表示采用（　　）。

A．二进制　　　　B．十进制　　　　C．八进制　　　　D．十六进制

（2）下列各项说法中错误的是（　　）。

A．数字技术不属于信息技术

B．数字化是信息技术发展的高级阶段

C．数字化系统通常包含数据获取、数据传输、处理中心和数据控制四个部分

D．数字化技术已深入人们生活的方方面面

2. 多选题

（1）下列新一代信息技术为实现数字化提供了技术支撑的是（　　）。

A．人工智能　　　B．物联网　　　　C．大数据　　　　D．云计算

E．5G 通信

（2）云计算按服务类型可分为（　　）。

A．基础设施即服务（IaaS）　　　　B．平台即服务（PaaS）

C．软件即服务（SaaS）　　　　　　D．系统即服务（SaaS）

（3）下面应用属于人工智能技术中自然语言处理范畴的是（　　）。

A．文字识别（QQ 识别拍摄的图片中的文字）

B．语音识别（用户语音控制小爱同学）

C．机器翻译（将一种语言翻译成另一种语言）

D．语音合成（将文字转语音）

（4）业界常说的数字技术（ABCD）分别指（　　）。

A．人工智能　　　B．区块链　　　　C．云计算　　　　D．大数据

3. 判断题

数字化区别于信息化，更注重跨系统、跨行业的数据整合，以数据为中心，以服务客户为导向，通过数据挖掘发挥系统的最大价值。　　　　　　　　　　　　　　（　　）

任务 5.2　数字化转型

5.2.1　任务情境

【情境 1】（生活情境）当我们购物时，可以从电商平台方便快捷地挑选、购买想要的商品。这就是零售业的数字化转型吗？

【情境 2】（工作情境）在工业 4.0 和工业互联网的影响下，企业纷纷进行数字化转型。如果进入制造业或者相关行业，就不得不了解制造业的数字化转型。

【情境 3】（学习情境）当想要学习某大学的优质课程时，只需要在慕课中搜索课程名称，就可以加入学习。这是不是教育的数字化转型呢？

面对以上情境时，我们必须了解、学习数字化转型在企业中的发展状况。

5.2.2　学习任务卡

请参照"数字化转型"学习任务卡（见表 5-9）进行学习。

表 5-9　"数字化转型"学习任务卡

学习任务卡			
学习任务	数字化转型		
学习目标	（1）掌握典型行业领域的数字化转型 （2）能进行信息资源的获取、加工和处理 （3）能以多种数字化方式对信息、知识进行展示交流 （4）能清晰描述信息技术在本专业领域的典型应用案例		
学习资源	 P5-2　数字化转型　　　　V5-2　数字化转型任务解析		
学习分组	编号		
	组长	组员	
	组员	组员	
	组员	组员	
学习方式	小组研讨+汇报		
学习步骤	（1）课前：分组搜集、整理零售业、制造业、教育、社区管理领域的数字化转型资料 （2）课中：小组研讨。围绕 5.2.1 节中的情境 1～情境 3，研讨 （3）课后：完成课后作业		

5.2.3　任务解析

根据思考的一般逻辑，我们按照"是什么""为什么""做什么"来学习数字化转型。

我们应首先搞清楚"数字化转型是什么",即学习数字化转型的基本概念和内涵;然后弄明白"为什么要开展数字化转型",也就是企业实施数字化转型的作用和目的;最后了解"实现数字化转型要做什么",即理解数字化转型的工作和目标。

2008 年金融危机过后,各国都在反思传统的发展道路和发展模式,因此工业 4.0、产业互联网等概念应运而生。党的十八大提出推动两化深度融合战略。智能制造是两化深度融合、工业 4.0、产业互联网概念的最大公约数。数据是智能化的石油,智能化系统依靠万物互联的物联网感知、产生数据,依靠处理中心处理数据,依靠大数据、人工智能分析数据,使信息在原材料、生产资料、生产者、消费者之间无障碍流动。因此,企业要实现智能化,就必须进行数字化转型。

1. 数字化转型的概念

数字化转型是将数字技术整合到企业的所有领域,从根本上改变企业的运营方式,并为客户提供价值的方法;是建立在数字化转换、数字化升级的基础上,进一步触及企业核心业务,以新建一种商业模式为目标的高层次转型;是一种开发数字化技术及支持能力,以新建一个富有活力的数字化商业模式的方法(见图 5-11)。

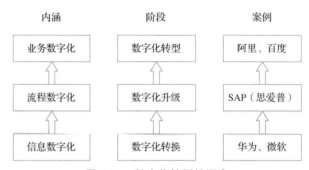

图 5-11　数字化转型的概念

IDC 对数字化转型的定义相对更加精简:数字化转型是利用数字化技术(如云计算、大数据、人工智能、物联网、区块链等)和能力来驱动组织商业模式创新和商业生态系统重构的途径和方法。数字化转型的目的是实现企业业务的转型、创新、增长。这个概念强调了两点,一是数字化技术的应用,二是业务或商业模式重塑。其中,业务重塑是数字化转型的根本目标,而数字化技术是数字化转型的工具和手段。在这一点上我们不能本末倒置。

数字化转型通常是一个组织或企业的行为,或者某个行业的转变。我们需要具备数字化转型的思维,从而更好地在数字化环境下为组织或企业服务。

2. 企业开展数字化转型

在进行数字化转型之前,企业应推进信息化,将 IT 与业务紧密结合,使业务可以产生相关的数据,继而提升该业务的发展潜力。数字化转型是从数据出发的,借助云计算、大数据、物联网、人工智能等技术手段对业务进行改造和创新。

传统企业的数字化转型通常会经历 4 个阶段:软件战略阶段、云战略阶段、大数据战略阶段和人工智能战略阶段。

（1）软件战略阶段。在这个阶段，企业意识到软件能力的重要性，把生产系统、管理平台、流通平台等包装成软件，从而实现企业的信息化和软件化。

（2）云战略阶段。企业在实现软件化之后，出现了新的问题：如何集约管理大量的软件数据及各类资源？云计算正好解决资源管理问题。通过"上云"，企业不仅可以实现资源集约和统筹管理，还可以进一步在云上做系统的开发和优化。

（3）大数据战略阶段。在建设了软件系统、云平台之后，企业产生的数据量越来越大，大数据浪潮的兴起，使企业意识到"数据"可以成为核心资产，大数据是一个巨大的金矿，从而促使企业进入大数据战略阶段。

（4）人工智能战略阶段。只有数据本身是不够的，只有从数据中挖掘出价值，才能使企业真正拥有核心竞争力，把握数据变现的机遇。为了从海量数据中洞悉数据价值，高效地分析数据信息并做出预判，从而在竞争中赢得先机，很多企业开始进入人工智能战略阶段。

中国现有经济全面进行"数字化"转型，将使传统生产关系和生产元素按照最优原则（社会需求、经济现状、发展规划）重新进行排列组合，进而使资源得到最大化的合理利用，让现有生产关系和生产元素产生更高效的生产力价值，构筑中国经济未来高速发展的坚定基石。企业作为市场经济的微观主体，其数字化建设情况的好坏将直接决定"数字经济"的发展情况。

3. "数字化企业"三大组成部分

（1）企业管理人员形成"数字化"思维意识，具体包括管理人员具有"数字经济"的知识和技能学习系统；企业用"数字化"改造关联的规章制度和奖惩机制；管理人员"数字化"思维落地的监督和考核系统。

（2）企业构建围绕"数字化"的运营、管理模式，具体包含围绕"数字化"修订企业的发展战略和商业模式。

（3）企业根据自身情况制订"数字化"落地方案和实施计划，构建企业的数字资产、数字信用和数字商业积分体系。

企业具备全面"数字化"的高效软、硬件体系，具体包括企业内部管理增效的"数字化"软、硬件体系；企业外部市场、销售增效的"数字化"软、硬件体系；企业通过数字化技术（互联网、大数据、云计算、人工智能、区块链、虚拟现实和增强现实、底层技术、周边技术、综合应用技术等）研发、设计、生产、运营的新产品及服务综合体系。

4. 企业数字化转型的成效

企业利用大数据、人工智能、区块链等创新技术，可以搭建管理驾驶舱，轻松获取企业的核心数据，构建企业的动态数据模型，并结合行业大数据的高效利用，洞察经营短板，及时预警异常数据，降低企业发展风险，减少企业经营不确定性，提质增效，增强核心竞争力，夯实企业发展的根基。

企业通过区块链技术存储企业经营动态数据，可以形成真实有效、不可篡改的经营数据链，使其成为企业的数字信用凭证。伴随着数字化的快速发展，这种数字信用体系将成为企业在融资中的强力信用凭证，大大提高企业的资金周转成功率。

5. 企业数字化转型的技术推动力

数字化能够成为行业的热点及共识，是因为技术的不断发展演进。在本书中已介绍过当前火热的数字技术概念，在这里侧重对各项技术在企业数字化转型过程中的作用进行解读。企业数字化转型的技术占比排行如图 5-12 所示。

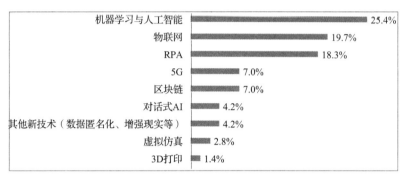

图 5-12　企业数字化转型的技术占比排行

1）云计算

云计算是企业业务结算的基石，是 IT 系统的集大成者，涵盖了软、硬件的各方面。NIST（National Institute of Standards and Technology，美国国家标准和技术研究院）对云计算做了体系化的梳理。

（1）基本特性：广泛的网络访问、快速弹性、可度量的服务、按需自服务及资源池化。

（2）服务模式：对企业来说，软件即服务通过网络直接使用软件而无须专门开发此类软件；平台即服务提供基础架构的组件及开发接口和运行环境，使开发团队能够快速构建、分发和运行应用程序；基础设施即服务对计算、存储、网络等资源进行池化，通过自服务门户让客户可以便捷地使用相关资源。

（3）部署模式：公有云指云服务提供者拥有所有软、硬件资产，方便使用者将数据导入其平台以运营企业的应用程序；私有云指企业完全拥有所有资产和数据，让使用者在自有的平台内使用资源的应用程序；混合云指企业根据业务的关键性和数据的敏感性，同时使用公有云和私有云；社区云指由若干企业或者组织共同组建的，仅限于特定企业或组织间使用的公有云平台。

2）大数据

大数据是挖掘企业数据价值的发动机。在大数据的快速发展中，企业可以借助众多技术实现对数据的洞察。最常见的场景是企业通过多种数据源的集成与分析，构建用户画像以实现精确营销、信用评级、金融风险管控等目的。就大数据而言，其重要性在于帮助企业发现并分析不同数据源的逻辑联系。

电商和零售业作为应用大数据最早的行业，基于用户的购买历史、搜索痕迹等多维度数据，最早实现了用户画像和用户分群。

汽车在为人们提供出行便利的同时，还是数据的重要生产者和消费者。随着汽车的智能化功能越来越丰富，对保险行业而言，车载信息服务数据的价值越来越大。根据汽车驾驶者的驾驶风格等信息，保险公司可以对风险状况进行更准确的评估，从而制定更合理的优惠费率，以防止客户流失并争取新的客户。这些信息可以降低保险公司的理赔概率，从而提升保险公司的效益。

3）人工智能

人工智能将催生新的工业革命。人类社会的第一次工业革命由蒸汽机引发，第二次工业革命由电力引发，第三次工业革命则由以计算机为代表的信息技术引发。智能化要实现的目标就是用人工智能取代各行业中的人类专家，它可以为企业节约人力成本。未来很多服务行业的人力将被机器替代。对于人力成本的节省和人力资源利用效率的提升会形成比前三次工业革命更强的推动力，加速第四次工业革命。

在公安、交管领域，图像识别技术应用相对较早且成熟度相对较高。目前，图像识别技术已广泛应用于公路收费、停车管理、称重系统、交通诱导、交通执法、公路稽查、车辆调度、车辆检测等各种场合。人工智能还可以利用以大数据分析为代表的智能分析技术，实现舆情监控和恶性袭击事件预警。

4）物联网

如果说互联网让人与人的沟通不再受到时空限制，那么物联网则让物物相连成为现实。物联网这张无声而古板的大网，不断把物理世界的信息转换成数字信息输入虚拟世界，并把虚拟世界的指令变成物理世界真实的动作。它让共享单车、无人驾驶、扫码零售等应用成为现实。从人与人，到人与物，再到物与物，万物互联为企业创造了无限可能。

物联网推动了产业商业化模式的创新。例如，从向每个家庭推销净水机转变为在小区等公共场所销售净水服务；从销售洗衣机转变为针对集体宿舍的销售洗衣机服务。大量"共享经济"模式的出现，其关键要素在于终端在线化使远程计量服务能力和远程启停服务控制能力得以实现。

5）区块链

区块链的目的是构建可信的应用环境。在区块链出现之前，我们通常依据法律规则、市场现状及习惯和常识等因素来构建一套信任体系。例如，我们使用支付宝付款，是出于对阿里巴巴公司的信任；通过银行存钱理财，是出于对银行的信任。社会的稳定运行，需要大量的信任模型作为支撑。区块链就是一台创造信任的机器。区块链让人们在互不信任且没有中心化系统的情况下，做到互相协作。

区块链技术天然迎合了供应链管理的需求。例如，红酒生产、经销作为一个完整的产业链，包括采摘、加工、酿造、包装、批发、经销、分销、零售、消费等环节。在区块链+供应链模式下，所有环节的信息都将被及时记录在区块链的区块上，透明且无法被更改。消费者可通过这些信息轻易判断红酒是否真实、安全，以及何时过期。此外，加入区块链的供应链管理可以协助企业应对各类突发事件。

6. 零售业的数字化转型

零售指向最终消费者个人或社会集团出售生活消费品及相关服务，以供其最终消费的全部活动。这一定义包括以下几点。

（1）零售是将商品及相关服务提供给消费者作为最终消费之用的活动。例如，零售商将汽车轮胎出售给消费者，消费者将其安装于自己的车上，这种交易活动便是零售。若消费者是车商，车商将轮胎装配于汽车上，再将汽车出售给消费者，则不属于零售。

（2）零售活动不仅向最终消费者出售商品，同时还向消费者提供相关服务。零售活动常常伴随商品出售提供各种服务，如送货、维修、安装等，在多数情形下，消费者在购买商品时，也买到某些服务。

（3）零售活动不一定在零售店铺中进行。我们也可以利用一些使消费者得到便利的设施及方式进行销售，如上门推销、邮购、自动售货机销售、网络销售等，无论以何种方式出售或在何地出售商品，都不会改变其零售的实质。

（4）零售的消费者不限于个别的消费者。非生产性购买的社会集团也可能是零售的消费者，如公司购买办公用品，以供员工办公使用；某学校订购鲜花，以供其会议室或宴会使用。因此，零售活动提供者在寻求消费者时，不可忽视团体对象。在中国，社会集团购买的零售额占总零售额的 10%左右。

传统零售业是实体的天下，其销售方式主要是线下面对面销售，一手交钱一手交货。传统零售业的常规购物场所是批发市场、商场超市、集市。因为地域局限，中间环节过多，所以零售利润被中间商层层吃掉。一件商品的成本价可能在 10 元，到达消费者手中的价格可能已达到 100 元。

最近 10 年，电商、微商的快速发展，突破性地把中间环节全部打掉。消费者可以通过计算机、手机买到源头厂家的商品。没有了中间商，商品价格自然就降下来了。随着互联网用户逐渐达到峰值，电商的线上购物模式也遇到了瓶颈。

2016 年，新零售的概念出现，那么什么是新零售？

新零售指线上、线下相结合的零售模式，既保留了线下销售的体验性，又结合了线上电商的全时段、便捷沟通支付等优势。

"盒马鲜生"是新零售的典型代表，它定位于以大数据支撑的线上、线下一体化超市，通过线下门店的良好体验拉动线上销量。它定位于新中产消费人群，并且免费提供门店 3 千米范围内的 30 分钟即时配送服务。如图 5-13 和图 5-14 所示分别为盒马鲜生线下门店和线上 App。

图 5-13　盒马鲜生线下门店

图 5-14　盒马鲜生线上 App

　　盒马鲜生乍一看是个高端的精品超市，里面除了常规商品，还有比重比一般超市大很多的生鲜商品，还设有餐饮区，提供各种新鲜的海鲜、食材，现点现做。盒马鲜生看起来和传统超市差不多，但实际上其运营模式充分进行了数字化转型。消费者来到盒马鲜生超市会发现超市不接受现金交易，需要下载安装盒马鲜生超市 App 进行支付，这就是在将消费者往线上引流。当消费者数据来到了线上，便可以做大数据分析，对每个消费者做独特的用户画像，做到像淘宝的"千人千面"一样。盒马鲜生超市 App 可个性化推荐消费者需要的相关商品，再通过保证 App 下单、门店 3 千米范围内 30 分钟配送到家，来改善消费者的购物体验。盒马鲜生通过线下门店的体验获取消费者的初步信任，再通过线上 App 打破传统购物的时限性和地域性。

　　从形态上看，盒马鲜生的模式与传统电商和传统生鲜店有很大区别，是门店+餐饮+仓储的一体化模式。它依赖于天猫超市线上运营积攒下来的先天优势，让渠道成本变得很低。盒马鲜生所有商品都是源头直采的，除了可以给消费者提供全球各式各样的商品，还通过线上下单、线下配送的方式极大地提高了它的营业额。因此，盒马鲜生依赖的是配送能力和大数据分析。数字化显然为零售业注入了新的活力，提供了新的经济增长点。

　　新零售不是线上、线下的简单融合，同时运用了云计算、大数据、人工智能等数字技术，模糊了线上、线下的边界，让消费者随时都可以在最短时间内买到自己所需要的商品。

零售业以商业盈利为目的，而成本与消费者是企业盈利的关键，因此，新零售通过数字化转型，将重点放在服务好消费者，同时通过数字化降低企业成本。

7. 制造业的数字化转型

制造业是国民经济的主体，是立国之本、兴国之器、强国之基。自 18 世纪中叶开启工业文明以来，世界强国的兴衰史和中华民族的奋斗史一再证明，没有强大的制造业，就没有国家和民族的强盛。打造具有国际竞争力的制造业，是我国提升综合国力、保障国家安全、建设世界强国的必由之路。

制造业分为重工业和轻工业。不同的制造业，其数字化路径有所不同，但制造业的共同特点是由供应商作为上游，由消费群体作为下游，企业内部都存在产品研发、产品制造和服务。

中联重科股份有限公司（以下简称中联重科）和三一集团有限公司（以下简称三一集团）都是湖南省典型的工程制造业企业，属于重工业企业，它们共同挑起了湖南工程制造业的大梁。下面以这两个企业的数字化转型为例，来了解工程机械制造业的数字化转型。

中联重科的数字化转型分为 3 步：第一步，产品智能化；第二步，服务智能化；第三步，产线数字化。

产品智能化就是让产品自身具备感知、学习的能力，进而通过物联网实现产品相互连接，以进行集群作业。产品智能化可以提升工作效率，如中联重科的 3 200 吨履带吊车上安装了 160 多个传感器，从而可以实现对吊物的精确控制，保证了操作安全。智能化产品可以为客户带来更大的价值，以混凝土泵车为例，如果在灌注过程中设备出现故障，则必须及时排除故障。通过产品智能化，设备的数据能够自动上传物联网平台，使维修人员可快速判断问题并解决，从而节约客户的时间，减少经济损失，给客户带来更好的体验。

服务智能化可以通过物联网平台收集设备运行数据，对数据进行分析和利用，从而在运营方面为客户提供更加符合需求的服务。例如，中联重科的物联网平台对设备的油耗有全面的数据分析，在充分考虑设备类型、工作场地等要素的情况下，为每台设备生成一条与现实场景更接近的基线。基于这条基线，企业管理人员可以明显看出设备油耗是否在合理范围内。如果不在这个范围内，就可以分析具体原因。通过这样的数字化应用，中联重科曾经为客户查出司机中饱私囊的卖油行为，为客户追回资金损失。因此，数字化一方面为客户服务，另一方面也方便了企业的管理。例如，中联重科推出的"电子围栏"服务，使客户可以为每一台设备设定它的工作区域，当设备的定位信息显示已经超出电子围栏的范围时，客户就会收到告警信息，从而杜绝司机因拉私活而给客户带来损失的情况。

产线数字化指对工厂生产线进行数字化。例如，在产品出厂前，所有产品型号、出厂编号、具体部件编号等都需要记录成册。企业通过对每个部件使用电子标签，从而快速生成"一机一档"，方便对零部件的寿命、可靠性等数据进行综合采集与分析，同时促进产品研发部门的改进与优化。

研发部门使用模拟仿真软件设计产品，通过数字化仿真技术，进行产品调试，从而减少实物调试的高成本。研发部门通过数字化工厂，对工厂生产过程进行演练模拟，从而找到最优生产节拍，节约在实物工厂的试错成本。数字模拟大大加快了产品调试速度，为企业节约了成本。

三一集团董事长梁稳根认为，传统的装备制造企业要实现智能化数字化的转型，应做到以下3点：①核心业务必须全部在线上；②预见全部管理流程；③产品生产必须高度自动化，管理流程必须高度信息化。

8. 教育行业的数字化转型

1）校园数字化转型

随着云计算、物联网、大数据、人工智能等技术的快速发展，以大数据为核心的智慧校园是高校信息化发展的重要手段。它将学校物理空间和数字空间有机衔接起来，为师生建立智能开放的教育教学环境和便利舒适的生活环境，改变师生与学校资源、环境的交互方式，实现以人为本的个性化创新服务，为智慧化的管理决策、人才培养、科研创新提供数据基石。

智慧校园提供的统一鉴权平台（一站式服务平台）能够让全校师生通过一套账号密码登录所有平台及业务模块。鉴权平台能够对全校的组织机构信息、账号密码及权限信息进行统一管理。例如，教师登录鉴权平台，可以查看自己的个人信息，进入教务系统、科研系统、质量管理平台、图书馆管理系统、工资系统、资产管理系统等。

为了提升用户体验，智慧校园App实现移动端操作，方便快捷。将数字支付集成在智慧校园App中，可以真正实现"手机在手，随处都可支付"的目标。智慧校园App实现了办事大厅服务的移动化，可以满足师生数据查询及业务办理的需求，如图5-15所示。

图5-15 智慧校园App端界面

除了在系统上应用数字化，学校还提供软、硬件一体化的数字化服务工具，如各种类型的自助服务一体机，图书馆自助借书、校园卡自助服务一体机等；图书馆进门刷脸门禁和图书馆人脸识别自助借书系统都运用了人工智能人脸识别技术，使师生不用携带校园卡就可方便进出图书馆，并借到自己喜爱的图书。

2）教学数字化转型

数字化教育需要改变教师台上讲课、学生在台下被动听课这种填鸭式大锅饭式的教育。数字化教育通过科学技术手段把知识数字化，利用人工智能技术、大数据算法和强化学习算法让机器掌握每个学生的学习规律、学习特长、知识漏洞等数据，形成个性化的知识图谱，制定适合每个学生的学习路径，彻底颠覆传统教育没法因材施教和一对一教学的处境，从根源解决学生学不好、学不会、不愿学的问题。

2020年对新冠肺炎疫情的防控，推进了教育数字化转型，课堂教学和培训从线下大规模搬迁到线上。在此期间，数字化工具起到了至关重要的作用。在互联网和知识爆炸的时代，知识共享和互联网教学逐渐普及。

下面来盘点得到普遍运用的数字化教学工具。其中，应用比较广泛的有QQ群屏幕共享、QQ群课堂、腾讯会议、钉钉和Zoom软件，这些软件解决了教师和学生不在同一物理空间的教学问题。这样的课堂可以实现教师和学生之间的实时交流，将线下课堂搬到了线上进行。

以QQ群屏幕共享为例，教师在QQ群里发起分享屏幕，使学生可以实时在线看到教师的屏幕内容和听到教师的讲解。当学生与教师需要交流时，可以在QQ群里进行聊天交流，也可以直接语音交流。但QQ群屏幕共享不能回放课堂，不利于课上没有听懂的学生查漏补缺。

QQ群课堂弥补了QQ群屏幕共享的缺陷，它除了实现QQ群屏幕共享的所有功能，还提供了课堂内直接信息交流的板块，使学生不需要切换到QQ群就可以直接在课堂内申请发言；教师可以选择分享的内容，包括播放影片、分享屏幕和演示PPT；还可以回放课堂内容，如图5-16所示。

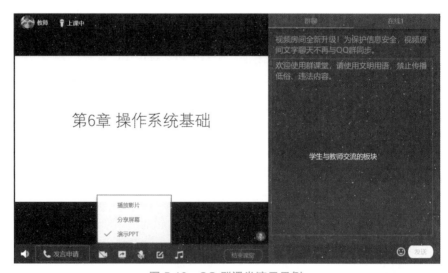

图5-16　QQ群课堂演示示例

为了提升学习效果，教师还可以灵活使用其他数字化教学工具。例如，希沃白板，将曾经教室的黑板进行了数字化；EV 录屏软件、Camtasia 录屏软件可帮助教师录制、剪辑教学视频，可以让教师将制作的视频上传至在线学习网站；万彩动画大师可以为教师提供动画制作的支持，破解复杂、难懂的知识。

为了更好地实现个性化教学，职教云等在线课程管理软件提供了丰富的学习过程监控和学习过程优化的功能，如课前任务下发、课中头脑风暴、讨论、课堂测验、课堂签到、课堂投屏、问卷调查、课后知识总结、教学评价等功能。

人工智能和大数据技术在个性化学习领域大有作为，可提供更好的学习体验。例如，教师可通过系统对学生的学习能力进行测评，包括记忆、理解、应用、分析、综合、评价等能力。如果发现某个学生记忆能力比较弱，则系统可向其多推送训练记忆力的题库习题。

因为有丰富的数字化工具，所以众多教师加入数字化教育转型行列，形成了一个知识爆炸的时代。在数字化时代，学生需要掌握全新的数字化技能，具备批判性思维。

5.2.4 视野拓展

1. 工业 4.0

工业 4.0 是基于工业发展的不同阶段而划分的。按照共识，工业 1.0 是蒸汽机时代，工业 2.0 是电气化时代，工业 3.0 是信息化时代，工业 4.0 则是利用信息化技术促进产业变革的时代，也就是智能化时代。这个概念最早在 2013 年的德国汉诺威工业博览会上被正式提出，其核心目的是提高德国工业的竞争力，使其在新一轮工业革命中占领先机。自正式提出以来，工业 4.0 迅速成为德国的另一个标签，并在全球范围内引发了新一轮的工业转型竞赛。工业 4.0 旨在提升制造业的智能化水平，建立具有适应性、资源效率及基因工程学的智慧工厂，在商业流程及价值流程中整合客户及商业伙伴。

工业 4.0 的目标是建立一个高度灵活的个性化、数字化的产品与服务的生产模式。在这种模式中，传统的行业界限将消失，并产生各种新的活动领域和合作形式。创造新价值的过程正在发生改变，产业链分工将被重组。利用物联信息系统（Cyber-Physical System，CPS）将生产的供应、制造、销售信息数据化、智慧化，最后实现快速、有效、个性化的产品供应。

工业 4.0 项目主要分为智能工厂、智能生产和智能物流三大主题。

（1）智能工厂，重点研究智能化生产系统及过程，以及网络化分布式生产设施的实现。

（2）智能生产，主要涉及生产物流管理、人机互动及 3D 技术在工业生产过程中的应用等。该计划将特别注重吸引中小企业参与，力图使中小企业成为新一代智能化生产技术的使用者和受益者，同时使中小企业成为先进工业生产技术的创造者和供应者。

（3）智能物流，主要通过互联网、物联网、物流网整合物流资源，充分发挥现有物流资源供应方的作用，使需求方能够快速获得服务匹配，得到物流支持。

2. 两化深度融合

两化深度融合指信息化与工业化在更大的范围、更细的行业、更广的领域、更高的层次、更深的应用、更多的智能方面实现彼此交融。推动两化深度融合，是我国转变经济发展方式、走新型工业化道路的必然要求，是促进产业转型升级、构建现代产业体系的重要举措。

我国制造业应通过信息化带动工业化，提升传统装备制造的智能化、网络化、国际化，铸造老工业基地再度发力的新优势。我国应建设先进装备制造业基地，提升"四个能力"：企业的自主创新能力、重大装备成套能力、基础产业配套能力和生产性服务业的支撑能力。

3. 制造强国战略

深入实施制造强国战略是在《中华人民共和国国民经济和社会发展第十四个五年规划和2035年远景目标纲要》中提出的。

实施制造强国战略可以概括为"一二三四五五十"。

"一"，就是从制造业大国向制造业强国转变，最终实现制造业强国的一个目标。

"二"，就是通过两化融合发展来实现这一目标。党的十八大提出了用信息化和工业化两化深度融合来引领和带动整个制造业的发展，这也是我国制造业所要占据的一个制高点。

"三"，就是要通过"三步走"的战略，大体上每一步用10年时间来实现我国从制造业大国向制造业强国转变的目标。

"四"，就是确定了"四项原则"。第一项原则是市场主导、政府引导。第二项原则是既立足当前，又着眼长远。第三项原则是全面推进、重点突破。第四项原则是自主发展和合作共赢。

"五五"，就是有两个"五"。第一，有五条方针，即创新驱动、质量为先、绿色发展、结构优化和人才为本。第二，实行五大工程，包括制造业创新中心建设的工程、强化基础的工程、智能制造工程、绿色制造工程和高端装备创新工程。

"十"，就是"十大领域"，包括新一代信息技术产业、高档数控机床和机器人、航空航天装备、海洋工程装备及高技术船舶、先进轨道交通装备、节能与新能源汽车、电力装备、农机装备、新材料、生物医药及高性能医疗器械10个重点领域。

5.2.5 任务演示

案例1：以调研制造业的数字化转型为例，演示如何搜集资料形成报告。

【步骤1】搜集资料。以制造业数字化转型为检索词，在互联网上搜索或者在图书馆搜索相关书籍与资料。

1. 什么是工业互联网

工业互联网是新一代信息通信技术与现代工业技术深度融合的产物。传感器、物联网、新型控制系统、智能装备等新产品和新技术的应用日益广泛，制造体系隐性数据显性化步伐不断加快，工业数据全面、高效、精确采集体系不断完善，基于信息技术和工业技术的数据集成深度、广度不断增加。5G、物联网等网络技术及工业以太网、工业总线等通信协议的应用为制造企业系统和设备数据的互联、汇聚创造了条件，构建了低延时、高可靠、广覆盖的工业网络，实现了各类数据便捷、高效、低成本的汇聚。大数据和人工智能技术的发展，实现了对不同来源、不同结构工业数据的采集与集成、高效处理分析，从而帮助企业提升企业价值。云计算技术的发展重构了软件架构体系和商业模式。高弹性、低成本的 IT 基础设施日益普及，使软件部署由本地逐步往云端迁移，使软件服务从单体式服务向微服务转变。

工业互联网平台的架构是：数据采集是基础，基础设施即服务是支撑，工业平台即服务是核心，工业 App 是关键。

1）数据采集是基础

数据采集的本质是利用感知技术对多源设备、异构系统、运营环境、人等要素信息进行实时、高效采集和云端汇聚。数据采集核心是构建一个精准、实时、高效的数据采集体系采集数据，并通过协议进行数据转换和边缘计算，在边缘侧将一部分数据进行处理，其适用于实时性强、周期短的快速数据处理；将另一部分数据传到云端，通过云计算更强大的数据运算能力和更快的处理速度，对非实时、长周期数据进行综合利用和分析，形成决策。

2）基础设施即服务是支撑

基础设施即服务是通过虚拟化技术将计算、存储、网络等资源池化，向用户提供可计量、弹性的资源服务。基础设施即服务是工业互联网平台运行的载体和基础，实现了工业大数据的存储、计算、分发。华为、阿里巴巴、腾讯等所拥有的云计算基础设施已达到国际先进水平，形成了成熟的提供完整解决方案的能力，并为树根互联的"根云"等国内工业互联网平台提供云计算服务。

3）工业平台即服务是核心

工业平台即服务本质是一个可扩展的工业云操作系统，能实现对软、硬件资源，开发工具的介入、控制和管理，为应用开发提供了必要的接口及资源支持，是工业应用该软件开发的基础平台。在国内，工业平台即服务有 3 种典型模式：以航天云网为代表的协同制造工业互联网平台，以树根互联为代表的产品全生命管理服务工业互联网平台，以海尔为代表的用户定制化生产工业互联网平台。在国际上，GE（General Electric Company，通用电气公司）、西门子依托亚马逊、微软等成熟的云计算基础设施搭建了工业平台及服务平台，将行业核心技术与经验知识固化封装为模块化的微服务组建和开发工具，同时为工业 App 开发提供环境。

4）工业 App 是关键

工业 App 主要表现为面向特定工业应用场景，使用户通过对工业 App 的调用实现对特定制造资源的优化配置。它面向企业客户提供各类软件和应用服务。当前工业 App 发展的总体思路包含两方面：传统的 CAD（Computer Aided Design，计算机辅助设计）等研发设计和管理软件加快云化改造；围绕多行业、多领域、多场景的云应用需求开发专用 App 应用，通过对工业平台即服务层微服务的调用、组合、封装和二次开发，将工业技术、工艺知识和制造方法固化、软件化，形成专用 App。

2. 工业互联网的本质

工业互联网的本质是一套面向制造业数字化、网络化、智能化的解决方案，其基本逻辑是"数据+模型=服务"。我们应采集海量数据，把来自机器设备、业务系统、产品模型、生产过程及运行环境中的大量数据汇聚到工业平台即服务平台上，实现物理世界隐性数据的显性化，实现数据的及时性、完整性、准确性，将技术、知识、经验和方法以数字化模型的形式沉淀到平台上，形成各种软件的模型。基于这些数字模型对各种数据进行分析、挖掘、展现，以提供产品全生命周期管理、协同研发设计、生产设备优化、产品质量检测、企业运营决策、设备预测性维护等多种多云服务，从而实现数据—信息—知识—决策的迭代，最终把正确的数据以正确的方式在正确的时间传递给正确的人和机器，实现优化制造资源配置的效果。

"数据+模型=服务"已在工程机械、工业锅炉、新能源设备、发电设备等企业中被深入应用。

3. 行业应用

1）工程机械

近年来，美国一家名为 Uptake 的企业仅用两年半时间，总估值就达到 20 亿美元。该公司基于卡特彼勒（Caterpillar）的设备服务平台，开发了能够实现对工程机械进行动态监测和预警的工业 App，目前接入设备已经超过 300 万台。该 App 通过采集工程机械设备油温、油压、湿度、转速、位置、速度、角度等超过 5 000 个运行参数，再加上气象数据、地理信息、遥感信息，基于平台油耗分析、故障诊断、研发设计、成本核算等模型，为设备商提供故障预报服务，大幅降低了设备在"三包期"内的售后维修成本。该 App 提供营销支持服务，实现旧机置换、融资服务；为工程承包商提供设备的状态预测服务，帮助他们在投标和招标过程中优化设备计划；为操作工提供运行监测服务，监测其操作，如违规操作、怠工、偷油等。在国内，三一重工、徐州工程机械集团有限公司（以下简称徐工）等工程机械企业围绕工程机械全生命周期服务，开展了一系列创新。徐工通过采集加工过程中数控设备、刀具、桌面部位的振动、噪声、电流等数据，基于状态监测、故障诊断等模型，对机床、刀具的运行状态进行实时监测和管理，提供刀具智能诊断和寿命预测等服务，从而提升产品的质量，减少废品成本和刀具消耗成本。

2）工业锅炉

工业锅炉是工业生产中重要的通用设备之一，其运行效率影响着企业的经营效益和周围生态环境。作为一家石化化纤的龙头企业，恒逸石化股份有限公司（以下简称恒逸石化）联合阿里巴巴基于"数据采集—模型搭建—模型应用—反馈控制—服务提升"，实现了锅炉燃烧能耗优化。

（1）数据采集。对燃烧过程中涉及的几百个变量参数进行深度挖掘，识别出影响锅炉燃烧能耗最大的十几个关键参数，如进风量、燃料量、蒸汽压力、炉膛负压、烟气浓度等，并重点采集关键参数与燃烧能耗在一段时间内的历史数据，形成学习样本。

（2）模型搭建。基于确定的十几个关键参数，通过数据分析、机理推导，得出关键参数与燃烧能耗之间的机理模型，并基于机理模型定性分析变量关系、模型结构。通过大量的学习样本数据，运用挖掘方法对确定的机理模型进行反复优化，得到基于样本数据的精确模型。

（3）模型应用。将优化后的模型部署在本地或者云端。在模型部署后，将新的在线数据源源不断输入离线训练模型中，可以动态优化算法，进一步完善模型参数；可以用模型输出结果来解释工业现场的 4 个基本问题的模型。

① 发生了什么？即监测模型，进行故障报警等。

② 为什么会发生？即故障诊断、故障定位等。

③接下来会发生什么？即预测模型，如剩余寿命预测、功率预测等。

④怎么办？即确定决策模型，维护策略，控制策略。

（4）反馈控制。所有的模型都需要将输出的结果反馈给实际对象，形成闭环。一种方式是输出辅助决策方案，如是否要延长设备运行时间、调整生产订单计划等；另一种方式是输出一组控制参数，直接作用于控制系统，如调整进风量等参数，实现精准控制。当前，企业广泛采用的是输出辅助决策方案方式。

（5）服务提升。恒逸石化基于"数据+模型=服务"，降低燃煤消耗 3.9%，提升蒸汽量约 3%，每年节省 1 600 万元燃煤成本。

【步骤 2】理解、总结、整理资料。通过上述的学习和资料搜集，我们得到制造业实现数字化、智能化的原因与目标，以及实现途径。因此，可以列出如下提纲。

（1）制造业数字化转型的原因与目标。

（2）制造业数字化转型的途径。

（3）典型案例。

①工业互联网。

②模型+数据=服务的应用。

【步骤 3】形成报告。

案例 2：在数字化环境下制订学习计划。小明是一名软件学院的学生，主攻方向是移动互联网开发，他希望自己 3 年后从事与软件开发相关的工作。小明从教师处获知，需要学习的内容包括 Java 开发语言、Web 开发知识、Android 开发知识等。他应如何制订自己的学习计划呢？

【步骤 1】选定学习渠道。中国大学 MOOC 和 B 站都拥有比较全面且优质的教学资源。小明可以先从这两个网站初步搜索自己需要的课程。

以搜索 Java 为例，在中国大学 MOOC 官网中进行搜索，输入关键词"java"，选择"国家精品课"，得到搜索结果，如图 5-17 和图 5-18 所示。

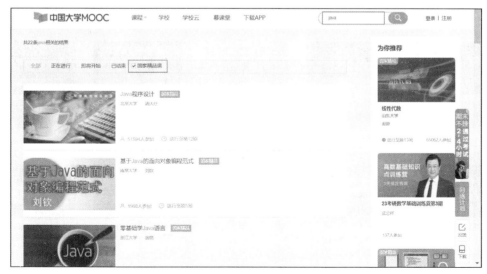

图 5-17 慕课搜索过程

图 5-18　慕课搜索结果

在 B 站官网中，输入关键词"java"进行搜索，得到很多搜索结果。如图 5-19 所示为搜索结果的一部分。

图 5-19　B 站搜索结果

【**步骤 2**】选定学习资源。对两个网站的搜索结果进行初步阅读和试看，也可以阅读课程简介，选定适合自己的学习视频。

在这个环节，我们需要按照自己的学习特点选择学习资源。例如，中国慕课的国家精品课程由教师开班上课，需要学生在指定时间内跟着教师一起学习，并完成一定的作业和考核。在慕课里，学生可以和教师及同学讨论问题。在 B 站，学生可以随时观看时间长短不一的视频，但不能与教师充分、及时地交流，学习时间比较自由。

小明觉得自控力比较强，愿意主动按计划学习，不喜欢观看时间过长的视频，他觉得选择短小的视频便于灵活选择学习节点，因此，他选择了 B 站的"黑马程序员全套 Java 教程"。该教程拥有近 600 个视频，但每个视频时长最多为 15 分钟，如图 5-20 所示。

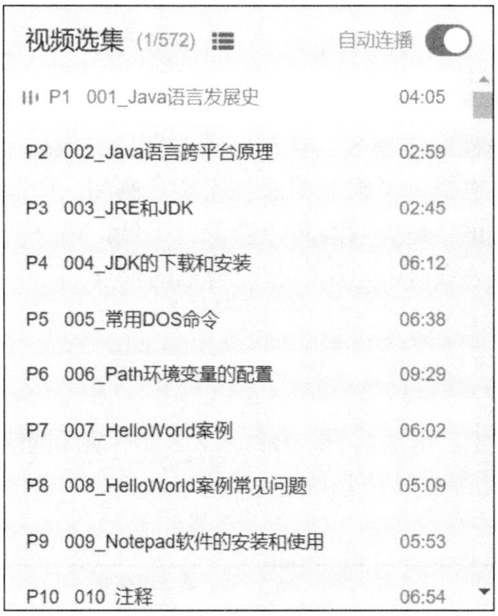

图 5-20 选定视频的特点

【**步骤 3**】确定学习计划。小明认为自己每周有两天的休息时间，可将一天的时间用于自我学习。小明分析视频资源发现，在 572 个视频中大约有 70 小时的内容，每天花费 4 小时完整的学习，大约需要用时 18 天。如果每周只有一天时间用于学习，则需要 18 周的学习时间，大概就是一个学期。如果在寒假或暑假集中学习，则效果会更好。这样分析之后，他就很容易制订学习计划了。

当然，计划只是一个大致的安排，随着知识的积累，我们会对原有计划进行重新评估，可以灵活调整计划。

【**步骤 4**】用 XMind 思维导图整理知识。在学习的过程中，做笔记是一个必不可少的环节。我们还把笔记记录在本子上吗？有没有数字化工具可以用来记录笔记呢？XMind 是一款很好的思维导图软件，便于我们整理学习框架。在线画图软件也提供了相应的云软件支持。小明的思维导图笔记如图 5-21 所示。

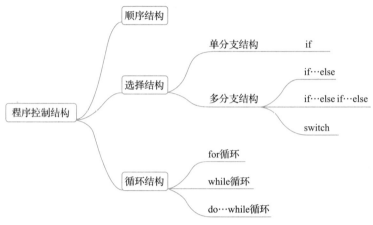

图 5-21　小明的思维导图笔记

思维导图适用于对课程整体框架的梳理。若需要做详细的笔记,则使用 Word 文档更适合。有些在线笔记软件也提供了很好的服务支持。例如,印象笔记、为知笔记、云笔记等。这些软件都是私有笔记,适合只给自己查看。当然,最好的学习方法是输出,我们可以通过建立自己的博客和公众号,总结、整理自己的观点。

5.2.6　任务实战

本任务提供了两个案例,请选其一,参照 5.2.5 节中演示的步骤,完成相应任务并填写任务操作单,如表 5-10 或表 5-11 所示。

表 5-10　任务操作单

任务名称	数字化转型		
任务目标	(1) 调研国内外社区管理数字化转型案例 (2) 了解社区管理实现数字化转型所做的工作和成效		
小组序号			
角色	姓名	任务分工	
组长			
组员			
组员			
组员			
组员			
序号	步骤	操作要点	结果记录	评价
1	搜集资料			
2	整理资料			
3	形成报告			
评语			
日期			

表 5-11　任务操作单

任务名称	在教育数字化环境下制定合理的自我学习计划		
任务目标	（1）能选择合适的在线学习网站，找到合适自己的学习内容，制订可行的学习计划 （2）能选择提升学习效果的软件支持		
小组序号			
角色	姓名	任务分工	
组长			
组员			
组员			
组员			
组员			

序号	步骤	操作要点	结果记录	评价
1	选定学习渠道			
2	确定学习内容			
3	形成学习计划			
4	用数字化学习 工具输出			
	评语			
	日期			

5.2.7　课后作业

任务 5.2 参考答案

1. 多选题

（1）两化融合指（　　）和（　　）的高层次的深度结合。

A．信息化　　　　B．工业化　　　　C．智能化　　　　D．数据化

（2）企业数字化转型需要从（　　）方面着手。

A．文化　　　　B．流程　　　　C．技术　　　　D．销售

2. 判断题

（1）企业数字化转型就是 IT 部门搭建更快网络的事情，跟销售没有关系。　　（　　）

（2）企业数字化转型就是把企业的文档转变成电子文档。　　（　　）

（3）数字化转型就指原有业务用上数字化工具即可，不需要考虑业务流程重构。

（　　）

项目 6　数字化创新

学习目标

知识目标

（1）理解信创产业的概念及范畴。

（2）了解我国信创产业的发展现状。

（3）了解创新思维的相关概念。

（4）了解数字化创新途径和方法。

能力目标

（1）能掌握信创产业的特点，知道信创产业存在的意义。

（2）能选用合适的数字化工具表达创新意识。

素质目标

（1）培养小组分工协同意识。

（2）树立自主创新和科技创新的信念。

（3）培养精益求精的创新精神。

（4）培养爱国精神。

任务 6.1　信创产业

6.1.1　任务情境

【情境 1】（生活情境）从北斗一号全球卫星导航系统（以下简称北斗一号系统）向中国提供服务，北斗二号全球卫星导航系统（以下简称北斗二号系统）向亚太地区提供服务，到北斗三号全球卫星导航系统（以下简称北斗三号系统）向全球提供服务，中国北斗人在近 30 年的时间里，从奋起追赶到并跑超越，实现了卫星导航领域的"惊人飞越"。北斗卫星导航系统（以下简称北斗系统）和人们的生活有什么关系？它在数字化中国的进程中起到什么样的作用？中国北斗人是如何走出这不平凡的创新之路的？

【情境 2】（工作情境）2018 年 4 月 16 日晚，美国商务部正式下发通知，宣布在未来 7 年内禁止中兴向美国企业购买敏感产品，自此中国的企业产生了芯片之危。芯片为何如此重要？为何我国没有自己的芯片？核心技术掌握在他国手上，会产生怎样的危害？

【情境 3】（工作情境）2002 年 9 月，中国第一款批量投产的通用 CPU（Central Processing

Unit，中央处理器）芯片龙芯 1 号研制成功，终结了中国计算机产业"无芯"的历史；2016年 10 月，"龙芯"第三代处理器 3A3000 研制成功；2019 年 12 月，"龙芯"发布新一代通用处理器 3A4000/3B4000；2021 年 4 月，"龙芯"自主化再进一步，发布新一代自主指令系统架构——龙芯架构。最新亮相的"龙芯"3A5000 系列通用 CPU 已经接近国际主流 CPU的性能，在部分实际应用中，其表现甚至优于国外同类型产品。自主科技创新有多重要？科技创新有多艰难？科技创新之梦如何坚持？

无论是北斗系统还是"龙芯"，都是信创产业的体现，都在为我国成为数字化强国提供强有力的信息化基础设施支持。什么是信创产业？信创产业包含哪些领域？我国信创产业的发展现状如何？下面我们一起走进信创产业的世界。

6.1.2　学习任务卡

参照"信创产业"学习任务卡（见表 6-1）进行学习。

表 6-1　"信创产业"学习任务卡

学习任务卡			
学习任务	信创产业		
学习目标	（1）掌握什么是信创产业 （2）了解信创产业的发展现状 （3）了解我国在信创产业方面做出的努力		
学习资源	P6-1　信创产业　　　　　　V6-1　信创产业任务解析视频		
学习分组	编号		
	组长	组员	
	组员	组员	
	组员	组员	
学习方式	小组研讨学习		
学习步骤	（1）课前：学习信创产业视频，查询搜集北斗发展的相关资料 （2）课中：小组研讨。围绕 6.1.1 节中的情境 1～情境 3，研讨信创产业现状、信创产业的存在意义、信创产业给我们带来的启示 （3）课后：完成课后作业		

6.1.3　任务解析

信创产业为数字化创新提供基础支持。本任务先从信创产业的背景、概念、体系、现状与未来等方面全方位介绍信创产业，然后通过"北斗之艰"使学生进一步理解国家在"新基建"领域的决心；通过"芯片之危"使学生理解核心技术受制于人的危险；通过"龙芯之梦"使学生了解信创产业的意义和现状。科技创新艰难却值得，数字化基础行业创新从未停止。

1. 信创产业发展背景

全球科技创新进入空前密集的活跃期，大国之间的科技竞争空前激烈。中美发生贸易摩擦以来，美国制裁中兴、打压华为等事件将被"卡脖子"的风险摆到了我们眼前。

为了摆脱受制于人的现状，我国在 2020 年将信创产业纳入国家战略，提出"2+8"发展体系。2020—2022 年中国 IT 产业在基础硬件、基础软件、行业应用软件、信息安全等诸多领域迎来了黄金发展期。

全球产业正处在从工业化向数字化升级的关键时期，因此中国明确提出"数字中国"建设战略，以抢占下一时期的技术优先地位。

2. 信创产业的概念

根据工业和信息化部直属事业单位中国电子学会和国内知名咨询机构众诚智库联合 16 家企业和机构共同发布的《中国信创产业发展白皮书（2021）》所述，信创产业指信息技术应用创新产业，其核心在于通过行业应用拉动构建国产化信息技术软、硬件底层架构体系和全周期生态体系，解决核心技术关键环节的被"卡脖子"问题。

通俗来讲，过去很多年，国内 IT 的底层标准、架构、生态等大多由国外 IT 巨头制定，由此存在诸多安全风险。因此，我国要逐步建立基于自己的 IT 底层架构和标准，形成自有开放生态，这也是信创产业的核心目标。

信创就是在核心芯片、基础硬件、操作系统、中间件、数据服务器等领域实现国产替代。信创产业是数据安全、网络安全的基础，也是"新基建"的重要内容，将成为拉动我国经济发展的重要抓手之一。

2006 年，"核高基"（核心电子器件、高端通用芯片及基础软件产品）被列为 16 个重大科技专项之一，这标志着信创产业的起步。

3. 信创产业的体系组成

信创产业生态系统主要由基础硬件、基础软件、应用软件、信息安全 4 部分构成，其中芯片整机、操作系统、数据库、中间件是最重要的产业链环节。

如图 6-1 所示为信创产业体系全景图，来自《中国信创产业发展白皮书（2021）》。

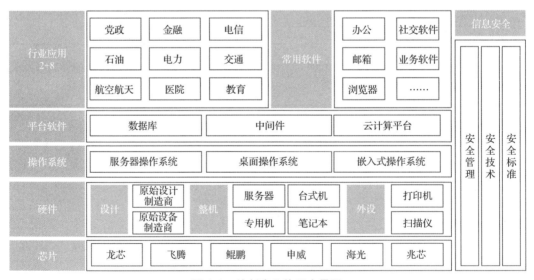

图 6-1　信创产业体系全景图

4. 信创产业发展现状

在基础硬件的 CPU 芯片领域，中国已涌现出龙芯、兆芯、飞腾、海光、申威和华为等 CPU 头部企业，但在 14 纳米及以下节点的先进制程、设备、材料、EDA/IP、制造等上游核心环节，我国与国外领先龙头差距很大，目前仍采用"外循环为主+内循环为辅"的模式，急需补齐短板。

"龙芯""申威"等推动了 CPU 的量产和应用，目前，"龙芯"上下游的合作伙伴有上百家企业，下游开发人员有上万人；"申威"也已经构建了自己的产业联盟，采用申威芯片的超算系统多次蝉联全球超级计算机 TOP500 榜单第一。

在操作系统方面，银河麒麟、中标麒麟、统信系统、普华操作系统等主流国产操作系统均已完成了对联想集团、华为、清华同方股份有限公司、长城计算机软件与系统有限公司、曙光信息产业股份有限公司等整机厂商发布的数十款终端和服务器设备的适配，其应用生态也日渐丰富。

目前，我国的芯片、网络、操作系统及周边配套产品基本实现了从无到有、从可用到好用的跨越式进步。

5. 信创产业的未来

未来 3 年，我国将开始在重点行业领域全面推广信创产业，使信创产业迎来黄金发展期。据众诚智库初步估算，2021 年中国信创产业市场规模达到 3 000 亿元，未来 3 年市场总规模将达到万亿元。

6. 发展信创产业的意义

信息技术应用创新发展是目前国内的一项战略，也是当今形势下国内经济发展的新动能。发展信创产业解决了我国经济的本质安全问题。本质安全指把关键技术变成我们自己可掌控、可研究、可发展、可生产的。信创产业发展已经成为经济数字化转型、提升产业链发展的关键。我国从技术体系引进、强化产业基础、加强保障能力等方面着手，促进信创产业在本地落地生根，带动传统信息产业转型，构建区域级产业集群。

"信创"的核心本质就是信息技术自主可控。

由于历史的原因，我国在信息技术领域长期处于模仿和引进的地位。国际 IT 巨头占据了大量的市场份额，也垄断了国内的信息基础设施。它们制定了国内 IT 底层技术标准，并控制了整个信息产业生态。

随着中国国力的不断增强，某些国家主动挑起贸易和科技领域的摩擦，试图打压中国的和平发展。作为国民经济底层支持的信息技术领域，自然而然地成为他们的重点打击对象。面对日益增加的安全风险，我国必须尽快实现信息技术自主可控。

我国坚持把科技创新摆在国家发展全局的核心位置，把科技自立、自强作为国家发展的战略支撑，坚定实施创新驱动发展战略，走出一条从科技强到产业强、经济强、国家强的创新发展新路。

6.1.4　视野拓展

北斗系统是我国着眼于国家安全和经济社会发展的需要，自主建设、独立运行的全球卫星导航系统，是继 GPS（Global Postioning System，全球定位系统）、GLONASS（Global Navigation Satellite System，格洛纳斯卫星导航系统）之后第三个成熟的卫星导航系统，将为全球用户提供全天候、全天时、高精度的定位、导航和授时服务。北斗系统已经初步具备区域导航、定位和授时能力，定位精度为分米、厘米级别，测速精度为 0.2 米/秒，授时精度为 10 纳秒。2020 年 7 月 31 日上午，北斗三号系统正式开通。

1. 北斗发展历程

北斗系统建设历程分为 3 步。

（1）北斗一号系统，又叫北斗卫星导航试验系统，它实现了我国卫星导航系统的从无到有。

1994 年，北斗一号系统建设正式启动。2000 年，我国发射两颗地球静止轨道（Geosynchronous Orbit，GEO）卫星，建成北斗一号系统并投入使用。2003 年，我国又发射了第 3 颗地球静止轨道卫星，进一步增强北斗一号系统性能。北斗一号系统的建成，迈出了北斗系统探索性的第一步，初步满足了中国及周边区域用户的定位、导航、授时需求。北斗一号系统当时采用的是有源定位体制，也就是说，只有用户发射信号，系统才能对其定位，这个过程要依赖卫星转发器，因此采用有源定位体制的系统有时间延迟，且容量有限，满足不了高动态的需求。但北斗一号系统巧妙设计了双向短报文通信功能，这种通信与导航一体化的设计是北斗系统的独创。北斗一号系统的建成，使中国卫星导航系统实现了从无到有的跨越。中国成为继美国、俄罗斯之后第三个拥有卫星导航系统的国家。2013 年，北斗一号卫星完成任务退役。

（2）北斗二号系统，从有源定位到无源定位，区域导航服务于亚太地区。

2004 年，北斗二号系统建设启动。北斗二号系统创新性地构建了中高轨混合星座架构。到 2012 年，我国完成了 14 颗卫星的发射组网。在这 14 颗卫星中，有 5 颗地球静止轨道卫星、5 颗倾斜地球同步轨道（Inclined Geosynchronous Orbit，IGSO）卫星和 4 颗中圆地球轨道（Medium Orbit，MEO）卫星。北斗二号系统在兼容北斗一号系统有源定位体制的基础上，增加了无源定位体制，也就是说不用用户发射信号，仅靠接收信号就能定位，解决了用户容量限制，满足了高动态需求。北斗二号系统不仅服务于中国，还可为亚太地区用户提供定位、测速、授时和短报文通信服务。

（3）北斗三号系统，架设"星间链路"，实现全球组网。

2009 年，北斗三号系统建设启动。到 2020 年，我国完成 30 颗卫星发射组网，全面建成北斗三号系统。在这 30 颗卫星中，有 3 颗地球静止轨道卫星、3 颗倾斜地球同步轨道卫星，24 颗中圆地球轨道卫星。北斗三号系统继承了有源定位和无源定位两种技术体制，通过"星间链路"——卫星与卫星之间的连接"对话"，解决了全球组网需要全球布站的问题。北斗三号系统在北斗二号系统的基础上，进一步提升性能、扩展功能，为全球用户提供定位、导航、授时、全球短报文通信和国际搜救等服务；同时为中国及周边地区用户提供星基增强、地基增强、精密单点定位和区域短报文通信服务。

2. 北斗系统与 GPS 的关系

通常意义上的 GPS 指美国全球卫星定位系统。北斗系统是中国提供的全球卫星定位系统。

北斗系统使用的是三频信号，GPS 使用的是双频信号。三频信号可以更好地消除高阶电离层延迟影响，提高系统定位可靠性，增强数据预处理能力，大大提高模糊度的固定效率。如果一个频率信号出现问题，则可使用传统方法利用另外两个频率进行定位，这提高了系统定位的可靠性和抗干扰能力。北斗系统是全球第一个提供三频信号服务的卫星导航系统。

3. 北斗系统的作用

北斗系统在星座设计上有其独特的优势，采用了"三种轨道"形成的混合星座。它既能为用户提供覆盖全球范围的服务，也能对特定地区提供短报文通信、高精度的精密单点定位服务等。

卫星导航系统是涉及国家安全、经济社会发展的重要空间基础设施。我国有能力实现卫星导航系统及其核心部件的自主可控国产化目标。

人们的生活离不开时间和位置。北斗系统有基本导航定位和授时服务，同时具备位置报告、短报文通信功能。它在灾害救援、智慧农耕等场景中得到广泛应用。

卫星导航系统是一个国家重要的基础设施，是一个国家经济和社会运行的重要保障。

4. 北斗系统的具体应用

1）北斗赋能农机，助力智慧农业

北斗系统凭借其动态的厘米级定位能力，赋能智能农机，做到精准收割、播种，其中植保无人机可以精确把控农药喷洒区域、路线规划，极大提升农业作业效率，实现对农作物耕、种、管、收全流程的高效管理。

2）北斗+高铁/公交，智慧交通护航智能出行

我国建设了世界上第一条智能高铁——京张高铁。北斗系统为高铁建设、运营、维护、应急等提供智能服务，如区间自动运行、到站自动停车、车门自动打开等服务，有效减轻了司机的工作强度。

针对交通系统，北斗系统提供高精度定位终端，实现公交与交通信号灯互连，使交通信号灯可预先感知公交即将到站，并根据实际情况适当地缩短、延长交通信号灯时间，实现智能指挥交通。

3）高精度时间戳，为金融安全提供保障

对于银行、交易所来说，时间上有细微的误差就会对金融利率、汇率及金融产品的价格产生很大的影响，给国民经济甚至民生带来危害。北斗系统的高精度服务已成为银行、金融往来交易精准时间同步的强力支撑。

4）纳米级授时服务，为电力系统的安全可靠护航

如今智能电网、超高压电力传输的授时要求开始从微秒级向纳秒级转变，以确保传输系统与接收系统的精确同步，如果传输系统与接收系统出现不同步，则势必会对高压的变电站、传输线路等造成影响，造成不可估量的灾难，影响基础设施的运行，影响国民经济命脉的安全。

5）短报文通信，新晋"保护神"

北斗系统独有的短报文功能，将定位与通信结合，面向普通移动通信信号不能覆盖的

地区提供服务，每年可以满足千万量级用户的使用需求。

北斗系统成为海上"保护神"。渔民出海，在移动通信信号难以覆盖的地方，可以通过短报文通信向家人报平安，同时还可以从渔业的管理部门获取岸上的水产品市场需求、鱼群的作业区信息、气象预报服务等，同时渔民在海上遇险时，还可以向指挥中心发送求救信号，及时获得救援。

6）北斗加持，解放牧民双手

受益于短报文通信服务的还有放牧的牧民，通过给牛羊佩戴北斗定位项圈、手机上设置电子围栏，牧民足不出户也能放牧。在信号难以覆盖的地区，牧民通过短报文通信终端也能了解牛羊的位置，一旦牛羊位置超出电子围栏，牧民的手机就会收到警告信息，牧民不出门就知道自己牛羊的位置和运动状态。

7）北斗助力，减灾救灾有了"千里眼"

在一些地震、洪水、泥石流等灾害常见发生地，移动基站容易被损坏，政府通过设置高精度北斗接收机作为监测点，就能在堤坝形变超过安全范围值的情况下收到警告，及时疏散当地的群众，避免造成不可挽回的人员和经济损失。

5. 新时代北斗精神

北斗系统的建设，形成了新时代北斗精神，即自主创新、开放融合、万众一心、追求卓越。

（1）自主创新。北斗研制团队首创星间链路网络协议、自主定轨、时间同步等系统方案，填补了国内空白。北斗三号卫星的卫星部组件是纯国产的，真正做到了自主可控。核心技术完全掌握在自己的手中，这是北斗研制团队走出的一条自主创新之路。

（2）开放融合。北斗系统鼓励开展全方位、多层次、高水平的国际合作与交流，提倡与其他卫星导航系统开放兼容与互操作。

（3）万众一心。北斗三号系统的建成、开通，充分体现了我国社会主义制度集中力量办大事的政治优势。

（4）追求卓越。"中国的北斗、世界的北斗、一流的北斗"，这是北斗研制团队的发展理念。北斗三号卫星采取了多项可靠性措施，使卫星的设计寿命达到 12 年，达到国际导航卫星的先进水平。

6.1.5 任务演示

了解信创产业，我们可选定一个领域的典型代表，如 CPU 芯片发展中"龙芯"的发展，进行资料查询，分析并形成总结，从而建立对信创产业的深刻认识。

【步骤1】通过网络搜索、图书馆查阅资料等方式，获取关于"龙芯"的相关资料。

1. 认识"龙芯"

芯片是信息产业的灵魂，而通用 CPU 则是芯片中的"珠峰"。自主研发 CPU，难度很大。

"龙芯"是"中国芯"的代表之一，由中科院计算技术研究所带头研究。"龙芯" 20 年磨一剑，科研团队通过自主研发掌握了 CPU 的核心技术，矢志建设自主创新的信息产业体系，体现了中国科学家的担当。

20 世纪 90 年代末，是否自主研制 CPU 等计算机核心模块，在学术界存在较大争议。一种观点认为，如果坚持使用国外研制的 CPU，并在其基础上开发相关软件与应用，就可以节省人力、物力和研发费用，并快速获得收益。但中科院计算技术研究所研究员、"龙芯" CPU 首席科学家胡伟武认为要想彻底解决我国在计算机领域自主创新的问题，就必须把眼光放得长远，自主研发中国的 CPU 势在必行。

2. "龙芯"发展历程

"龙芯"从 2001 年课题组成立开始，到 2021 年 4 月推出新一代自主指令集系统架构——龙芯架构，历经 20 年，持续创新，不断更迭。"龙芯"发展历程大事记（部分）如表 6-2 所示。

表 6-2　"龙芯"发展历程大事记（部分）

时间	版本	说明
2002 年 8 月	首款通用 CPU 龙芯 1 号流片成功	终结中国计算机产业"无芯"的历史
2019 年 12 月	新一代通用处理器 3A4000/3B4000	采用 28 纳米工艺，性能达到上一代产品的两倍以上，主频达到 1.8～2.0GHz
2021 年 4 月	新一代自主指令系统架构——龙芯架构	从顶层规划到各部分的功能定义，再到每条指令的编码、名称、含义，"龙芯"架构都进行了自主重新设计

"龙芯"20 年的研制，主要分为两个阶段。2001—2010 年，中科院计算技术研究所课题组所做的努力是技术积累阶段；2010 年，成立"龙芯"中科技术股份有限公司（以下简称龙芯中科），从研发走向产业化。

"龙芯"在发展的过程中，遇到了很多坎坷。

2002 年，龙芯 1 号诞生。可就在流片截止日期的前几天，测试组发现处理器的 1 万多个触发器的扫描链无法正常工作。如果不能及时修复问题，则只能放弃流片。这意味着此前的努力可能白费。别无选择，科研团队决定手工修改版图，连续工作了两天两夜，终于把触发器的扫描链连上。

设计第二代产品龙芯 2 号时，电源的规划问题成为困扰科研人员的一块心病，科研团队熬夜做物理设计，终于解决问题。

龙芯 3 号的研制过程更是一波三折。按设计，龙芯 3B 型号芯片的一些性能可以达到世界领先水平，但在 2010 年 11 月测试时，操作系统竟然启动不了。原来，芯片可测性设计部分有逻辑错误，同样问题也在同期的其他芯片的研发中出现。这一失误给"龙芯"带来重大打击。科研团队重新梳理流程，一再改版，调试顺利了又出现压力测试下死机现象，之后又出现死锁问题。经过一年多反复修改，芯片终于达到稳定状态。

2009 年研制的龙芯 3A1000 是我国首个四核 CPU 芯片。龙芯科研团队由此掌握了多核 CPU 研发的一系列关键技术。按理说下一款产品应该致力于优化产品性能。然而，当时科研团队偏重于追随国际学术界热点，过度追求多核及浮点峰值性能的单一指标，忽视了芯片的通用处理能力。这导致龙芯虽然在学术上取得了成功，但在应用上与主流产品差距越拉越大。

在课题组转型为公司的头 3 年，龙芯中科差点连工资都发不出。痛定思痛，2013 年 5 月，龙芯中科结合市场需求，及时调整芯片研发路线：对于龙芯 3 号系列多核 CPU 不再盲目追求核的个数，而是大幅度提高单核性能；对于龙芯 2 号系列芯片不再追求"大而全"，而是根据用户需求定义芯片；对于龙芯 1 号系列结合航空航天、石油等行业特点研制专用芯片，快速打开市场。

如今，龙芯中科通过市场销售养活自己、支撑研发。

【步骤 2】分析资料，形成提纲。

总结以上资料，可以形成如下提纲。

（1）认识"龙芯"。

（2）"龙芯"发展历程。

（3）"龙芯"发展现状。

（4）"龙芯"给我的启示。

【步骤 3】产出报告。

略。

6.1.6 任务实战

学生上网查阅资料，了解"芯片之危"事件的始末，理解信创产业的意义，形成报告文档，并完成任务操作单，如表 6-3 所示。

表 6-3 任务操作单

任务名称		信创产业		
任务目标		通过上网查阅资料，了解"芯片之危"事件始末，理解信创产业的意义，形成报告文档		
小组序号				
角色		姓名	任务分工	
组长				
组员				
组员				
组员				
组员				
序号	步骤	操作要点	结果记录	评价
1	查阅资料			
2	分析资料形成提纲			
3	产出报告			
评语				
日期				

6.1.7 课后作业

1．多选题

信创产业生态系统是一个大产业链，包含（   ）。

任务 6.1 参考答案

A．基础硬件　　B．基础软件　　C．应用软件　　D．信息安全

2. 判断题

（1）信创产业为数字化创新提供了基础支持。　　　　　　　（　　）

（2）信创产业属于"新基建"的一部分。　　　　　　　　　（　　）

3. 问答题

（1）"龙芯"在发展过程中遇到了重重困难，但一直坚持。你认为是什么信念支撑了龙芯科研团队？网上有些网友评论，"龙芯"在商业方面是失败的，这样做不值得，你怎么看？

（2）"芯片之危"给你带来了什么启示？

任务 6.2　创新思维

6.2.1　任务情境

【情境 1】（生活情境）当我们不在家时，一个朋友从远方来游玩，希望在家里借住一周，但我们无法在这期间回家。如何升级智能门锁给朋友授权？在朋友离开后，如何保证家的安全？

【情境 2】（学习情境）我们去图书馆经常找不到自习座位，有什么办法能提前知道自习座位的情况？图书馆是否可以在有座位时主动通知我们？

【情境 3】（学习情境）为了请假，你要从寝室走到教师办公室，还可能找不到教师，有什么办法可以不去教师办公室就完成请假？

以上情境均来自我们身边，如何解决这些不便？如何运用数字化技术处理这样的情境？什么是创新？为何要进行数字创新？下面我们一起来学习创新思维。

6.2.2　学习任务卡

请参照"创新思维"学习任务卡（见表 6-4）进行学习。

表 6-4　"创新思维"学习任务卡

学习任务卡	
学习任务	创新思维
学习目标	（1）理解创新的本质和创新的意义 （2）了解数字创新的类型和方法 （3）培养数字创新思维，从身边发现问题并解决 （4）了解数字创新的途径——模拟仿真+程序设计
学习资源	P6-2　创新思维　　　　V6-2　创新思维任务解析视频

（续表）

学习分组	编号			
	组长		组员	
	组员		组员	
	组员		组员	
学习方式	小组研讨学习+仿真操作			
学习步骤	（1）课前：学习数字创新相关视频 （2）课中：小组研讨。围绕 6.2.1 节中的情境 1～情境 3，研讨数字化实现方式，并探讨更优的改进方案。也可以自行提出其他创新情境，并进行探讨 （3）课后：完成课后作业			

6.2.3　任务解析

本任务使学生从了解创新和创新思维开始，进一步理解数字化创新的含义、数字化创新的类型，形成对数字化创新环境的整体认识。学生通过学习数字化创新方法，结合身边的创新实例，用 Cisco Packet Tracer（思科模拟器，以下简称 PT）模拟仿真平台实现创新，最终形成对数字化创新的整体认识。

1.　什么是创新

社会学认为，创新指人为了一定的目的，遵循事物发展的规律，对事物的整体或其中的某些部分进行变革，从而使其得以更新与发展的活动。

经济学认为，创新指以现有的知识和物质，在特定的环境中改进或创造新的事物（包括但不限于各种方法、元素、路径、环境等），并获得一定有益效果的行为。

创新（Innovation）这个词起源于拉丁语。它的原意有 3 层含义：第一，更新，就是对原有的东西进行替换；第二，创造新的东西，就是创造出原来没有的东西；第三，改变，就是对原有的东西进行发展和改造。

综上分析，无论什么时代的创新，其内核都是改进和创造新的事物。

创新可以是原创式创新、改进式创新、组合式创新和颠覆性创新。

（1）原创式创新。原创式创新是最复杂、最难练习的创新，受多种因素的影响。它主要是发明、发现类的创新，如原子的发现，力学的发现，火药、造纸等技术的发明。

（2）改进式创新。改进式创新指人们通过关注生活中小细节，进行模仿和改进。例如，最初的飞信是微信的雏形，微信整合了 QQ 和飞信的基本功能，也就是小改进、大应用。

（3）组合式创新。组合式创新指在既有条件情况下进行组合，如手机+网络产生移动端服务，牙刷+电机产生电动牙刷。

（4）颠覆式创新。颠覆式创新不是在原有基础上的小改进，而是对原有形式的重大变革，如网盘代替硬盘、电动汽车代替燃油汽车。

实现创新需要具备创新思维。创新思维与常规思维不同，它指以独特新颖的方法解决问题的思维过程。我们运用这种思维能突破常规思维的界限，以超常规甚至反常规的方法、视角去思考问题，提出与众不同的解决方案，从而产生新颖的、独到的、有社会意义的思维成果。

创新思维提示我们不断打破现有定式思维，从不同角度、不同方向看问题。例如，在零售业，以前是人们去超市购买货物，是人找货物的过程；后来电商和物流结合创新，将货物邮寄到家，让货物找人；再后来，出现了线下引流、线上营销的模式，线下实体店将货物提供给客户实际体验，如果客户反映良好，则在线上购买产品，这就出现了人先找货物，再让货物找人的过程，从而实现了人与货物的交互。从人找货物到货物找人再到人和货物互动的过程，就是对原有思维的不断突破。

另外一个案例也很好地说明了创新需要打破固有思维。

托马斯·爱迪生（Thomas Edison）想知道灯泡的容积大小，便请助手去测量。许久不见助手送来数据，他来到实验室，看见助手在桌旁不停地演算。爱迪生问他在干什么，助手说他已经测量灯泡不同部分的周长，现在用数学公式进行计算。爱迪生哭笑不得地说："你不知道先往灯泡里灌满水，然后再去测量水的体积吗？"我国古时候的经典故事"曹冲称象"也说明了同样的道理。

创新是需要不断迭代和更新的，以微信的创新过程为例。

2011 年，微信刚上线时只有 4 个功能：设置头像和微信名、发送信息、发送图片、导入通信录。随着用户需求的不断升级和数字技术的不断完善，微信逐步增加了查看附近的人、发送语音、发送视频、摇一摇等功能，逐步转变为熟人和陌生人交往的工具。2012 年 4 月，微信 4.0 版本上线，开始支持相册功能和朋友圈功能，逐步演化成为一个社交平台。2013 年，微信加入微信支付、公众号、服务号、扫一扫等功能，成为一个庞大的、移动互联网的核心枢纽。微信的每次更新都是基于微信 1.0 版本的逐步改进、延展和迭代。

创造力是根据一定目的和任务，在脑中创造出新技术、新产品并使之实现的能力，是一种艺术和智力的发明才能。创新型人才应当具备一定的创造力，在创造之前，首先给自己设定一个目标，在脑海中形成创造的过程，然后去努力将其实现，最终拿出成品。

2. 数字创新

数字创新既可以被理解为数字技术本身的创新，也可以被理解为数字技术背景下的创新。区别于一般的创新，数字创新指在创新过程中采用信息、计算、沟通和连接技术的组合，并创造新产品、改进生产过程、变革组织模式、创建和改变商业模式等。

这一定义包含 3 个核心要素。

（1）数字技术，它是信息、计算、沟通和连接技术的组合，如大数据、云计算、区块链、物联网、人工智能、VR 等。

（2）创新产出，常用的创新产出包括产品创新、流程创新、组织创新和商业模式创新等。

（3）创新过程，数字创新和一般的创新的关键区别在于强调创新过程中对数字技术的应用。

在数字世界中，我们可以办公、上课、社交、问医、网购、看视频、刷新闻等，甚至可能会有一个与现实世界完全不同的身份。这一切得益于以人工智能、区块链、云计算、大数据为代表的数字技术的兴起和快速发展，并催生出大量的数字创新（如各类智能产品、App）。

用一组有趣的数据对比来感受数字化变革的速度是如何加快的：移动电话经过 12 年才

突破了 5 000 万用户的大关,数字平台 Facebook 仅用了 4 年时间即拥有 5 000 万用户,而微信只用了一年就达到了同样的用户规模。

中国互联网普及率逐年增长,已经成为数字创新的沃土。2020 年 3 月,中国网民规模为 9.04 亿人,互联网普及率为 64.5%。

3. 数字创新的类型

1) 数字产品创新

最常见的数字创新是数字产品创新。数字产品创新指对特定市场来说,新的产品或服务包含了数字技术,或者被数字技术所支持。数字产品创新主要包含两大类:纯数字产品和智能互联产品(数字技术和物理部件相结合的产品)。

纯数字产品:如 App 等只有数字技术支持的产品。人们利用纯数字产品购买商品、与朋友聊天、获取新闻、打开或关闭家中电灯、办公或娱乐。

智能互联产品:是数字技术与物理部件结合后的产品。例如,华为的运动监控 App 与华为的智能手环结合,智能手环将检测到的人体睡眠质量、心率、血压等数据上传到云平台,形成对人身体健康状况的评估后,通过 App 将数据展示给用户。

数字产品创新需要一整套数字技术基础设施的支持,如数字部件和产品云。

我们在数字产品创新过程中要特别关注不同数字资源的整合与重组。例如,天气、交通、地理位置、社交网络等外部数据在互联网上已经广泛存在,整合这些数字资源,并结合餐馆的数据,即可形成大众点评、美团外卖等创新产品。

2) 数字流程创新

数字流程创新指数字技术的应用改进、完善甚至重构了原有创新的流程框架。在数字经济时代,创意产生、产品开发、产品试制与制造及物流和销售等环节都可能被数字技术所颠覆。例如,在产品研发阶段,数字仿真、数字孪生技术的支持,使企业研发成本大大降低;物联网技术的支持使企业生产流程各环节变得十分透明(三一重工的数字化工厂,在生产环节大量采用物联网采集生产数据,并使用工厂大屏实时显示);客户通过虚拟客户环境参与产品构思、产品设计与开发、产品测试、产品销售和传播及产品支持等价值创造活动(小米的粉丝,俗称米粉,通过小区社区积极参与小米手机的设计、建议、测试等环节);3D 技术的使用让不同的参与者在不同时间和地点参与创新过程。

3) 数字组织创新

数字组织创新指数字技术使组织结构和治理结构发生改变。数字技术通过将企业的各环节、各部门数据实时展现给企业高层,使高层对企业的了解更透明,从而减少企业组织的层级,实现企业组织的扁平化。扁平化企业组织让企业的运行效率更高。

4) 数字商业模式创新

数字商业模式创新指数字技术的嵌入可以通过改变企业价值创造、价值获取的方式来改变企业的商业模式。例如,很多企业通过卖出自己的产品而盈利,而在数字化领域,部分企业做产品不是为了卖钱,而是通过产品获得大量的用户流量,在收集大量的用户数据后,利用大数据技术产生更大价值。这是一种数字化对商业模式的典型改变,也被称作互联网思维。

以上数字流程创新、数字组织创新和数字商业模式创新都偏向于企业主体,而数字产品创新则是个人可以随时实践的。

由此看来，数字化创新思维可以改变我们的生活，也可以为商业社会创造更大的商业价值。

4. 数字化创新的方法

要实现数字创新，我们需要将想法落地，形成真正的产品。这需要一个过程，也需要参考一定的方法。

【步骤 1】产生创新点。一个好的创新，需要先有一个好的创新点。创新点如何产生呢？

创新需要想象力。想象力是原创式创新的根基，我们要大胆地想象，先不去想技术上是否能实现。在产生创新想法的时候，过多考虑如何实现会让人变得很谨慎，从而抹杀一些好的创新点。很多发明就是从异想天开开始的。想出新办法的人在他的办法没有成功之前，总被人认为是异想天开。

下面来看看这样的想法。

（1）我想要一个智慧钱包，它可以随时监控钱包里有多少钱。在我花钱的时候，它会提醒我："你真的要花这个钱吗？你们家已经没多少钱了，你小心点。"当我拿出信用卡的时候，它告诉我："这张信用卡已经没有钱喽。"它甚至会告诉我："你现在在全世界中财富排名第×××。"再进一步，钱包认为我不能再花钱的时候，会自动打不开。这很有趣，却未必不能实现。

（2）我爷爷经常因忘记吃药而影响健康。我想要一个智能药瓶，它到点就催爷爷："爷爷，快吃药。"如果爷爷再不吃药，药瓶就自动跟着爷爷跑。

（3）我要出门了，却不知道该不该带伞。我需要一把智能伞，出门的时候，我摸一下伞把，伞就显示颜色，红色代表要带伞，绿色代表不必带伞。

诸如此类的创新想法还有很多。

创新也需要联想力。联想力指在见到某事物或人而联想到与其相关的印象的思考能力。例如，毕加索用自行车的车座和车把手创作了一个"牛首"模型，这是从外观上发生的联想。

在数字化时代，我们可以结合数字技术进行联想。例如，现在成熟的智能家居，可以让我们用手机 App 远程控制电饭煲、空调、冰箱，那是不是也可以远程控制窗户的开关呢？清晨，起床闹钟可以联动窗帘的开启、室内灯光的打开。我们回家开门时是不是可以联动空调和加湿器的打开呢？思维再发散一点，能不能在我们快到家时，空调和加湿器就自动开启呢？这是一种功能上的联想，同时也要配合思维发散的能力。

【步骤 2】分析可行性。创新想法一旦产生，接下来就需要考虑这个想法是否可行。我们可以从技术的可行性和经济的可行性两方面进行分析。作为企业，需要分析的维度更多。

1）技术可行性

技术可行性指要实现创新，有哪些技术可以支持，通过这些技术是否能达到创新目标。进行技术可行性分析，要求创新执行者或设计者对常用的数字技术及其应用场景有一定的了解。当然，个人的视野和力量有限，大部分时候需要与他人协作沟通，从而获得更多信息。

2）经济可行性

顾名思义，经济可行性就是从经济成本角度考虑创新的可行性。实现创新可能需要用到硬件基础设施，也可能需要软件的支持，有的创新功能可以通过调用开放平台实现，有的创新功能需要软件开发人员开发。我们要综合整体成本，考虑创新最终产生的收益，降低创新的风险。

【步骤3】模拟仿真。进行可行性分析后，在有对应模拟仿真条件的支持时，建议先做模拟仿真，这样做比直接进行实物开发风险要小。

以实现一个智能家居的创新为例，我们可以利用 PT 仿真模拟平台。例如，我们发现家中的灯要一个一个地打开，比较麻烦。是不是可以一键总控呢？图 6-2 所示为 PT 模拟的效果。左图表示智能开关关，所有灯关；右图表示智能开关开，所有灯开。

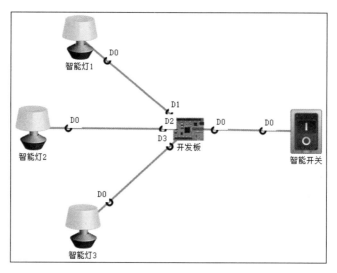

（a）开灯前

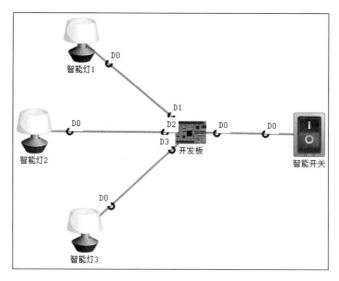

（b）开灯后

图 6-2　一键总控开关

【**步骤 4**】实物实现。最后，通过实物将创新想法落地。

5. 协助数字化创新的常用技术

数字化创新常用技术有利于我们进行技术可行性分析。数字化创新常用技术如表 6-5 所示。

表 6-5　数字化创新常用技术

数字化创新常用技术	特点	典型应用案例
信息系统	通过浏览器进行访问，用户可通过网页录入数据，并动态查看自己的数据	企业官网、博客、企业内部管理系统
网络	将数据在信息系统之间、智能设备之间进行传送。分为有线网络和无线网络。5G 传输速度极快，接入场景丰富	5G 让视频传输无卡顿
虚拟现实	可让用户有沉浸式体验	VR 教学、VR 游戏
物联网	可赋予无生命的物体"生命"，每个智能物体都可以接入网络，并与各系统交互数据	智能家居、共享单车、工业物联网
移动 App	在手机端使用，需要安装，适合移动设备	微信、手机 QQ、手机淘宝
电子围栏	可检测人或物体进入某个区域	检测共享电动车超出服务区
人工智能	可检测图片中的物体，可对比人脸、识别语音、识别指纹、识别虹膜；根据大量数据训练，预测未来趋势。分为机器学习、深度学习	车牌识别、语音导航、指纹开锁
大数据	可从多维度挖掘数据中的有效信息，通常与人工智能融合使用	电商广告商品精准推送
云计算	包括云平台、云存储、云软件；云平台为某个领域提供综合解决方案；云存储提供存储空间租赁服务，不需要用户自行本地存储；云软件为用户提供在线使用软件，而不需要本地安装	百度云平台、中国移动物联网平台、百度网盘、各厂商的云服务器、在线画图软件
区块链	分布式记账，保证数据真实，提供需要安全保障和授权的场景	金融资产交易结算、数字货币

6. 创新的误区

创新很难，这是大部分人的共识。这与对创新的错误认识有关。理清创新的常见误区，有利于我们建立创新的信心。

【**误区 1**】要求在短时间内产生创新的想法。创新是一种主动行为，应该成为一种习惯，通常不能在规定时间内要求一个人完成创新。规定时间是一种压力，创新无法在压力状态下产生。我们要保持一种开放的心态，持续从生活中发现不完美的地方，进而提出自己的创新观点。

【**误区 2**】创新一定要有高昂的设备。只要有创新的意志、创新的意图，我们就可以在知识水平和物质条件的基础上，追求一个既定的目标，坚持不懈，做出非常好的发明和创造。

有这样一个故事：2010 年，石墨烯的发现者获得了诺贝尔奖。一位英国教授在实验室还未建成的情况下，将一块比较完整的石墨板用两个常见的塑料胶条从两边黏上，然后撕开，不断重复撕开 30 次后，就惊奇地发现了一个非常奇妙的单层石墨结构。这个单层石墨结构就是石墨烯，它比金刚石还坚硬，且导电性强，可以做触摸屏，可应用于很多工业领域。当然，这样的创新看似简单，有很多前置条件，但可以说明的一点是，创新确实并不一定要有非常高昂的设备。

【**误区 3**】创新很复杂。创新可以简单，甚至将复杂的产品变得简单好用。简单的东西更容易被人接受，更容易推广和落地。尤其是对产品的创新，我们要考虑经济因素。

【误区 4】创新离生活很遥远。创新其实可以从身边开始，从小处着手。很多大的发明创造，实际上来源于很小的微末之处。

来看一个案例：日本狮王公司有一位名叫加藤信三的职员，在使用公司的牙刷刷牙时，经常被牙刷毛的尖头刺伤牙龈，他想改变这种情况。他利用放大镜仔细观察牙刷毛，发现其顶端是方的。于是他想如果将牙刷毛顶端由方的改成圆的，不就不会刺伤牙龈了吗？

他向公司提出自己的建议，并最终被公司采纳。这一细节的改进，果真成功解决了刷牙时刺伤牙龈的问题。狮王牙刷因此变得畅销，后来占到日本牙刷总销售量的 30% 左右。加藤信三也因此创意的成功而由一个小职员晋升为公司董事。

7. 数字创新实践

在对数字创新理念和方法有一定了解后，我们便可以开始数字创新实践。工欲善其事，必先利其器，一个好的想法需要一款好的模拟软件来设计和调试。

（1）模拟仿真软件——PT 工具简介。

PT 是一款好用的数字创新模拟仿真软件，由思科公司提供，原本是为模拟网络而设计的。随着物联网的出现，该软件推出 PT7.2 版本和 PT8.0 版本，现已支持很多物联网智能设备。有一种说法：物联网是实现数字化的利器，通过大量物联网智能设备对数据进行感知和采集而得到信息。通过对物联网的模拟，我们可以从身边发现大量的创新点。Cisco Packet Tracer 允许学生设计和配置简单的数字化模拟系统。

（2）工具下载与安装。

PT7.2.2 有两种安装版本：32bit 版本和 64bit 版本，分别对应 32 位和 64 位的 Windows 操作系统。PT 的这两个版本可在思科官网下载。在进入下载界面前，我们需要先注册账号并登录。

以 PT7.2.2 64Bit 为例，双击 PacketTracer-7.2.2-win64-setup.exe 安装程序，打开"安装"窗口，在"安装"窗口中选择"I accept the agreement"，单击"Next"按钮，如图 6-3 所示。

图 6-3　安装界面一

在"安装路径"窗口中选择安装路径，也可以使用默认路径安装，但建议不要安装在系统盘，如图 6-4 所示。如果系统盘为 C 盘，则建议改为 D 盘。

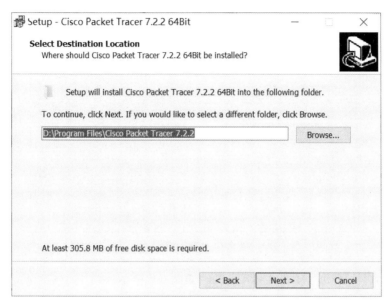

图 6-4   安装界面二

单击"Next"按钮，打开如图 6-5 所示的界面，选中"Create a desktop shortcut"复选框，在软件安装完成后，将在计算机系统桌面生成快捷方式图标。

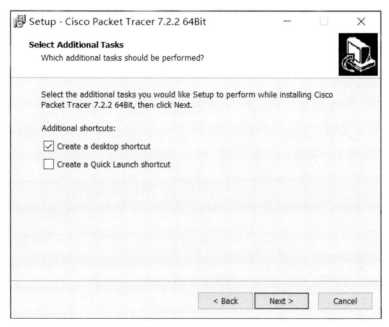

图 6-5   安装界面三

单击"Next"按钮，打开"Ready to Install"窗口，如图 6-6 所示。

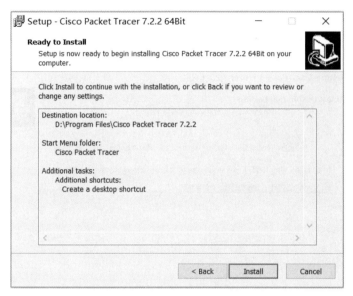

图 6-6　安装界面四

单击"Install"按钮，将显示安装进度，如图 6-7 所示。

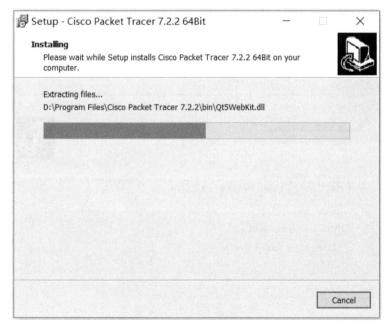

图 6-7　安装进度条界面

单击"Finish"按钮，完成安装，如图 6-8 所示。

图 6-8　安装完成界面

（3）PT 界面简介。

第一次安装使用 PT 会打开如图 6-9 所示的对话框，提示用户文件默认保存路径，可在选项菜单下选择首选项命令更改保存路径。

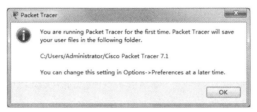

图 6-9　默认路径提示

第一次打开 PT 将提示用户登录，如图 6-10 所示。可以选择用户登录，也可以选择游客登录。以游客身份登录只能保存 10 次，建议申请账号。

图 6-10　PT 登录界面

登录后进入主界面，如图 6-11 所示。

标题栏 ——

菜单栏 ——

工具栏 ——

工作区 ——

设备区 ——

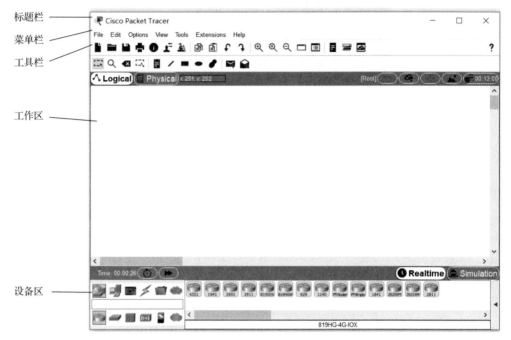

图 6-11　PT 主界面

其中，设备区比较重要，它代表了物理世界中的智能设备，如计算机、笔记本计算机、手机、服务器、电话、电视机等终端设备，如图 6-12 所示。

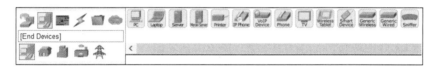

图 6-12　终端设备界面

智能家居中的智能设备，如智能门、智能窗、智能灯、智能空调、智能加湿器，如图 6-13 所示。

图 6-13　智能家居界面

一些获取环境数据的传感器，如温度传感器、湿度传感器、水分检测仪、风度检测仪等，如图 6-14 所示。

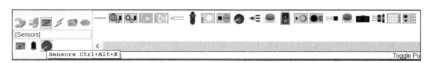

图 6-14　传感器界面

在物理世界中，设备间需要连接。一种是网络连接，另一种是物联网连接，主要用于智能设备与智能开发板之间的连接，如图 6-15 所示。

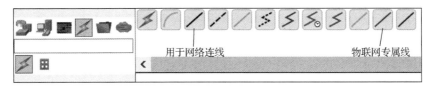

用于网络连线　　　　　　　　　　　　物联网专属线

图 6-15　连接线界面

8. 软件编程基础

在数字化世界中，我们通常使用软件程序完成数据处理。进行数字化创新，需要对程序有基本的了解。下面将分析软件编程的相关概念。

1）程序

程序是一组为完成特定任务而创建的有序指令。根据该定义，许多日常活动可被视为程序。

例如，基本的面包食谱可视为一个程序。

（1）将烤箱预热至 160～180℃。准备两个面包盘，抹上黄油并轻轻地撒上面粉。

（2）将酵母溶于温水中。加入糖、盐、油和水。

（3）搅拌均匀，一边加入剩余的面粉，一边调和。

（4）在抹上面粉的台面上将面团揉 8～10 分钟。

（5）将面团放入抹了油的盆中，静置 1～2 小时。

（6）把面团压扁并分成两半，放入面包盘中。盖好盖子，让其发酵至两倍大。

（7）在 160～180℃下烘烤 30～35 分钟。

在本例中，指令顺序息息相关。食谱就像一个软件程序，其目的是完成一项特定任务。在本例中这项特定任务为做面包。

食谱的编写语言可以为任何一种语言，如中文、英语、日语、韩语。语言选择的唯一要求是做面包的人能够理解该语言。虽然不同语言具有不同的语法规则，但配方逻辑相同。

因此，计算机程序就是用计算机能理解的语言编写程序。计算机语言有很多种，常用的有 Java、Python、C++、PHP、JavaScript、HTML+CSS 等。不同的计算机语言有各自的特点，也有各自擅长的领域。虽然语言的具体编码规则有所不同，但大体结构是相通的。常用计算机程序设计语言如表 6-6 所示。

表 6-6　常用计算机程序设计语言

常用计算机程序设计语言	特点及擅长
Java	高级语言，需要 Java 虚拟机支持，属于跨平台、编译型语言，常用于 Web 后台、Android App 开发
Python	高级语言，需要 Python 环境支持，解释型语言，常用于人工智能领域开发
C++	高级语言，编译型语言，常用于嵌入式开发
PHP	高级语言，常用于 Web 后台开发
JavaScript	脚本语言，由浏览器解析产生，解释型语言，区别于上述其他语言，它的开发和运行环境都很简单，有流程控制
HTML+CSS	具有超文本标记语言和层叠样式，用于网页效果展示。不同于前述语言，它没有一般的程序控制结构

上述语言各有不同，我们重点关注其用起来难不难、擅长怎样的领域。

2）流程图

程序员可以使用非特定语言创建程序初稿。这些与语言无关的程序专注于逻辑而不是语法，通常被称为算法。

流程图是表示算法的常用方式，菱形表现判断，长方形表示操作。灯泡损坏后的处理流程图如图 6-16 所示。

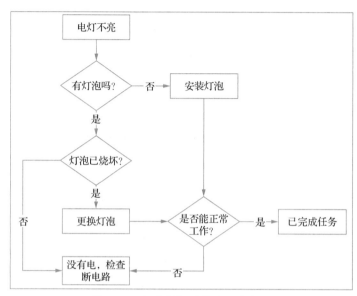

图 6-16　灯泡损坏后的处理流程图

3）程序的关键术语

JavaScript 作为一种脚本语言，其开发和运行环境相对比较简单。下面我们以 JavaScript 语言为例说明程序的关键术语。

（1）变量。变量通常指存储系统中某个会变化的值。例如，室内温度在 JavaScript 中表示为

```
var temperature = 15;
```

变量的值可以被改变

```
var temperature = 16;
```

变量的使用分 3 步。

①变量的声明:var temperature;

②变量的赋值:temperature = 15;

③变量的使用:temperature=temperature + 1;

变量的声明与赋值可以同时进行。例如，var temperature = 15。

变量必须先声明再使用。例如，alert(a)是错误的，a 在使用时未提前声明。

一次可声明多个变量，用逗号分隔。例如，var a = 3，b = 4。

变量名属于标识符，取名时需要遵循标识符定义规则，不能以数字开头。

变量有属于自己的数据类型，如以下语句。

```
var tem = 15;                    //数值类型
var pi = 3.14;                   //数值类型
var str = "hello world!";        //字符串类型
var b = true;                    //布尔类型
```

不同数据类型参与的运算不同，其运算结果也可能不同。

例如，3+4 的结果是 7，"3" + "4" 的结果是 "34"。

（2）运算符。

①算术运算符：其参与运算的变量通常为数值型，计算结果也为数值型。常见的算术运算符如表 6-7 所示。

表 6-7 常见的算术运算符

算术运算符	描述
+	加运算符
−	减运算符
*	乘运算符
/	除运算符
%	取模运算符
++	自增运算符。该运算符有 i++（在使用 i 之后，使 i 的值加 1）和 ++i（在使用 i 之前，先使 i 的值加 1）两种
−−	自减运算符。该运算符有 i−−（在使用 i 之后，使 i 的值减 1）和 −−i（在使用 i 之前，先使 i 的值减 1）两种

运算举例：

```
5%3    结果为2
var a = 3;  a++;        a 的结果为 4
a++ 相当于 a = a + 1
```

②比较运算符：其判断结果为布尔类型。常见的比较运算符如表 6-8 所示。

表 6-8 常见的比较运算符

比较运算符	描述
<	小于
>	大于
<=	小于等于
>==	大于等于
==	等于。只根据表面值进行判断，不涉及数据类型。例如，"27" ==27 的值为 true
===	绝对等于。同时根据表面值和数据类型进行判断。例如，"27" ===27 的值为 false
!=	不等于。只根据表面值进行判断，不涉及数据类型。例如，"27" !=27 的值为 false
!==	不绝对等于。同时根据表面值和数据类型进行判断。例如，"27" !==27 的值为 true

运算举例：

```
var a = 3;
a > 2    结果为 true        a == "3" 结果为 true
```

```
a === "3"  结果为 false    a != 3  结果为 false
```

③逻辑运算符：其参与运算的变量通常为布尔型，计算结果也为布尔型，常见的逻辑运算符如表 6-9 所示。

表 6-9　常见的逻辑运算符

逻辑运算符	描述
&&	逻辑与，只有当两个操作数 a、b 的值都为 true 时，a&&b 的值才为 true，否则为 false
||	逻辑或，只有当两个操作数 a、b 的值都为 false 时，a||b 的值才为 false，否则为 true
!	逻辑非，!true 的值为 false，而!flase 的值为 true

运算举例：

```
var a = true,b = false;
a && b       结果为 false
a || b       结果为 true
!a 结果为 false        !b  结果为 true
```

④赋值运算符：用于将运算符右侧的表达式计算出的结果赋值给运算符左侧的变量。常见的赋值运算符及其用法如表 6-10 所示。

表 6-10　常见的赋值运算符

赋值运算符	描述
=	将右边表达式的值赋给左边的变量。例如，username="name"
+=	将运算符左边的变量加上右边表达式的值赋给左边的变量。例如，a+=b，相当于 a=a+b
-=	将运算符左边的变量减去右边表达式的值赋给左边的变量。例如，a-=b，相当于 a=a-b
*=	将运算符左边的变量乘以右边表达式的值赋给左边的变量。例如，a*=b，相当于 a=a*b
/=	将运算符左边的变量除以右边表达式的值赋给左边的变量。例如，a/=b，相当于 a=a/b
%=	将运算符左边的变量用右边表达式的值求模，并将结果赋给左边的变量。例如，a%=b，相当于 a=a%b

注意：赋值运算符的计算顺序是从右往左。运算举例：

```
var sum = a + b;     先算 a+b,再将和值赋值给 sum
```

⑤条件运算符：由?和:构成，其基本结构是：操作数？结果 1：结果 2。

例如：

var result= a==3? true : false ← a==3?　如果为 true，则整个表达式结果为 true，否则结果为 false。

（3）语句。JavaScript 中语句以分号结尾。

例如：

```
var temperature = 15; var 与 temperature 之间要有空格
```

4）程序控制结构

程序表达的是生活中解决问题的步骤。常用的程序控制结构有 3 种：顺序结构、选择结构和循环结构，如图 6-17 所示。

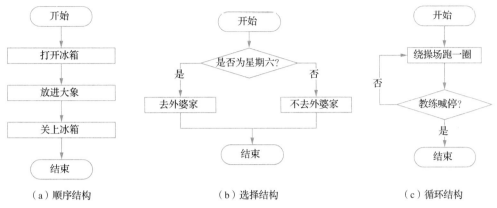

（a）顺序结构　　　　　　（b）选择结构　　　　　　（c）循环结构

图 6-17　常用的程序控制结构

顺序结构表示按顺序从上往下执行语句。

选择结构表示某些语句会被选择执行，某些语句则不会被执行。选择结构又分为单选择结构、双选择结构和多选择结构，如图 6-18 所示。

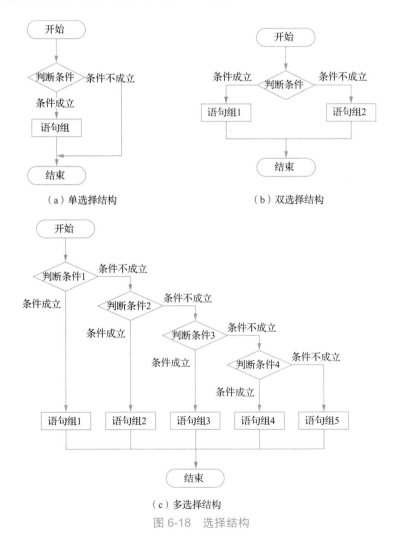

（a）单选择结构　　　　　　　　　　　（b）双选择结构

（c）多选择结构

图 6-18　选择结构

循环结构非常适合表示重复的行为。

（1）单选择结构，由 if 条件语句表达。

```
var a = 3;
if( a == 3){
    Serial.println("我被执行了");
}
Serial.println("无论如何都会被执行");
```

（2）双选择结构，由 if…else 语句表达。

```
var a = 3;
if( a == 3){
    Serial.println("我被执行了");
}else{
    Serial.println("我没有被执行");
}
```

（3）多选择结构，由 if…else if…else 语句表达。

```
var score = 90;
if(score >= 90){
    Serial.println("优秀");
}else if(score >= 80){
    Serial.println("良好");
} else if(score >= 70){
    Serial.println("中等");
} else if(score >= 60){
    Serial.println("及格");
}else{
    Serial.println("不及格");
}
```

（4）多选择结构，也可由 switch 语句表达。

```
var animal = "dog";
switch(animal){
    case "cat":
        Serial.println("喵喵");
    break;
    case "dog":
        Serial.println("汪汪");
    break;
default:
    Serial.println("哞哞");
}
```

switch 语句注意事项：

若 case 分支中的 break 被省略，则下一条 case 中的语句也将被执行，直到遇到 break 为止。

case 后匹配值与 switch 条件中变量值数据类型要一致。

所有 case 条件都不匹配时，执行 default 分支。

5）循环结构

需求：我需要计算机连续打印 100 次"我爱我的祖国，一刻也不能分隔"。

不用循环结构的写法：

```
Serial.println("我爱我的祖国,一刻也不能分隔");
Serial.println("我爱我的祖国,一刻也不能分隔");
Serial.println("我爱我的祖国,一刻也不能分隔");
Serial.println("我爱我的祖国,一刻也不能分隔");
Serial.println("我爱我的祖国,一刻也不能分隔");
...
Serial.println("我爱我的祖国,一刻也不能分隔");
```

使用 for 循环结构也可以完成这个工作，其流程图如图 6-19 所示。程序的写法如下：

```
for(int i = 1; i <= 100; i++){
    Serial.println("我爱我的祖国,一刻也不能分隔");
}
```

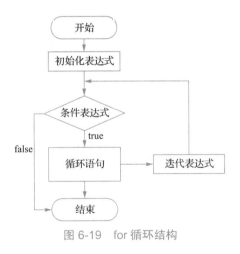

图 6-19　for 循环结构

6.2.4　视野拓展

1. 嵌入式芯片

在智能系统里，单片机可支持编程。PT 提供了两种不同的单片机开发板，一种是 MCU（Microcontroller Unit，微控制单元），另一种是 SBC（Sensotronic Brake Control，感应制动控制系统）。MCU 类似于 Arduino 云盾板，SBC 类似于树莓派（Raspberry Pi），如图 6-20 和图 6-21 所示。

图 6-20　树莓派开发板

图 6-21　Arduino 开发板

我们可在 PT 中的 Components 部件图标下找到 MCU 和 SBC，如图 6-22 所示。通过 MCU 和 SBC，不仅可以控制 PT 提供的各种终端，还可以通过无线网络和外部设备连接实现虚拟和现实的互通与相互控制。

图 6-22　Cisco Packet Tracer 提供的可编程控制部件

2．PT 中智能设备的使用方法

在 PT 中，每种类型的智能设备都有各自的使用规则。我们可以通过在 PT 工作区单击"智能设备"按钮查看使用说明。当需要通过 SBC 或 MCU 控制智能设备时，此说明尤其重要。以智能门为例，说明其使用方法，如图 6-23 和图 6-24 所示。

图 6-23　智能门说明一

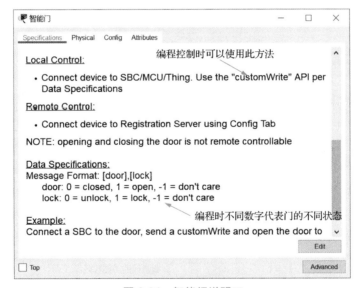

图 6-24　智能门说明二

每个智能设备的功能都是通过编程实现的。我们可以通过修改智能设备的代码，优化智能设备的功能。

如何查看 PT 中智能设备的代码？以智能门为例，选择"智能门"选项，打开说明界面，单击"Advanced"按钮，打开"Programming"页面，如图 6-25 所示。

PT 对智能设备支持两种语言：JavaScript 和 Python。选择"JavaScript"选项，可以查看到智能门的功能代码，如图 6-26 所示。

图 6-25　智能门代码界面

图 6-26　智能门的功能代码

6.2.5　任务演示

在对数字创新理念和方法有一定了解后，我们通过实际案例来认识数字创新实践。

【步骤 1】确定创新点。如果我们发现家中的灯一个一个打开比较麻烦，那么是不是可以一键总控开灯呢？本实践的重点在于使学生理解数字化创新过程中所使用的数字化工具和数字化技术，不在于创新程度的复杂性，因此选择实现逻辑不复杂的微小处创新。

【步骤 2】分析可行性。要实现一键总控开灯，我们至少需要准备一个智能开关、多个智能灯。一个开关控制多盏灯的逻辑需要程序实现，因此我们还需要准备一个开发板。

智能开关、智能灯和开发板（树莓派）均可以在市场上买到。一键总控开灯在程序开发上也有技术可行性。

【步骤 3】模拟仿真。

1）添加设备

打开 PT，将智能开关、智能灯拖入软件主界面，如图 6-27 和图 6-28 所示。

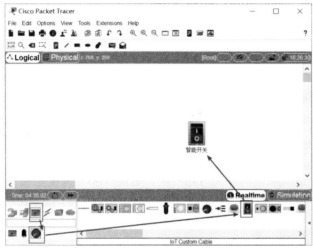

图 6-27　添加智能开关

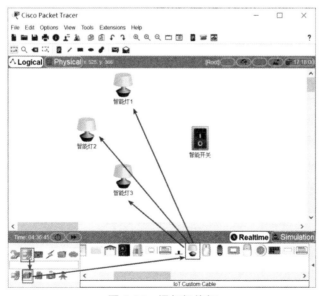

图 6-28　添加智能灯

将开发板加入界面，如图 6-29 所示。

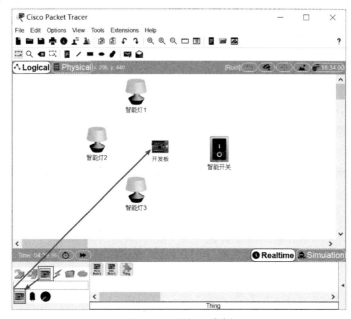

图 6-29　添加开发板

2）连接设备

选择 IoT Custom Cable，将开关与开发板、智能灯和开发板连接，如图 6-30 和图 6-31 所示。

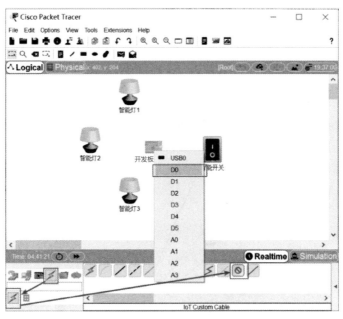

图 6-30　连接设备

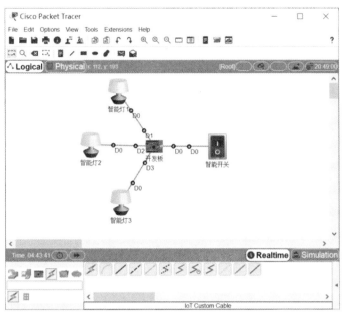

图 6-31　完成设备连线

3）实现程序逻辑

选择"开发板"选项，切换到编程界面，如图 6-32 所示。

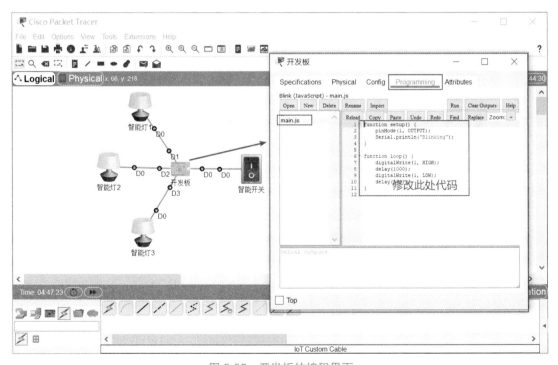

图 6-32　开发板的编程界面

将图 6-32 中的代码按图 6-33 所示进行修改。

图 6-33 一键总控逻辑

4）测试验证

单击"Run"按钮运行程序，如图 6-34 所示。

图 6-34 执行程序

如图 6-35 所示为结果验证，图 6-35（a）为智能开关关闭，灯关；图 6-35（b）为智能开关打开，灯开。

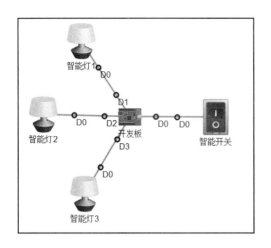
（a）开关关闭

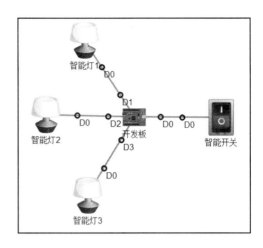
（b）开关打开

图 6-35　结果验证

6.2.6　任务实战

参考 6.2.1 节中的情境 1～情境 3，运用所学知识，发现生活中的不便之处，并提出数字化改进建议。初步构建实现方案，填写任务操作单，如表 6-11 所示。

表 6-11　任务操作单

任务名称		创新思维		
任务目标		（1）能发现生活中的不便之处 （2）提出数字化改进建议 （3）初步构建实现方案（可参考情境 1～情境 3）		
小组序号				
角色		姓名	任务分工	
组长				
组员				
组员				
组员				
组员				
序号	步骤	操作要点	结果记录	评价
1	寻找创新点			
2	分析可行性			
3	设计技术方案，形成技术方案文档			
4	模拟仿真（可选）			
评语				
日期				

6.2.7 课后作业

任务 6.2 参考答案

1. 单选题

在流程图中用（   ）表示判断。

A．长方形　　　　B．菱形　　　　C．三角形　　　　D．正方形

2. 多选题

（1）常见的程序设计语言有（   ）。

A．Java　　　　B．Python　　　　C．J　　　　　　　　D．C++

（2）程序控制结构包含（   ）。

A．顺序结构　　　　　　　　B．选择结构

C．循环结构　　　　　　　　D．倒序结构

3. 判断题

（1）创新型人才应当具备一定的创造力，在创造之前，就给自己设定一个目标，在脑海中形成创造的过程，然后去努力将其实现，最终拿出成品来。　　　　　　（　　）

（2）程序的算法一般可以用流程图表示。　　　　　　　　　　　　　　（　　）

4. 填空题

（　　）既可以理解为数字技术本身的创新，又可以理解为数字技术背景下的创新。

5. 问答题

科技创新为什么很重要？

模块 4　信息社会责任

　　信息社会责任指在信息社会中，个体在文化修养、道德规范和行为自律等方面应尽的责任。

　　具备信息社会责任的表现：在现实世界和虚拟空间中都能遵守相关法律、法规，遵守信息社会的道德与伦理准则；具备较强的信息安全意识与防护能力，能有效维护信息活动中个人、他人的合法权益和公共信息安全；关注信息技术创新所带来的社会问题，能从社会发展、职业发展的视角对信息技术创新所产生的新观念和新事物进行理性的判断和分析。

项目 7　互联网社交素养

学习目标

知识目标

（1）理解网络暴力、网络谣言和网络交友诈骗的概念。

（2）了解网络暴力、网络谣言的危害。

（3）了解网络交友诈骗的常用伎俩。

能力目标

（1）掌握防治网络暴力的常用方法。

（2）掌握防治网络谣言的常用方法。

（3）掌握防治网络交友诈骗的常用方法。

素质目标

（1）培养小组分工协同意识。

（2）通过学习、研讨和分析，培养互联网社会责任意识。

任务 7.1　防治网络暴力

当前，互联网和智能手机已广泛融入人们的生活。由于网络空间的虚拟性，人们在使用网络语言时更为主观随意，认为这是一个放松自己的渠道，但网络暴力也随之出现。蔑视侮辱、恶意攻击、谩骂泄愤、散布谣言等这些在现实生活中人们不会轻易尝试的事情在网络上层出不穷（见图 7-1）。

网络上的语言虽然听不见，却字字扎心。有时候一句无心的话就能让人落入痛苦的深渊，甚至让人精神崩溃。此外，近年来，随着网络媒体的发展，出现了以互联网为媒介，通过搜索引擎和匿名知情人提供数据的方式搜集特定的人或事的信息，以查找人物或者事件真相的群众运动，人们称之为"人肉搜索"。人肉搜索在造就网络爆红现象的同时，也会带来负面影响，如人身攻击。

当前，中国社会正处于转型时期，互联网正处于发展时期，网民也正处于成长时期。这种阶段性特点决定了现实社会的复杂情绪不仅将传导为具有同样特点的网上情绪，还将在网上进一步聚积和扩散，呈现出更加复杂多变的态势。媒介传播的纷繁复杂、社会问题的发酵和个人情绪的宣泄，使相应的负面情绪很容易在互联网得到放大，掩盖和淹没客观、理性的声音和情绪，导致戾气无法消除、网络暴力难以根治、社会共识难以形成。因此，从根本上来说，发挥互联网正能量，关键在于人们自身的正能量。国家要引导人们全面认识互联网、准确把握互联网、科学运用互联网，大力提升人们的互联网素养，树立正确的互联网价值观，使人们自觉抵制网络暴力等错误行为和负面影响，从自身做起，做清朗和谐网络世界的参与者、建设者、推动者和促进者。

图 7-1　网络暴力

7.1.1　任务情境

【情境 1】（学习情境）小芳因同学的一场恶作剧而陷入了深深的痛苦中。小芳长相平平。有一次，同学在学校用手机拍了一张她的照片，觉得她的样子挺逗，就把照片发到了朋友圈中，并配上文字"有点难看"。照片一发出，跟帖评论的人很多，有不少人吐槽："真难看。"

后来这个同学的朋友圈被小芳看到。"难看"二字虽然不是什么恶毒字眼，但对小芳的伤害很大，使她的自信心深受打击。她不敢上学，吃不香，睡不好，躲在房间里哭。后来在教师的建议下，小芳的父母将她带到专科医院做心理检查。医生对小芳进行了心理疏导和抚慰，并给她开了抗焦虑药物。一周后，她的焦虑、抑郁状态才慢慢消失。

【情境 2】（生活情境）2018 年 8 月 20 日，四川德阳的安医生和丈夫去游泳。泳池里有两个 13 岁的男生可能冒犯了安医生。安医生让他们道歉，但男生拒绝道歉并向其吐口水。安医生老公冲过去将男生往水里按。之后，男生的家属在洗手间打了安医生。双方最后报警，安医生的丈夫当场给孩子道歉。

次日，男生的家属闹到安医生夫妻俩的单位，还让领导开除安医生。安医生情绪变得很差。之后，经过网络媒体的传播，安医生遭到人肉搜索。8 月 25 日，安医生不堪压力选择自杀，最后经抢救无效身亡。消息传出后，当初转发片面信息的一些网络媒体和营销号悄悄删除了信息。同时，与这位女医生发生冲突的那一家人也开始遭到人肉搜索。短短数天，网民舆论一再反转，给事件双方都造成很深的伤害。

7.1.2　学习任务卡

本任务要求学生通过情境分析，理解网络暴力的概念、产生原因及如何防治网络暴力。请参照"防治网络暴力"学习任务卡（见表7-1）进行学习。

表7-1　"防治网络暴力"学习任务卡

学习任务卡		
学习任务	防治网络暴力	
学习目标	（1）理解网络暴力的概念、分类 （2）了解网络暴力的表现形式及基本特征 （3）了解网络暴力的社会危害 （4）理解网络暴力的产生原因及如何防治网络暴力	
学习资源	P7-1　防治网络暴力　　　　　V7-1　防治网络暴力	
学习分组	编号	
	组长	组员
	组员	组员
	组员	组员
学习方式	小组研讨学习	
学习步骤	（1）课前：学习网络暴力的概念和内涵特征 （2）课中：小组研讨。围绕7.1.1节中的情境1～情境3，研讨网络暴力产生的原因及如何防治网络暴力 （3）课后：完成课后作业	

7.1.3　任务解析

结合任务情境和学习任务卡，我们首先需要明确7.1.1节中所述情境是否体现了网络暴力现象，了解网络暴力的概念是什么；其次，在当前网络世界中，哪些现象属于网络暴力，其给当事人带来怎样的危害；最后，我们需要了解为什么会出现网络暴力行为，如何防治网络暴力。

1.　网络暴力的定义

网络暴力是一种危害严重、影响恶劣的暴力形式。它指由网民发表在网络上的具有"诽谤性、诬蔑性、侵犯名誉、损害权益和煽动性"特点的言论、文字、图片、视频，这类言论、文字、图片、视频会对他人的名誉、权益与精神造成损害，因此被人们称为网络暴力。

网络暴力打破了道德底线，且往往伴随着侵权行为和违法犯罪行为。我们急需运用教育、道德约束、法律等手段对其进行规范。网络暴力是网民在网络上的暴力行为，是社会暴力在网络上的延伸。网民想获得自由表达的权利，就要担负起维护网络文明与道德的使命，保持必要的理性、客观性。

2. 网络暴力的表现形式

（1）网民对未经证实或已经证实的网络事件，在网上发表具有伤害性、侮辱性和煽动性的失实言论，造成当事人名誉损害。

（2）网民在网上公开当事人现实生活中的个人隐私，侵犯其隐私权。

（3）网民对当事人及其亲友的正常生活进行行动和言论侵扰，造成其人身权利受损等。

3. 网络暴力的分类

1）充斥谣言的网络暴力

谣言的危害性是非常明显的，且一旦发生会有愈演愈烈之势。谣言，顾名思义，是虚假的言论，是由不法者恶意编造、使网民成为被利用者的言论。谣言降低了网民群体的相互信任感。网民一再被造谣者愚弄，很容易变得草木皆兵，使网络社会的信任感变得越来越低。源于谣言的网络暴力是因利益人发布不法的谣言、煽动不知情的网民推波助澜而产生的。利益人则等待事件扩散，坐收其中利益。有的网络暴力虽然并非因谣言而起，却在整个过程中以讹传讹，最终造成谣言四起，使真相变得更加扑朔迷离。当矛盾变得更加尖锐时，网民已经不考虑事件的真相，享受的是破坏和指责的快感。

2）非理性人肉搜索

网络暴力的另一主要类型是非理性人肉搜索。非理性人肉搜索容易侵犯受害人的隐私权，而参与者往往认为是一件刺激而有趣的事。在这个过程中，参与者往往因满足于自身的调查能力而窃窃自喜。

关于非理性人肉搜索的网络暴力比比皆是，电影《搜索》很好地反映了这点。电影《搜索》讲的是公交车上"让座"事件所引发的网络暴力。电影中的女主角因为在医院被检查出癌症晚期而受到打击，没有给身边的老大爷让座。这件事被人拍下视频传到网络上，引起民众对女主角的口诛笔伐。网民在网络上通过文字、言语、图像的方式对女主角进行攻击。最终，人肉搜索和网络暴力将女主角提前推向死亡。

在很多情况下，网民习惯性地站在自认为正义的一方，以道德的力量审判他人。殊不知，在这个过程中，自己充当了刽子手，没能以自身的判断去辨清事实的真相。通过人肉搜索的方式引发网络暴力，最终伤害当事人的方式非常不可取。没有任何一个人有权利用道德的力量去审判他人。

4. 网络暴力的社会危害

每个人都可能成为网络暴力的受害人，网络暴力的肆无忌惮，正在以其独有的方式破坏着公共规则，打破着道德底线。网络暴力的危害很广，我们对近年来发生的网络暴力的危害进行汇总，主要有以下几个方面。

1）网络暴力会混淆真假

在网络这样一个虚拟的社会里，真假原本就难以辨识，而在网络暴力事件的不断冲击下，原本难以辨识的真善美和假丑恶变得更加难以区分。通常，对真理的曲解并不在于信息源本身，而在于真理在传播的过程中被歪曲混淆。网络暴力往往是真理被曲解的过程，在这个过程中，混淆了对与错，使真假难辨。

2）网络暴力会损害个人权益和侵犯个人名誉

在网络暴力中，参与的网民非理性的群体攻击侵犯了受害人的权益，对受害人的身心造成了伤害，并直接侵扰了受害人的现实生活。尤其人肉搜索的产生，使网民不再局限于在网络上通过语言文字或图像的方式对受害人进行攻击讨伐。他们通过人肉搜索手段直接从网络虚拟社会渗透到现实社会，对受害人的现实生活进行骚扰。

在网络暴力中，受害人有名有姓，却找不到具体实施伤害的人。正因为如此，参与的网民抱着法不责众的心理肆意而为。在网络暴力中，网民很少考虑受害人的心理。受害人因网络暴力事件而所受的惩罚难以估量。受害人或许需要受到道德谴责，需要接受法律制裁，但绝不需要披着道德外衣、打着正义旗帜的网络暴力。

3）网络暴力会损害网民的道德价值观

除了直接造成的危害和影响，网络暴力行为的频繁发生会损害网民的道德价值观。正确的价值观念是人类社会秩序正常运行、美好和谐社会得以构建的保障。在日常生活中，人们的道德观念、价值观念无时无刻不在影响他们的行为和处事方式。就学校食堂而言，每到吃饭时都会很拥挤，楼梯中总是人头攒动，但是乱中又井然有序，这就是价值观念在发生作用。交通规则的道理相同，在交通规则还未制定、红绿灯还不存在的时期，马路上来来往往的行人、车辆也会互相礼让，以使每个通行的人能更快地到达目的地。社会的普遍价值观影响了个体的价值观，进而影响个体的行为。

4）网络暴力会冲击人自身的防卫系统

原本符合社会伦理、道德意识的价值观在网络暴力的冲击下会被扭曲，原本提倡的辩证法在网络暴力中完全被忽略，使事情变得只有两个极端，非 A 即 B。在网络暴力中，参与的网民盲目地支持某一方过于绝对化的观点，披着道德的外衣做着违反道德的事，且并不认为自己有错。网络暴力的表现就是扭曲的价值观，把错误的观点当成真理，坚决不承认错误。人在思维上有一种惯性，有时会过于坚信某一方面的观点，并通过搜索其他信息不断强化自己的观点。因为个体已经偏向于某一方面的观点，所以一旦与自己已有观念不同的观点侵入，就会因不安全感而尽其所能地维护自己的观点，进而自我欺骗，强化原先的观点，不再接受其他观点，使价值观被扭曲。

5）网络暴力会阻碍构建和谐社会的进程

网络暴力会加速个人信息的泄露，引发社会恐慌，阻碍构建和谐社会的进程。2012 年 4 月，《半月谈》对公民如何保护个人信息权进行了网络调查，参与人数为 4 142 人。其中关于个人信息是否泄露的调查数据显示：30%的人多次遭遇信息泄露，40%的人偶尔有信息泄露的情况，仅 15%的人极少遭遇信息泄露，有 15%的人对自己信息是否泄露尚不清楚。由此可见，至少 70%以上的人遭遇过不同程度的个人信息泄露。个人信息安全关系到个体的切身利益，如果个人信息遭到泄露，则会使受害人缺乏安全感，容易引发不安情绪。

6）网络暴力侵犯了受害人的名誉权和隐私权

网络空间和现实社会是有共通之处的，有学者认为，"网络空间"也是"现实社会"，只不过它是一种通过虚拟技术进行信息交流和传播的新型媒介。按照这样的说法，网络空间是人们生活的空间，是一个以虚拟为形式的"现实社会"。那么，在这样一个社会所受到的一切影响也必然会作用到现实社会。网络暴力是"舆论"场域的群体性纷争，以道德的名义对受害人进行讨伐，可以说是网络自由的异化，这无疑阻碍了和谐网络社会的构建。

与现实社会的暴力行为相比，网络暴力参与的群体更广，传播速度更快，因此从某些意义上说，网络暴力可能比现实社会的暴力产生的危害更大。网络暴力产生的危害大，影响范围广，且蔓延趋势严重。

5. 网络暴力产生的原因

1）网络的匿名、虚拟性等特征为网络暴力的产生提供了温床

在网络传播中，网民所处的传播情境是虚拟的，网民以匿名的身份发表言论，他们是"无名的大多数"。现实生活中本该遵守的规范和约束在网络传播中失去了应有的约束力，因此网民认为不必为自己的行为承担责任，风险趋近于零。网民的责任意识和法律意识大大降低，他们很容易突破道德底线，情绪化地表达自己的意见。在受到某一事件的刺激时，很多网民处于一种非理性状态，他们会迫不及待地对受害人进行讨伐与攻击，表达自己的观点和立场，显示出不满与愤怒。当附和的人越来越多而达到一定程度时，网络暴力就产生了。

2）人肉搜索是网络暴力形成的内在原因

人肉搜索利用人问人、人寻人的人际传播模式，不断地更新当事人的信息，为网络舆论提供一个又一个新鲜材料，促使网络舆论一浪高过一浪，使事态发展到难以控制的局面，最终导致网络暴力的产生。

3）网民的年轻化及从众心理使其容易失去理性

中国互联网络信息中心（CNNIC）发布的《第48次中国互联网络发展状况统计报告》显示，截至2021年6月，我国网民中10～39岁的群体占整体网民的50%，其中20～29岁年龄段的网民占比达17.4%。截至2021年6月，我国6～19岁网民规模达1.58亿，占网民整体的15.7%。网民的年轻化使他们容易冲动、激怒，也决定了他们的思想认识水平及对事物认识的深度。从众心理又使大多数网民丧失了自己的理性判断，多数网民对网络上的言论采取盲从的态度，这样一来就形成一种滚雪球效应，当某些"意见领袖"的声音成为主流意见并形成强大的舆论合力时，网络暴力的发生就在所难免了。

4）网民的自我表达及狂欢心理使其易于宣泄恶搞

（1）网络媒体的迅速发展为人们提供了舆论表达的崭新渠道。在网络传播中网民没有身份、等级的差别，普通民众获得了在现实生活中无法拥有的话语权、表达权，他们把对现状的不满在网络虚拟的世界中尽情地宣泄、排解，很容易出现一些极端言论，从而形成网络暴力。

（2）网络传媒具有强大的消费娱乐导向。网民从大量的信息中追求感官刺激，缺乏深刻思考，使网络逐渐成为一个巨大的秀场。部分网民以娱乐的逻辑解读生活，以玩笑的方式进行社会互动，他们追求"突破尺度"的开放，由于缺乏自我节制，容易因忽视当事人的感受而一味追求娱乐的快感，从而挑战道德底线，冲破法律禁区。

5）网络法律、法规不够完善

网络的参与主体"网络人"在现实社会和虚拟社会都存在，其具有的现实和虚拟的双重身份使个人领域和公共领域之间的界限变得模糊，而网络传播中的匿名性、虚拟性等特点，使网络法律在制定和实施上都存在一定的困难，助长了某些网民"法不责众"的侥幸心理，致使互联网信息发布者滥用自由表达权。截至目前，我国颁行的网络法规有数十部，

但这些法规无论是从效力等级还是可操作性上，都有待于进一步提高。

6）网络"把关人"的相对缺失

在网络传播中，受众从传统的单向、被动的线性传播中解脱出来，对"把关人"的特权形成了颠覆性的冲击。随着传播权利的广泛分布，原有的信息—传播者—传播渠道—受众的分层传播关系正在改变。昔日的"把关人"不再拥有传播话语的主导权，"把关人"失去了其存在的技术基础、受众基础。把关的任务落到了网络中形形色色的传播媒介身上，使把关难度进一步加大。

6. 网络暴力的防治措施

1）加快网络立法建设，加强网络技术管理

目前，我国有关互联网的法律、法规明显还不够完善，亟待制定一套成熟的法律、法规，以实现对网络开放性的法律控制，使网络传播朝着健康的方向发展。另外，由于网络的高度开放性、技术性，仅仅依靠法律这一种手段进行网络舆论管理已难以适应网络的发展需求，对网络言论的管理还要依靠更多高新科技的手段。国家只有在法规层面、技术层面同时着手、双管齐下，才能更好地应对网络暴力。

2）联合传统媒体监管，强化网上舆论引导

在面对网络暴力时，传统媒体要强化自律意识，保持高度的敏感性，并迅速做出反应，调查事件真相，完整、全面地展示整个事件的发生过程，消除流言、谣言，把握议题的主动权，对网民的非理性、盲从情绪给予理性及时的引导。另外，在网络暴力发生时，网站管理者应做好舆论引导工作，必须承担起责任，对网民错误、过激的言论加以引导，牢牢把握舆论引导的主动权，控制正确、健康、理性的舆论导向。

3）加大网站监管力度，规范网络传播内容

一方面，网络信息传播者应自觉承担起信息传播过程中"把关人"的角色，做好网络信息的搜集、取舍、过滤、整合、发布全过程的把关工作；另一方面，网站要推行网络实名制。推行实名制可以准确地查询网民的真实身份，在责任主体明确的情况下，使网民发表言论有所顾忌，从而最大限度地净化网络环境。

4）推进社会民主进程，提升网民媒介素养

推进社会民主进程，就要创造更多的言论渠道，让民众的意见得到充分表达，并对这些意见和言论给予足够的重视。同时，网民也要提高自身媒介素养，加强自律意识和道德素养，强化网络社会伦理道德建设，倡导文明上网。一方面，网民应该掌握基本的浏览、获取网络信息的能力；另一方面，国家要通过教育提高网民使用网络及识别网络信息真伪的鉴别力，以及正确、公正理解网络报道的能力，从而减少网络暴力的发生。

总之，网络是一个虚拟的世界，同时也是一个和真实世界并行、交融的现实世界。互联网的开放性、交互性、匿名性，很容易使某些网民不负责任的言行演化为网络暴力，侵犯受害人的隐私权等合法权益，给他们造成极大的精神伤害和心理伤害，因此，对网络暴力的防治必须引起全社会的高度重视。

相关职能部门应加快对个人信息保护的立法研究，尽快出台相应的法规、制度，加大依法惩治网络暴力的力度，通过法律手段规范人们的网络行为，净化网络环境。国家要通过行之有效的宣传教育，提高网民特别是广大青少年网民的道德自律意识，增强他们对网络信息的分辨能力、选择能力和对低俗文化的免疫力，培养他们健康的心态和健全的人格。作为当代大学生，更应该注意约束自己的行为，抵制网络暴力，在全社会倡导文明的、负责的网络行为。

7.1.4 视野拓展

1. 人肉搜索

人肉搜索简称人肉，是一种以互联网为媒介，部分用人工方式对搜索引擎所提供信息逐个辨别真伪，部分通过匿名知情人提供数据的方式搜集关于特定的人或者事的信息，以查找人物身份或者事件真相的群众运动。

在中国网络文化圈中，"人肉搜索"一词最早来自猫扑网。

一般来说，人肉搜索的起因是一起事件。这个事件可以是犯罪行为，也可以是不违反法律但为主流道德观所憎恶的行为，甚至只是一个不合常理的事件。在事件发生后，相关人或对事情真相好奇的人，往往在网络论坛上发表帖子，列出已掌握的人物资料，号召网民查出该人的身份和详细的个人资料。响应者通过互联网、人际关系等手段，寻找更多的资料，并以总结的形式再次发布在网上。

根据 2020 年 12 月 23 日最高人民法院审判委员会第 1 823 次会议通过的《最高人民法院关于修改〈最高人民法院关于在民事审判工作中适用《中华人民共和国工会法》若干问题的解释〉等 27 件民事类司法解释的决定》修正）第一条和第二条，网络用户或者网络服务提供者利用信息网络侵害他人姓名权、名称权、名誉权、荣誉权、肖像权、隐私权等人身权益，原告依据民法典第一千一百九十五条、第一千一百九十七条的规定起诉网络用户或者网络服务提供者的，人民法院应予受理。所以，可以看出人肉搜索是违法的。

2. 关于网络暴力的法律、法规

2013 年 9 月 6 日公布的《最高人民法院、最高人民检察院关于办理利用信息网络实施诽谤等刑事案件适用法律若干问题的解释》（以下简称《解释》）规定，利用信息网络诽谤他人，同一诽谤信息实际被点击、浏览次数达到 5 000 次以上，或者被转发次数达到 500 次以上的，应当认定为《中华人民共和国刑法》（以下简称《刑法》）第二百四十六条第一款规定的"情节严重"，可构成诽谤罪；行为人明知是捏造的损害他人名誉的事实，仍实施了在信息网络上散布的行为，情节恶劣的，以"捏造事实诽谤他人"论。《刑法》第二百四十六条诽谤罪指捏造事实诽谤他人，情节严重的，处 3 年以下有期徒刑、拘役、管制或者剥夺政治权利。所谓情节严重，主要指多次捏造事实诽谤他人的；捏造事实造成他人人格、名誉严重损害的；捏造事实诽谤他人造成恶劣影响的；诽谤他人致其精神失常或导致被害人自杀的等。

2019 年 12 月，国家互联网信息办公室发布《网络信息内容生态治理规定》。根据该规定，网络信息内容服务使用者和生产者、平台不得开展网络暴力、人肉搜索、深度伪造、流量造假、操纵账号等违法活动。

3. 《解释》节选

第一条，具有下列情形之一的，应当认定为刑法第二百四十六条第一款规定的"捏造事实诽谤他人"：

（一）捏造损害他人名誉的事实，在信息网络上散布，或者组织、指使人员在信息网络上散布的；

（二）将信息网络上涉及他人的原始信息内容篡改为损害他人名誉的事实，在信息网络上散布，或者组织、指使人员在信息网络上散布的；

明知是捏造的损害他人名誉的事实，在信息网络上散布，情节恶劣的，以"捏造事实诽谤他人"论。

第二条，利用信息网络诽谤他人，具有下列情形之一的，应当认定为刑法第二百四十六条第一款规定的"情节严重"：

（一）同一诽谤信息实际被点击、浏览次数达到 5 000 次以上，或者被转发次数达到五百次以上的；

（二）造成被害人或者其近亲属精神失常、自残、自杀等严重后果的；

（三）二年内曾因诽谤受过行政处罚，又诽谤他人的；

（四）其他情节严重的情形。

第三条，利用信息网络诽谤他人，具有下列情形之一的，应当认定为刑法第二百四十六条第二款规定的"严重危害社会秩序和国家利益"：

（一）引发群体性事件的；

（二）引发公共秩序混乱的；

（三）引发民族、宗教冲突的；

（四）诽谤多人，造成恶劣社会影响的；

（五）损害国家形象，严重危害国家利益的；

（六）造成恶劣国际影响的；

（七）其他严重危害社会秩序和国家利益的情形。

第四条，一年内多次实施利用信息网络诽谤他人行为未经处理，诽谤信息实际被点击、浏览、转发次数累计计算构成犯罪的，应当依法定罪处罚。

第五条，利用信息网络辱骂、恐吓他人，情节恶劣，破坏社会秩序的，依照刑法第二百九十三条第一款第（二）项的规定，以寻衅滋事罪定罪处罚。

编造虚假信息，或者明知是编造的虚假信息，在信息网络上散布，或者组织、指使人员在信息网络上散布，起哄闹事，造成公共秩序严重混乱的，依照刑法第二百九十三条第一款第（四）项的规定，以寻衅滋事罪定罪处罚。

4. 以案说法

1）与买家未达成一致意见、代购发起"人肉搜索"

2019 年 8 月 23 日，彭某通过微信联系朱某，让朱某为其代购口红和化妆品，并向朱某支付价款 176 元。在彭某付款后，朱某给彭某发货。2019 年 8 月 28 日，朱某发现自己发货有误，错发了两瓶精华给彭某。于是，朱某通过微信及电话与彭某联系。但彭某未回复，并于当日下午将朱某从微信好友中删除。随后，朱某在其微信朋友圈中发布动态，要"有偿人肉"彭某，并公布了彭某电话，附上了微信聊天截图。

随后，彭某的手机收到许多从全国各地拨打来的电话。当日下午，彭某重新加朱某为微信好友并道歉。朱某要求彭某将多发的货品寄回，而彭某称自己以为是朋友送的，已经使用其中一瓶。朱某对此表示，只能补差价 600 元将货品买下，而彭某认为朱某在"强制消费"，并认为补差价的金额过高，只同意补差价 450 元。后双方协商将货品挂在闲鱼平台上卖出，朱某还将彭某拉进拼单群，但未能将货品售出。于是，朱某再次要求彭某支付差价款 600 元，而彭某仍表示不愿意支付差价款。

当晚，某用户在微博"××大学超话"发帖，附上朱某与彭某微信聊天截图。双方事件的起因、经过及相互之间的互骂互黑随即点燃了超话评论区。彭某的姓名、身份和社交网络名称都被网友查出。事件不断发酵，一度登上了当天的微博热搜排行榜。

2019 年 8 月 29 日晚，彭某将货品差价 600 元支付给朱某，并要求朱某对引发的社会负面评论进行道歉。对此，朱某认为双方都存在过错。在孰是孰非问题上，两人又产生了分歧，遂诉至深圳市龙岗区人民法院。

彭某向一审法院提出起诉请求，要求朱某在其微信朋友圈、微博及全国公开发行的报纸上公开赔礼道歉并且持续不少于 30 天，赔偿彭某公证费 848 元、精神损害抚慰金 5 000 元及律师费 10 000 元；朱某向一审法院提出反诉请求，要求彭某在其微信朋友圈、微博及全国公开发行的报纸上公开赔礼道歉并且持续不少于 30 天，赔偿朱某公证费 1 500 元、精神损害抚慰金 5 000 元及律师费 10 000 元。

一审法院认为，本案事件起因是朱某发错货，而彭某开封使用，双方对退货和补差价金额未达成一致意见引发网络热议。朱某通过微信朋友圈"有偿人肉"彭某，并且通过相关人员在微博"××大学超话"中发帖"人肉搜索"彭某，导致彭某真实身份、姓名、生活细节等个人隐私信息在网络散布，此行为侵犯了彭某的隐私权，超越了正常维权的合理限度；彭某作为买家收到并非自己购买的产品却开封使用，并不做回复处理将卖家拉黑，亦存在过错。

结合双方的过错程度及侵权影响范围，法院判决朱某应于判决生效之日起 3 日内在其微信朋友圈及微博上公开发布向彭某赔礼道歉的文章一篇，并持续保留 15 天，赔偿彭某公证费 424 元、精神损害赔偿金 800 元、律师费 5 000 元；驳回彭某的其他诉讼请求；驳回朱某的全部反诉请求。

朱某对一审法院判决不服，于是向深圳市中级人民法院提起上诉。深圳市中级人民法院受理后，依法组成合议庭审理该案。

深圳市中级人民法院经审理查明，一审法院查明的事实清楚，并予以确认。深圳市中级人民法院认为，原审根据朱某与彭某各自的过错程度及侵权影响范围，判令朱某向彭某赔礼道歉及赔偿相关损失并无不妥；因涉案事件系因朱某的行为而引发至网络上，原审据此驳回朱某的相关诉求正确，予以维持。最终，二审法院判决驳回朱某上诉，维持原判。

法院认为，彭某与朱某存在买卖合同关系，双方可以通过友好协商解决。朱某不能因维护个人权益而实施侵害他人权益的行为，不能违背社会公序良俗，应当注意合理维权和侵犯个人隐私之间的合法限度。

2）网络暴力没有赢家

2013 年 12 月 2 日，高中生琪琪（化名）到某服装店购物时，店主怀疑她偷了东西，将其购物时的监控截图发到微博上，并称她是小偷。同日，琪琪所在学校、家庭住址均被曝光。12 月 3 日，无法忍受压力的琪琪跳河身亡。法院以侮辱罪判处服装店店主有期徒刑 1 年。

3）遭遇网络软暴力该如何维权

2015 年 4 月以来，赵某先后成立并控制多家公司，雇佣 300 余名业务员为第三方网贷公司等机构催收欠款。催收员长期使用群呼、群发短信等软暴力手段催收欠款，滋扰欠款人及其紧急联系人、通信录联系人。众多被骚扰人因此产生恐惧心理，产生家庭矛盾，工作、生活受到严重影响。

2020 年 7 月 29 日，北京市昌平区人民法院对此案进行一审公开宣判，主犯赵某被判处有期徒刑 7 年。该案是北京市判决的首例网络软暴力恶势力犯罪集团案件。

网络软暴力往往发端于人肉搜索，随之出现肆意传播受害者个人信息，通过网络、电信手段对受害者进行谩骂、侮辱等现象。软暴力侵犯的客体权利包括隐私权、名誉权甚至是健康权、生命权。

在《中华人民共和国民法典》（以下简称《民法典》）颁布之前，2017 年 6 月 1 日起实施的《中华人民共和国网络安全法》（以下简称《网络安全法》）明确加强了对个人信息的保护，而《最高人民法院、最高人民检察院关于办理侵犯公民个人信息刑事案件适用法律若干问题的解释》，进一步明确了侵犯公民个人信息罪的定罪量刑标准。行为人在未被授权的情况下，人肉搜索他人身份、照片等个人信息并散布的，如果情节严重将面临 3 年以下有期徒刑或拘役的刑事处罚。

《民法典》规定任何组织和个人不得以电话、短信、即时通信工具、电子邮件等方式侵扰他人的私人生活安宁。这意味着在实践中除了非法获取、泄露个人私密空间、私密活动和私密信息的行为，如短信谩骂、"呼死你"、弹屏攻击等破坏私人生活安宁的网络软暴力行为也涉嫌侵犯他人隐私权。同时，上述行为往往伴随着侮辱、诽谤等，容易导致受害者的品德、声望、才能、信用等社会评价降低，侵犯其名誉权。

从具体维权方式来讲，对于情节较轻的网络软暴力行为，公民可以依据《民法典》的规定，要求侵权者承担民事责任，包括停止侵害、排除妨碍、消除危险、消除影响、恢复名誉、赔礼道歉等。对于情节较为严重但未达到犯罪程度的，公民可向公安机关寻求帮助。公安机关可以依据《中华人民共和国治安管理处罚法》（以下简称《治安管理处罚法》）对侵权者予以拘留或者罚款。对于情节严重的，受害人可以借助刑事手段，向公安机关报案，向法院提起自诉。

值得一提的是，2019 年 4 月发布的《最高人民法院、最高人民检察院、公安部、司法部关于办理实施"软暴力"的刑事案件若干问题的意见》，织密了依法严惩软暴力犯罪行为的法网。根据该意见，侵犯人身权利、民主权利、财产权利的软暴力手段包括但不限于跟踪贴靠，扬言传播疾病，揭发隐私，恶意举报，诬告陷害，破坏、霸占财物等，通过信息网络或者通信工具实施符合上述规定的违法犯罪手段的，应当被认定为软暴力，这为打击实施网络软暴力的黑恶势力犯罪提供了更具操作性的法律依据。

7.1.5　任务演示

结合 7.1.3 节中的任务解析，以情境 1 为例，从"是什么""为什么"及"怎么做"3 个方面进行分析，分析过程主要分为 4 个步骤。

【步骤 1】以 7.1.1 节中的情境 1 为例，根据任务解析，可以首先列出情境分析表，如表 7-2 所示。

表 7-2　情境分析表

任务情境	情境分析
是什么	该情境体现了什么现象，给当事人带来了什么危害
为什么	情境中网络暴力产生的原因是什么
怎么做	如何避免网络暴力现象的发生

【步骤 2】情境 1 中，同学发表在网络上的照片导致网民发表具有诬蔑性的文字评论，对小芳的精神造成损害。根据网络暴力的定义和表现形式，我们确定该情境属于网络暴力现象。

【步骤 3】情境 1 中，网民忽视了网络其实也是一个和真实世界并行、交融的现实世界，他们觉得在网络中以匿名的身份发表言论，不必为自己的行为承担责任，很容易突破道德底线，情绪化地表达自己的意见，发表一些不负责任的言行，因此网民的这种行为无意识地演化成为网络暴力。

【步骤 4】在互联网时代，每个人都有更多渠道和机会表达自己的看法，当我们评论时，切忌只站在自己的角度考虑问题，不要因自己未得到满足而胡乱评论和投诉。你的一句评论和一个投诉，也许会为对方带来想象不到的影响。

因此，网民在互联网中应当注意不使用侮辱、诽谤他人的方式发表言论。公民发表的言论不得使用侮辱他人的词汇或者捏造事实诽谤他人，否则可能会侵犯他人的名誉权。

此外，法律规定，在网络上发表言论不得提供、公开他人个人信息。《民法典》第一百一十一条规定："自然人的个人信息受法律保护。任何组织或者个人需要获取他人个人信息的，应当依法取得并确保信息安全，不得非法收集、使用、加工、传输他人个人信息，不得非法买卖、提供或者公开他人个人信息。"

7.1.6　任务实战

请填写任务操作单，如表 7-3 所示。

表 7-3　任务操作单

任务名称	防治网络暴力
任务目标	（1）思考和讨论情境 2、情境 3 （2）明确情境体现了什么现象、该现象产生的原因、其给当事人带来什么危害，以及针对该现象的防治方法
小组序号	

（续表）

角色	姓名	任务分工		
组长				
组员				
组员				
组员				
组员				

序号	步骤	分析	结果记录	评价
1				
2				
3				
4				
结论				
评语				
日期				

7.1.7 课后作业

1. 单选题

下列选项中不属于网络暴力的表现形式的有（　　）。

A．网民对未经证实或已经证实的网络事件，在网上发表具有伤害性、

任务 7.1 参考答案

侮辱性和煽动性的失实言论，造成当事人名誉损害

B．在微信群群发投票链接

C．在网上公开当事人现实生活中的个人隐私，侵犯其隐私权

D．对当事人及其亲友的正常生活进行行动和言论侵扰，致使其人身权利受损

2. 多选题

（1）下列选项可能是网络暴力产生的原因的有（　　）。

A．网络的匿名性和虚拟性

B．网民的年轻化及从众心理

C．网络法律法规不够完善

D．网民的自我表达及狂欢心理

（2）下列选项可用来防治网络暴力的有（　　）。

A．加大网站监管力度，规范网上传播内容

B．推进社会民主进程，提升网民媒介素养

C．联合传统媒体监管，强化网上舆论引导

D．加快网络立法建设，加强网络技术管理

3. 简答题

网络暴力有哪些社会危害？

任务 7.2　防治网络谣言

互联网给人们的生活带来便捷的同时，也给谣言提供了新的空间和途径。只要谣言制造者的鼠标轻轻一点，一些离奇、刺激的谣言就开始像病毒一样在网上迅速传播。谣言不仅会引起人们的恐慌和群体性焦虑，还容易引发社会震荡、危害公共安全。针对某个行业的谣言一旦传播，就会给整个行业带来震荡，以至于影响整个行业的发展。

网络的发展让谣言传播具有突发性且流传速度极快。网络谣言经常会偷换概念、以偏概全，让人防不胜防。此外，网民习惯抱着宁可信其有、不可信其无的态度，即从众心理，这也会使谣言快速传播。网络谣言，尤其是网络政治谣言，其真伪难辨、蛊惑性强，很容易带来严重的社会问题，甚至引发社会动荡和政局失稳。

对于网络谣言，我们必须从国家部门、法律、法规、监督监管等多方面入手，给予严厉打击，从而保证人民群众接收正确的信息，正确使用网络进行工作和生活，如图 7-2 所示。防治网络谣言需要每位网民注意自己的网络行为，因为不经意的一个朋友圈转发就很有可能助纣为虐，成为网络谣言的帮凶。

图 7-2　防治网络谣言

7.2.1　任务情境

【情境 1】（生活情境）2011 年 3 月 11 日，日本东海岸发生 9.0 级地震，地震造成日本福岛第一核电站 1～4 号机组发生核泄漏事故。谁也没想到这起严重的核事故竟然在中国引起了一场令人咋舌的抢盐风波。从 2011 年 3 月 16 日开始，中国部分地区开始疯狂抢购食盐，许多地区的食盐在一天之内被抢光，更有商家趁机抬价，市场秩序一片混乱。引发抢购的原因是两条消息：食盐中的碘可以防核辐射；受日本核辐射影响，国内的盐将出现短缺。

经查，3 月 15 日中午，浙江省杭州市某数码市场的一位网名为"渔翁"的普通员工在 QQ 群上发出消息："据有价值信息显示，日本核电站爆炸对山东海域有影响，并不断地造成污染，请转告周边的家人、朋友储备些盐、干海带，一年内不要吃海产品。"随后，这条消息被广泛转发。3月16日，北京、广东、浙江、江苏等地发生抢购食盐的现象，引发了一场全国范围内的核辐射恐慌和抢盐风波。3月17日午间，中华人民共和国国家发展和改革委员会（以下简称国家发改委）发出紧急通知，强调我国食用盐等日用消费品库存充裕，供应完全有保障，希望广大消费者理性消费、合理购买、不信谣、不传谣、不抢购，并协调各部门多方组织货源，保障食用盐等商品的市场供应。3月18日，各地盐价逐渐恢复正常，谣言告破。

3月21日，杭州市公安局西湖分局发布消息称，已查到"谣盐"信息源头，并对始作俑者"渔翁"采取行政拘留10天、罚款500元的处罚。

【情境2】（生活情境）2012年2月21日，名叫"米朵麻麻"的网友通过微博发布了"今天去打预防针时，听医生说252医院封了，出现了非典变异病毒，真是吓人"的信息。该微博迅速在网络上传播，引起各方关注。随后，不断有网友发布消息，试图求证"保定252医院出现非典"的消息。

"保定252医院确认一例非典"的虚假信息，引起一些民众恐慌。2月23日，252医院院方和保定市卫生局辟谣称，经调查网传病例为普通感冒患者，但被网络炒成非典病例。

2月25日，中华人民共和国卫生部（以下简称卫生部）通报，经与中国人民解放军总后勤部卫生部核实，此次疫情经过解放军疾病预防控制中心的实验室检测，已经排除了SARS、甲流、人感染高致病性禽流感等疾病，确诊为腺病毒55型引起的呼吸道感染。截至2月25日8时，发病病例都是轻症，没有危重病人，也没有死亡病例。采取各种积极的防控措施，疫情已经得到有效控制。卫生部在通报中还表示，腺病毒病例主要表现为发热、咳嗽、咽痛等症状，目前绝大多数病例情况较好，且愈后良好。

2月27日，卫生部再度辟谣并透露，保定市公安局新市区分局经调查于2月26日依法查处这起散布非典谣言的案件，涉案人员被依法劳动教养两年。

据调查，涉案人员刘某某为某互联网站经营者，其为提高网站点击率，在未经证实的情况下，于2012年2月19日在互联网发布了"保定252医院确认一例非典"的虚假信息，并自己连续跟帖制造影响，扰乱了社会治安。

【情境3】（生活情境）2014年5月27日，被告人孟良（化名）的妻子回家后告诉孟良，刚才在公交车上听两名妇女唠嗑，说额尔古纳市丽丽娅面包房是用工业奶油做的面包。孟良不经核实，就用其手机编写并在朋友圈发出了一条微信，内容为："太黑了——额尔古纳丽丽娅面包房被质检部门查出用工业奶油冒充食用奶油制作面包出售……以后不要再吃了……为了您的健康，为了大家的健康……请转起来！！"这条虚假信息极大地损害了丽丽娅食品有限责任公司的声誉，给该公司造成了经济损失。2013年12月11日，经呼伦贝尔市产品质量计量检测所抽样检验，该公司所用奶油均符合GB 19646—2010标准要求。

内蒙古自治区额尔古纳市人民法院经审理认为，被告人孟良利用互联网散布虚假信息，损害他人的商业信誉、商品声誉，构成损害商业信誉、商品声誉罪，判处被告人孟良有期徒刑1年，并处罚金人民币2万元。

【情境4】（工作情境）2015年7月4日上午，一段民警暴力执法的文字和视频在微信圈里迅速传开，矛头直指凤凰县公安民警。接到群众举报后，凤凰县立刻组织公安网警开展调查。经实证，该事件发生地并非凤凰县，且执法队伍中也没有凤凰县公安民警参与，该信息为虚假信息。公安网警进一步查明，该信息为湖南省宁乡县一位名叫欧某某的女子于 7 月 3 日 22 时 36 分通过手机微信平台发布。

凤凰公安连夜对违法嫌疑人欧某某进行传唤。在审讯中，欧某某对其收到朋友转发的视频后，没有确认视频信息发生地，也没有核实执法人员的地域身份，就编辑过激文字、造谣传谣的行为供认不讳。根据《治安管理处罚法》第二十五条第一项规定，凤凰县公安局决定对违法嫌疑人欧某某行政拘留 5 天。

7.2.2　学习任务卡

本任务要求通过情境分析，理解网络谣言的概念、产生原因及如何防治网络谣言。请参照表 7-4 "防治网络谣言"学习任务卡进行学习。

表 7-4　"防治网络谣言"学习任务卡

学习任务卡			
学习任务	防治网络谣言		
学习目标	（1）理解网络谣言的概念、分类 （2）了解网络谣言的表现形式及基本特征 （3）了解网络谣言的社会危害 （4）理解网络谣言的产生原因及如何防治网络谣言		
学习资源	P7-2　防治网络谣言	V7-2　防治网络谣言	
学习分组	编号		
	组长	组员	
	组员	组员	
	组员	组员	
学习方式	小组研讨学习		
学习步骤	（1）课前：学习网络谣言的概念和内涵特征 （2）课中：小组研讨。围绕 7.2.1 节中的情境 1～情境 4，研讨网络谣言产生的原因及如何防治网络谣言 （3）课后：完成课后作业		

7.2.3　任务解析

结合学习任务，首先明确 7.2.1 节中的任务情境是否体现了网络造谣和传谣现象，明确网络谣言的概念是什么，包括哪些方面；其次，了解当前网络世界中，哪些现象属于网络谣言，其可能会给社会带来哪些危害；最后，我们需要了解为什么会出现网络谣言，针对网络谣言该怎么做。

1. 网络谣言的定义

网络谣言指通过网络介质（如微博、网站、网络论坛、社交和聊天软件等）传播的谣言，其没有事实依据并且带有攻击性、目的性的话语。网络谣言主要涉及突发事件、公共卫生领域、食品药品安全领域、政治人物、颠覆传统、离经叛道等内容。

2. 网络谣言的危害

（1）网络谣言的传播具有突发性且流传速度极快，因此其很容易对正常的社会秩序造成不良影响。

（2）网络谣言一般会偷换概念、以偏概全，让人防不胜防。

（3）网民一般宁可信其有、不可信其无。这种从众心理加速了网络谣言传播。

（4）网络谣言尤其是网络政治谣言真假难辨、蛊惑性强，容易带来严重的社会问题，甚至引发社会动荡和政局失稳。

3. 网络谣言的产生原因

（1）社会生活的不确定性，为网络谣言的产生和传播提供了条件。

（2）网民科学知识的欠缺，为网络谣言的传播提供了可乘之机。

（3）社会信息管理的滞后，为网络谣言的传播提供了机会。

（4）地方政府部门公信力、少数党员干部自我约束力的下降，使民众的不信任感增强。

（5）国内外一些媒体及民众观念淡漠，助长了网络政治谣言的传播。

（6）网络推手、网络水军制造谣言，强化了网络谣言的扩散性，挟持了网民的意见。

（7）商业利益的驱动，是网络谣言滋生的经济动因。

4. 网络谣言的特性

网络谣言指通过互联网向社会广泛传播的捏造、编造、夸大其词的虚假信息，包括未经证实、有可能导致社会不良后果或给他人带来名誉及人格损害的各种言论。谣言一般具有两种特性：一是隐蔽性，二是煽动性。网络谣言的基本形式及套路大致有 4 类：一是社会安全类谣言，二是爱心慈善类谣言，三是生活常识类谣言，四是恶意营销类谣言。

5. 抵制网络谣言

我们要理性应对网络谣言，辨别一条网络信息是不是谣言可概括为四字法：看、想、问、搜。一旦确认是网络谣言，就要及时举报，并尽力做些解释、劝导和制止工作，告诉网友该信息是假的，劝大家不信谣、不传谣。谣言止于智，亦止于'治'。只要广大网民增强法律意识，提高分辨谣言的能力，不信谣、不传谣。只要相关部门提高信息透明程度，及时剖析、揭露各类谣言，并让故意传谣、造谣者受到法律惩处，就能从根本上杜绝网络谣言的产生与泛滥。

1）抵制网络谣言，要提高判断能力

网络谣言之所以能迅速传播，关键是传播者进行信息转发、宣传时，不分青红皂白，不管正确与否。其实，很多谣言只要认真思考下，就会发现其不合理的地方。例如，对于食用盐谣言事件，稍加思考的人就能想到偌大中国怎么会发生缺盐的事情，但偏偏有如此多的人轻信。因此，要打击网络谣言，就要提高民众的判断能力，增强民众对一些基本常识的理解判断能力，让谣言无处可传。

2）加强自我学习，增强辨别谣言、抵制谣言的能力

我们应严格遵守互联网法律法规，文明上网，自觉远离网络谣言，切实做到不信谣、不传谣，抵制谣言，坚决做网络健康环境的维护者。同时，学校应该开展德育教育，帮助青少年正确认识社会现象，让学生树立正确的人生观和价值观。

3）面对网络谣言，应保持清醒的头脑

我们应认清网络谣言的真实面目，不要瞎起哄，更不能人云亦云、善恶不辨，让别人牵着鼻子走。我们要对任何信息都保持敏锐的洞察力，要认真辨别和分析信息来源及准确性，在没有掌握信息真实性的前提下，切忌转发、评论或支持，勿以恶小而为之，从自身做起，切断谣言的传播链。

4）切记不信谣、不传谣是一种美德，更是做人之本

在信息传播领域，自由和责任是密不可分的，因此在传播信息时我们应当承担起相应的社会责任，在法律允许的框架内进行信息评论和转发。同时，政府部门应该善用互联网平台，对公共突发事件的处理做到公开透明，在第一时间发出权威准确信息，最大限度地压缩谣言传播的空间。

7.2.4　视野拓展

网络散布谣言者需要承担的法律责任，主要分为以下 3 种。

1. 民事责任

如果散布谣言者侵犯了公民个人的名誉权或者侵犯了法人的商誉，则要承担停止侵害、恢复名誉、消除影响、赔礼道歉及赔偿损失的责任。

2. 行政责任

根据《治安管理处罚法》第二十五条规定，有下列行为之一的，处 5 日以上 10 日以下拘留，可以并处 500 元以下罚款；情节较轻的，处 5 日以下拘留或者 500 元以下罚款。

（1）散布谣言，谎报险情、疫情、警情或者以其他方法故意扰乱公共秩序的。

（2）投放虚假的爆炸性、毒害性、放射性、腐蚀性物质或者传染病病原体等危险物质扰乱公共秩序的。

（3）扬言实施放火、爆炸、投放危险物质扰乱公共秩序的。

因此，若发现有人散布谣言，则公安机关可以依据上述规定对行为人进行处罚。派出所会依据规定，用传唤证对行为人进行传唤、查证、处罚。

3. 刑事责任

如果有人散布谣言且构成犯罪，则要依据《刑法》的规定追究其刑事责任。根据《刑法》第二百九十一条之一的规定，编造虚假的险情、疫情、灾情、警情，在信息网络或者其他媒体上传播，或者明知是上述虚假信息，故意在信息网络或者其他媒体上传播，严重扰乱社会秩序的，处 3 年以下有期徒刑、拘役或者管制；造成严重后果的，处 3 年以上 7 年以下有期徒刑。

综上所述，关于网络造谣、传谣行为规定，主要包括 3 个层面，一是民事责任层面，造谣、传谣者要给予受害人应有的名誉赔偿和经济赔偿；二是行政责任层面，对于情节相对较轻、没有达到犯罪标准的造谣、传谣行为人，应给予行政拘留和罚款等处罚；三是刑事责任层面，如果造谣、传谣者的行为造成严重后果，则应判处 3 年以上 7 年以下有期徒刑。

4．以案说法

1）辽宁省鞍山市赵某某编造、故意传播虚假信息案

被告人赵某某系无业人员，自 2018 年开始购置警用装备，并多次在社交平台发布其穿戴警用装备的视频冒充警察。2020 年 1 月 26 日，赵某某为满足虚荣心、扩大网络影响力，将自己身着警服的照片设为微信头像，同时将微信昵称设为"鞍山交警小龙"，并在微信朋友圈发布信息称："鞍山交警小龙温馨提示大家！今天鞍山市城市公交车全部停运！从明天开始，长途客运站停止营运所有长途汽车！今晚我值班，由我带队出去执勤！今晚从半夜12 点开始！由我带队封闭鞍山所有的高速公路口！所有的车辆不准进入我们鞍山！"，"鞍山市今晚全城开始封路！请广大司机朋友们没事不要出门了"，并配发多张警察执勤图片。该条信息被多名网友转发至朋友圈和微信群，使大量市民向相关部门电话咨询，引发不良影响，影响疫情防控工作的正常秩序。

2020 年 2 月 10 日，鞍山市铁西区人民检察院以编造、故意传播虚假信息罪对赵某某批准逮捕。2 月 17 日，鞍山市铁西区人民检察院以编造、故意传播虚假信息案对赵某某提起公诉。2 月 21 日，鞍山市铁西区人民法院审理该案并当庭宣判，以编造、故意传播虚假信息罪判处赵某某有期徒刑 1 年 6 个月。

2）虚构事实、发布谣言被处罚

2021 年 7 月 24 日，网民熊某在抖音发布"烟花逼近浙江，绍兴柯桥挺住"的视频，画面中有多辆汽车被洪水冲走。此视频在抖音、朋友圈迅速传播。

随后，浙江省绍兴市公安局越城区分局发布警情通报：经查证，该视频为外省汛情视频，事发地为山西临汾，并非绍兴。熊某因虚构事实、发布谣言扰乱公共秩序，被依法处以行政拘留 14 日的处罚。

3）未经核实、散布谣言被处罚

车某在某公园做完核酸检测后，被现场工作人员要求尽快离开，车某误认为该检测点有人被感染。随后，车某在多个微信群内发布信息："某公园这边也有一个被感染""大家不要来某公园做核酸检测"。此时微信群里有人提示："是不是真的，确定了才能说""不要乱讲，小心被抓"，但车某依然给予肯定回复。

经警方查证，车某在未经核实的情况下，在多个微信群内发布涉疫信息，构成违法行为，公安机关依法对其处以行政拘留 7 日的处罚。

7.2.5　任务演示

结合 7.2.3 节中的任务解析，针对 7.2.1 节中的情境 1，从网络谣言是什么、为什么会产生网络谣言及如何防治网络谣言 3 个方面进行分析，分析过程主要分为 4 个步骤。

【步骤 1】以 7.2.1 节中的情境 1 为例，根据任务解析结果，列出情境分析表，如表 7-5所示。

表 7-5　情境分析表

任务情境	情境分析
是什么	情境体现了什么现象，其给社会带来了什么危害
为什么	情境中网络谣言产生的原因是什么
怎么做	如何避免情境中的网络造谣、传谣现象

【步骤 2】在情境 1 中，网名为"渔翁"的始作俑者通过网络介质 QQ 群发布没有事实依据的虚假消息，引发全国范围内的辐射恐慌和抢盐风波。根据网络谣言的定义，案例体现了网络造谣、传谣现象。

本情境中"渔翁"构成网络造谣罪满足以下几个条件。

（1）捏造并散布虚假信息，两行为缺一均不构成本罪。

（2）捏造并散布的必须是虚伪事实，有事实根据的批评性言论，不属于虚伪事实。如果事实已经在新闻中报道，则属于有事实根据的信息。对于所谓"坊间传闻""小道消息"，我们要慎重评论。

（3）捏造并散布虚伪事实，造成了不良后果。

【步骤 3】谣言的产生一般有商业利益的驱动，这也是谣言滋生的经济动因。此外，网民科学知识的匮乏，也为谣言的传播提供了可乘之机。在情境 1 中，食盐抢购期间有商家趁机抬价，进一步助推了谣言传播。

【步骤 4】谣言止于智者，面对网络谣言，我们应保持清醒的头脑。此外，国家要通过行之有效的宣传教育，提高网民的道德自律意识，明确公民在网络造谣、传谣中需要承担的法律责任。

7.2.6　任务实战

请填写任务操作单，如表 7-6 所示。

表 7-6　任务操作单

任务名称		防治网络谣言		
任务目标		思考和讨论 7.2.1 节中情境 2～情境 4，明确情境体现了什么现象、该现象产生的原因、其给当事人带来什么危害，以及对该现象有何防治方法		
小组序号				
角色	姓名	任务分工		
组长				
组员				
组员				
组员				
组员				
序号	步骤	分析	结果记录	评价
1				
2				
3				
4				
结论				
评语				
日期				

7.2.7 课后作业

1．单选题

下列选项不可用来抵制网络谣言的是（　　　）。

A．加强自我学习，增强辨别谣言、抵制谣言的能力

B．保持清醒的头脑

C．提高判断能力

D．觉得消息有道理就顺便转发

任务 7.2 参考答案

2．多选题

（1）网络谣言的基本形式和套路有（　　　）。

A．爱心慈善类谣言

B．社会安全性谣言

C．生活常识类谣言

D．恶意营销类谣言

（2）下列选项可能是网络谣言产生的原因的有（　　　）。

A．网络推手和网络水军的推动

B．科学知识的欠缺

C．社会信息管理的滞后

D．商业利益的驱动

3．简答题

简述网络谣言的主要特性。

任务 7.3　防治网络交友诈骗

诚实守信是中华民族的传统美德，也是社会和谐有序运转的润滑剂和黏合剂。网络世界是亿万民众共同的精神家园。在互联网时代，诚信是社会发展的基石，也是网络空间天朗气清的基础。"人无信不立，业无信不兴，国无信则衰。"由于虚拟性和不可控制性的存在，网络世界中表现出来的诚信问题越来越多，这些问题也越来越受到社会各界的普遍关注。

网络交友已经成为中国网民互联网生活的重要组成部分。中国的网络交友规模已超过一亿人。网络上比较流行的交友方式有 QQ 聊天交友、微博交友、微信交友、论坛交友、聊天室交友，还有专业的交友网站等，但是网络交友过程中存在欺诈、冒用他人身份，伪造虚假身份等不实行为。网络交友的虚拟性也使其存在大量的失信问题。

7.3.1　任务情境

【情境 1】（生活情境）家住山东省菏泽市牡丹区的小磊（化名）30 岁出头，事业有成。小磊在一个婚恋网站注册了账号，希望通过这种途径找到另一半。当年 2 月，小磊查看自己的账号时，发现了一名女子的留言。经过初步交流，双方加为微信好友。在聊天中，对

方自称家住牡丹区，经营一家美容院，并把照片发给小磊。小磊看对方长得漂亮，家又在菏泽，便决定与其深入交流。之后，两人虽然仅限于微信交流，但对方却在朋友圈晒出小磊的照片，还称他为"老公"，这让小磊心花怒放。

刚认识 3 天，小磊看到对方发朋友圈称自己生日到了，爷爷却不幸去世。为让对方开心，小磊连续向其发送金额不等的多个红包，这使两人的关系飞速升温。几天后，对方称家里要为爷爷发丧。此时，小磊已将对方当成了自己的女友，便转账 1 万元以示诚意。在之后的聊天中，对方总会有意无意地透露美容院周转困难。小磊深知创业不易，每次都向对方转账数千元，希望帮其渡过难关。更让人匪夷所思的是，对方只要在聊天中说一句"我爱你"，小磊便向对方转账 520 元或 521 元；而如果对方说出"我一生一世爱你"，小磊就向对方转账 1 314 元，每次都是转账数笔。几个月下来，小磊共向对方转账 10 万余元。

和对方的交流让小磊有了"热恋"的感觉，然而"幸福感"在 8 个月后戛然而止。小磊和对方交往是为了结婚，但两人并未从虚拟世界走向现实。当年 10 月底，小磊再次提出见面，遭拒后，两人发生争吵。当小磊再次和对方联系时，发现自己已被拉黑。

联系未果后，小磊感觉自己被骗了，于 12 月底到菏泽市公安局牡丹分局网安大队防诈骗中心报警。

据办案民警介绍，经过多方侦查，民警发现小磊所谈"对象"不在山东而在河北。辗转多地侦查后，民警在河北省邯郸市将犯罪嫌疑人王某抓获。让人大跌眼镜的是，王某竟是一名男子。

据王某交代，他以女性的身份在那家婚恋网站注册了账号，和小磊取得联系后，得知其家住菏泽，为套近乎便谎称自己家住牡丹区，并在网上搜索了相关信息。同时，为显示家里有钱，他还搜索豪车、豪宅的照片欺骗小磊。王某坦言，没想到小磊那么好骗，随着骗到的钱越来越多，他甚至都不敢接小磊的转账了。

【情境 2】（生活情境）近期，广州市公安局白云区分局一举打掉 3 个假冒"美女服装设计师"进行电信网络诈骗的团伙，抓获涉案嫌疑人 73 名，涉案金额达 600 万元。

该团伙在微信上冒充"美女服装设计师"添加男青年为好友，通过发展"网恋"关系索取红包，并以去欧洲参加服装设计大赛为借口，骗取男青年高价购买所谓"私人订制时装"，进行诈骗牟利。

广州市公安局白云区分局刑警大队何警官告诉南方都市报记者，嫌疑人先购买大量的微信小号，在微信群里大量添加好友，"主要针对 20～35 岁的青年男性"。

为了快速让男青年"上钩"，嫌疑人会事先准备好一系列"美女"自拍照片和小视频等素材，包括美女模特的健身、下午茶照片及"服装设计师"的工作照片等，伪装成"美女服装设计师"的形象。

随后，嫌疑人便按照"剧本"向男青年定时推送相关照片。"例如，刚认识两天左右时间，会给事主发自拍照，到了认识的第 4～5 天，嫌疑人就会说生病了，给男青年发在医院里打吊针的照片，博取同情"。据何警官介绍，获取了男青年的同情后，"美女服装设计师"便称，有闺蜜来探病时表示希望能帮她完成服装设计参赛方案。"美女服装设计师"这时会咨询男青年："你是男生，你们喜欢什么颜色和款式的衣服？"

"这个时候男青年一般会发表几句自己的看法。"何警官说。巩固了和男青年的感情后，"美女服装设计师"会告诉男青年："你为我提供的灵感和创意让我在欧洲的服装设计大赛上拿奖了，我帮你设计一套私人订制的衣服吧！"

设计是免费的，但衣服面料得男青年出钱买。"国产面料"500 元，"进口面料"700 元，"高级面料"则需要上千元。

发展到这一步，基于对"网恋女友"的信任，男青年可能会支付面料费用。此时，"美女服装设计师"会以配套裤子、鞋子为由进一步诱导男青年转账。

"经查明，嫌疑人寄送给事主的衣服成本只要 30～80 元。"何警官总结了这类以"美女服装设计师"为幌子的诈骗犯罪活动，几乎就是一个 15 天"养成术"——前 10 天巩固感情，后 5 天实施诈骗，每一步都是嫌疑人精心设计的。

"我们抓获的嫌疑人绝大部分都是男的，也就是说，在网上搞网恋骗钱的所谓美女，很多都是男的。"据他介绍，此类诈骗一次性诈骗金额虽然不多，但嫌疑人设计的剧情和话术通常能够直击人心，精准把握男青年的心理。

7.3.2 学习任务卡

本任务要求通过情境分析，理解网络交友诈骗的概念、产生原因及如何防治网络交友诈骗。请参照"防治网络交友诈骗"学习任务卡（见表 7-7）进行学习。

表 7-7 "防治网络交友诈骗"学习任务卡

学习任务卡			
学习任务	防治网络交友诈骗		
学习目标	（1）理解网络交友诈骗的概念、分类 （2）了解网络交友诈骗的表现形式及基本特征 （3）了解网络交友诈骗的社会危害 （4）理解网络交友诈骗的产生原因及如何防治网络交友诈骗		
学习资源	P7-3　防治网络交友诈骗　　　　　　V7-3　防治网络交友诈骗		
学习分组	编号		
	组长		组员
	组员		组员
	组员		组员
学习方式	小组研讨学习		
学习步骤	（1）课前：学习网络交友诈骗的概念和内涵特征 （2）课中：小组研讨。围绕 7.2.1 节中的情境 1～情境 2，研讨网络交友诈骗产生的原因及如何防治网络交友诈骗 （3）课后：完成课后作业		

7.3.3 任务解析

结合情境和学习任务，首先明确 7.3.1 节中的任务情境是否体现了网络交友诈骗现象、网络交友诈骗的概念是什么；其次，了解网络交友诈骗给当事人带来了怎样的危害；再次，了解为什么会出现这样的诈骗行为；最后，理解如何防治网络交友诈骗。

1. 网络交友的定义

网络交友是通过互联网平台结识朋友的方式。网络交友因其可以异地开展文字、音频和视频聊天，无须面对面地处在一起，而较其他交友方式更加经济、安全、健康。但与此同时，网络交友的虚拟性也让其存在大量的失信和诈骗问题。

2. 网络交友诈骗常用伎俩

1）花篮诈骗

花篮托与网友联系之后便与对方确立恋爱关系，骗取对方的信任；取得对方的信任后，就会以公司开业、店面开张为由，要求对方献花篮（或类似物品），让对方给自己账户汇款。

诈骗特点：

（1）花篮托以伪装 30～50 岁的声称事业有成的男性，或称自己情感波折、望寻求可靠终身伴侣的女性为主。

（2）借婚恋交友的名义频繁联系，急于与对方建立初步关系。

（3）使用各种亲昵的方式骗取对方的初步信任。

（4）寻找各种理由拒不见面。

（5）可能找来所谓的"亲属"使对方对其继续信任，甚至向"父母"禀明婚事，借"父母"给对方打电话来确定更进一步的关系。

（6）得到信任后，就会以公司开业、店面开张或当地风俗为由，要求对方献数量多且价格昂贵的花篮、牌匾或其他礼物，只给个账号就要求对方汇款。

实际案例：

刘女士在网上注册发布了征友启事。不久，一个姓黄的男人和她取得联系，自称是深圳人，开了一家家具厂，并且妻子出车祸去世两年了，希望能在网上找到另一半。据他所说自己的父母、哥哥、妹妹、女儿都在香港。此后，黄某经常给她打电话发信息，没过多久就开始以"老婆"称呼她了。

很快，黄某在电话中提到，他在深圳的新店铺要开张了，父母都从香港过来参加开业庆典，他父亲希望刘女士能以儿媳妇的身份订花篮庆祝开业。黄某还告诉刘女士，他的哥哥、妹妹都送了 12 个花篮，希望她也订 12 个。经过思考，刘女士答应了。后来，刘女士按照对方给的"花店"电话号码打过去。"花店的伙计"称，黄某的爸爸、妈妈也来订了花篮。随后，她就把自己整整一年的工资 2 万多元打到"花店"给的银行账号上。中午，黄某说收到花篮了，"很开心"。但几天后，黄某所有的电话都打不通了，"花店"的电话也处于"关机"状态。这时候，刘女士才意识到自己被骗了。

2）吧托诈骗

吧托会诱使网友与其见面，随后将网友带至不知名的酒吧、饭店或其他娱乐场所，与不良商家勾结欺骗敲诈网友。

诈骗特点：

（1）吧托多为女性（或男性冒充为女性），其照片有明显的修饰痕迹，行骗目标多为男性。

（2）女性主动发信息或第一次回信息中就带有联系方式，或者直接索要对方联系方式（手机号、QQ 号或微信号等）。

（3）取得联系之后，马上要求约会见面。

（4）寻求各种理由指定某不知名酒吧、饭馆、娱乐场所作为见面地点。

（5）被指定地点的饮料、酒水或食品价格极其昂贵或者无酒水单、点菜单。

（6）吧托很热情并大部分由其点单，会点高级酒水、果盘等，以次充好牟取暴利。

（7）随着聊天进度，吧托可能多次点单并邀请几位朋友来玩。

（8）消费完不久，吧托以接电话或有事等借口消失。

（9）一次消费在几百或数千元不等。

实际案例：

26 岁的小张是江宁人，他最近和一个女网友聊得甚是投机。对方主动提出见面。7 月下旬的一天，两人约好在东山街道一家咖啡餐厅内见面。在结账时，小张傻眼了，他没想到就点了那么点东西竟然要 2 800 多元，只得硬着头皮付了钱。

类似的警情不断，而目标都指向了这家咖啡餐厅。经查，该餐厅老板专门招募了"键盘手""酒托女""传号手"及保安、收银员等 20 余人。"键盘手"均为男性，主要负责上网冒充年轻女子引诱男网友，语言露骨，挑逗性强，一步步将男网友诱进自己精心构筑的"温柔陷阱"。在获取男网友的电话和姓名后，"键盘手"会将这些信息传给"传号手"，"传号手"再通知"酒托女"前去见面。在消费过程中，"酒托女"看准时机，约上其他"姐妹"加大消费力度。"酒托女"和"键盘手"等人均能获得不同比例的提成。完成业务量的"酒托女"月收入能够达到 5 000~6 000 元。

3）警惕投资理财

此类骗子往往通过网络寻找收入尚可的白领作为目标，在交流后称自己是海外证券、投资或大型公司内部员工，可以以低投入得到高额的报酬，而实际是为了骗取他人大量经济财产。

诈骗特点：

（1）骗子多称自己是证券公司、投资公司等内部人员，其行骗目标为有一定经济能力的白领。

（2）骗子利用虚假 IP 地址、英文邮件等取得对方初步信任。

（3）联系不久，骗子即开始炫耀自身投资获利丰厚，希望和对方一起进行投资。

（4）承诺对方事先支付一笔费用后可获得数量可观的佣金。

（5）如果对方起疑，则骗子会通过提供虚假身份证、海外电话号码、伪造相关证件等方式博取信任，要求对方汇款。

（6）以交税、分红缴款等借口继续敲诈，或以对方获得不正当收入作为威胁继续敲诈。

实际案例：

李小姐在某婚恋交友网站登记注册。一名叫"黄光酿"的男子主动找她聊天，该男子自称 35 岁，江西人，目前在香港一家六合彩公司上班。他对李小姐表现出了极大的热情，急于确定恋爱关系。在 QQ 聊天、短信、电话等轮番"轰炸"下，李小姐对该男子渐渐卸下防备。"他首先了解了我的经济条件，然后不断描绘未来两个人在一起的生活场景，让我渐渐动心。"李小姐说,事后她才觉得,骗子似乎每一步都策划周密。

联系了两个月后,该男子表示赛马会公司要打击中国内地的非法庄家,需要拿出大笔资金下注,他从 10 个内部名额中争取到了一个,李小姐只用投入 1 万元,就可以获得 10 万元的高额回报。该男子还许诺,只要赚到钱,就带李小姐去见父母确定婚期。在该男子的花言巧语下,李小姐在 4 天时间里,根据该男子提供的不同账户,分 5 次汇去 158 000 元。之后,该男子就杳无音讯了。

李小姐回忆说,在两个月中,他们只是相互交换照片,没有见面。一次他们发短信聊天时,该男子发来一条短信:"她还在怀疑我"。她当时觉得有点奇怪,可是她的疑虑还是被该男子三言两语化解掉了。现在她回想起来,觉得可能是骗子和他的团伙正在商量如何骗她,不料发错了短信。

4)警惕借贷诈骗

这类骗子首先假借交友的名义与他人联系,用尽心思编造各种谎言骗取对方的信任,之后以种种借口向对方借款,随后即中断联系。

诈骗特点:

(1)男性骗子一般冒充成功人士或海归人士,女性骗子一般冒充家境贫寒、艰苦生活的学生。

(2)编造自己家庭情况或频繁联系以取得对方的基本信任。

(3)一般只通过网络或电话与对方交流,要求汇款而不见面。

(4)编造不同的借口博取对方的同情心并索要钱财,主要有以下几种借口。

①年轻女孩声称没钱上学,寻求经济援助。

②男性冒充海归人士,声称患病或受到政治迫害,向女方借大量金钱。

③女性声称父母或家人患病或突遇事故,急需医治,向对方寻求帮助。

④男性冒充老板,声称资金周转不足或钱包丢失,向女性借取钱财。

⑤在约会过程中,打电话谎称途中发生车祸,要对方把钱打到自己卡上。

⑥以不便充值为理由,要求对方汇款、充值话费等。

实际案例:

晓岚在某聊天室结识了自称是飞行员的朱翔,短短 10 分钟的聊天让晓岚觉得朱翔是个风趣幽默的人,于是双方交换了手机号。第二天,朱翔即给晓岚发来短信说上班的时候想到她,问候一下,这让晓岚心中顿时感觉很温暖。随后两人通过短信、电话联系,很快"熟悉"起来。

几天后,朱翔突然给晓岚打电话说他在外地出差时车出了问题需要修理,让晓岚汇 600 元。当晓岚询问他为什么不找同事汇钱的时候,他以"不方便让同事知道"为由搪塞过去。晓岚认为 600 元也不多,便给朱翔汇了过去。朱翔又说刚才给的账号所属的银行卡消磁了,让晓岚往另一个账号再转一次。晓岚也照做了。

两天后,朱翔与晓岚见面了。朱翔提出写个借条,晓岚认为没有多少钱,就没有向朱翔要借条。这次见面仅用了 5 分钟,朱翔即以有事为由离开了。

又过了两天,朱翔向晓岚说自己的父亲被诊断出晚期癌症,在电话里痛哭流涕。第二天中午,朱翔打来电话问晓岚能不能再借他一些钱,晓岚想到昨天朱翔的痛哭,就把自己将要买车的钱取了出来借给朱翔。随后,朱翔以父亲的病情为由不断向晓岚借钱,晓岚出于"帮助朋友"的心理先后20多次向朱翔转账共计20多万元，其中还有向自己的好友借的钱。直到晓岚的朋友和同事提醒她，她才把这件事告诉了父母。晓岚的父母立即报警。晓岚终于醒悟到自己被骗了。

民警通过进一步审查发现，朱翔在网上不仅自称"优秀飞行员"，还曾多次以别的面目诈骗。2003年，他自称是特警队长（购买了假的特警服），说能帮人解决工作问题，想找个清纯的女友，便将蓟具农村年仅21岁的小燕（化名）骗得服服帖帖，从其手中骗走"工作介绍费"12万余元，致使小燕一家陷入巨额债务中，小燕甚至几次想要自杀。随后，另几名受骗女青年也相继报案，她们各被朱翔骗走数万元。经审查，朱翔已从网上骗走近80万元。

3. 预防网络交友诈骗要点

（1）遇到非常热情、联系时间很短就主动要求确立情侣关系的人，我们需要提高警惕；对方提出自己的公司开业、店面开张，要求我们汇款时，立即断绝联系。

（2）男性遇到女性主动联络，并在沟通过程中十分积极主动，当日或很快就提出见面的情况时，须提高警惕；与对方首次见面尽量选择人多的酒吧、咖啡厅或饭馆；如果不慎被骗到黑酒吧、咖啡厅，结账时发现价格过高，则可以去洗手间等为由拨打电话报警。

（3）请勿相信对方任何未曾见面即要求汇款或充值的理由，即便与对方见面后，对于涉及金钱往来的事情，也须格外小心。

（4）结识异地网友时，如果对方称自己要坐飞机来见面，但在机场被扣寻求帮助，则一定要提高警惕，可以让对方寻找当地朋友帮忙；拨打对方地区114查询对方提供的电话号码真伪。

（5）不要相信任何所谓"内部消息"，不要委托他人进行投资理财；对于炫耀自身投资获利丰厚的人，我们需要提高警惕。

网络交友骗局多数并不高明，如果我们能谨守"三不"原则，则能避免受骗。"三不"原则如下。

（1）不泄露。网络世界虚虚实实、真真假假，在网聊时我们一定要有戒心，不要过度透露自己的信息，以免给对方可乘之机。

（2）不轻信。交友软件里有满屏的优质交友资源，我们要对自己有充分的认识，一旦遇到美女、帅哥、意中人主动搭讪时，要警惕，不要冲动，不要盲目乐观，也不要因面子问题而百依百顺，要牢记天下无免费的午餐。

（3）不转账。这是预防交友诈骗的安全阀。诈骗最终的目的都是为了钱，因此我们要为自己设一道安全阀，在网聊中一旦触及发红包、借钱、转账等关键词，就立即进行自我警示，要多点理性、少点感性，多点抠门、少点大方。

网络安全重在防范，一旦发现被骗，我们要在第一时间联系银行、支付机构，采取相应应急措施，同时向当地警方报警。

7.3.4 视野拓展

《刑法》第二百六十六条规定：诈骗公私财物，数额较大的，处3年以下有期徒刑、拘役或者管制，并处或者单处罚金；数额巨大或者有其他严重情节的，处 3 年以上 10 年以下有期徒刑，并处罚金；数额特别巨大或者有其他特别严重情节的，处 10 年以上有期徒刑或者无期徒刑，并处罚金或者没收财产。本法另有规定的，依照规定。

《最高人民法院、最高人民检察院、公安部关于办理电信网络诈骗等刑事案件适用法律若干问题的意见》规定：根据《最高人民法院、最高人民检察院关于办理诈骗刑事案件具体应用法律若干问题的解释》第一条的规定，利用电信网络技术手段实施诈骗，诈骗公私财物价值 3 000 元以上、3 万元以上、50 万元以上的，应当分别认定为《刑法》第 266 条规定的"数额较大""数额巨大""数额特别巨大"。2 年内多次实施电信网络诈骗未经处理，诈骗数额累计计算构成犯罪的，应当依法定罪处罚。下面以几个案例为例进行分析。

案例 1：嘘寒问暖是假、骗取钱财是真。

以为是爱情来敲门，不料却是竹篮打水一场空。甲女是一名微商，某天陈某通过"附近的人"搜索添加甲女微信。甲女心想多加人可以增加潜在客户，遂通过了其好友申请，她不知道这让自己一步步落入了对方编织的美丽"陷阱"。

陈某隐瞒自己已婚的事实，谎称单身并用假名与甲女谈起了恋爱，无微不至地关心和甜言蜜语迅速使甲女沦陷。随着两人"感情"的日渐升温，取得甲女信任的陈某开始编造自己有多处工程，找甲女借款。经济并不宽裕的甲女信以为真，为陈某四处贷款还办理了两张信用卡，先后借给陈某 25 万余元。

直到陈某长期无力偿还贷款，甲女方才意识到自己可能被骗。公安机关调查发现陈某已经结婚，所谓的工程项目也是子虚乌有，所借的钱款都被其用于六合彩赌博及日常开销。法院审理后认为，陈某以非法占有为目的骗取他人财物，数额巨大，构成诈骗罪，依法对陈某判处有期徒刑 6 年 6 个月，并处罚金人民币 20 000 元。

案例 2：以交友为名、诱导投资博彩。

嘘寒问暖还介绍"挣钱"门路，未曾谋面就情根深种，这都是骗子的诈骗套路。花季少女乙在某社交平台与山东男子吴某相识，在长期交往中，吴某通过平台将自己打造为"成功人士"。乙女被深深地吸引，因此对吴某深信不疑。

取得乙女信任后，吴某虚构自己在南京承建了某高速路项目、投资整形美容医院、开设博彩俱乐部等，以高额利润或者分红吸引乙女投资，并将各类视频转发给乙女，以证实投资的真实性。乙女前后数次投资达 15 万余元。

乙女发现被骗后多次讨要投资款。吴某通过 PS（Adobe Photoshop，图像处理软件）伪造已向其转款的流水继续蒙骗。其实该款早已被吴某用于购物、挥霍。庆幸的是，案发后吴某家属代其将骗取的钱全额退赔给乙女。后经法院审理，吴某构成诈骗罪，被依法判处有期徒刑 3 年，并处罚金人民币 5 000 元。

案例 3：网上交友须谨慎、警惕网络"林妹妹"。

近期，泰州市海陵区人民法院依法审判了一件源于网上交友的诈骗案，网络那头的"林妹妹"竟是一位 12 岁孩子的母亲。

某日，王某在网络游戏上遇到了一位拥有海归背景、父母长期在国外生活的单身金融女孩"莫南"。拥有曼妙身材、精致长相的"莫南"一下子就俘获了王某的"芳心"。王某表示与"莫南"相见恨晚，恨不得立即将自己的全部献给网络那头率真可爱的她。之后，他们迅速发展为男女朋友。

王某开始了甜蜜、疯狂的恋爱：1分钟联系不上"莫南"就会急着从江苏打车到湖北，动辄就是金额1314元、520元、999元的红包，光是赠送游戏装备就为她充值了6万元……当"莫南"表示，自己想摆脱对父母的依赖独自创业时，王某毫不犹豫地转账21万元。

在王某与"莫南"的聊天记录中可以看到：王某曾从江苏赶到湖北，因"莫南"一句"我到江苏了"而立马转头回江苏找她，到了江苏之后又被她一句"没见到你，我回家了"给糊弄住了。

直到王某提出的见面请求被对方一再拒绝，他才慢慢醒悟过来，开始怀疑对方的身份。最后，王某到泰州市海陵区公安分局报案。经海陵区公安分局对案情的调查、证据的搜集，真相终于大白——网络那头的"莫南"，其真实身份是在湖北襄阳从事个体经营工作的已婚女士但某某，她还是一个有12岁孩子的母亲。

在事情败露后，但某某表示认识到了问题的严重性，将62.5万元全数退还给被害人，取得了被害人王某的谅解，她在庭审中当庭表示认识到行为的违法性，请求法庭给其改过自新的机会。

泰州市海陵区人民法院经依法审理，认定被告人但某某以非法占有为目的，采用虚构事实、隐瞒真相的方法，骗取他人财物，数额巨大，其行为已构成诈骗罪，依法判处被告人但某某有期徒刑3年，缓刑3年，并处罚金人民币10万元。

网络交友诈骗如图7-3所示。

图 7-3　网络交友诈骗

7.3.5　任务演示

结合7.3.3节中的任务解析，针对7.3.1节中的情境1，从网络交友诈骗是什么、为什么会产生网络交友诈骗及如何防治网络交友诈骗3个方面进行分析，分析过程主要分为4个步骤。

【步骤1】以7.3.1节中的情境1为例，根据7.3.3节中的任务解析进行分析，如表7-8所示。

表 7-8　任务分析表

任务情境	情境分析
是什么	情境体现了什么现象，给当事人带来了什么危害
为什么	情境中网络交友诈骗产生的原因是什么
怎么做	如何预防情境中的网络交友诈骗现象

【**步骤 2**】在情境 1 中，小磊所谈"对象"王某不在山东而在河北，且是一名男子。他以女性的身份在婚恋网站注册账号和小磊取得联系后，得知其家住菏泽，为套近乎便谎称自己家住牡丹区，并在网上搜索相关信息。很显然，该情境体现了网络交友诈骗现象。这给当事人带来经济损失的同时，也给其精神造成了一定的创伤。

【**步骤 3**】从情境 1 可以看到，网络交友诈骗的成因包括几个方面，首先是网络交友的特殊性。网络的虚拟性使骗子可以随意编造自己的个人基本信息，同时使人们在生活过程中所积累的对人的基本判断的经验失去了作用；网络的隐匿性使人对交往的对象产生神秘感。其次，交友网站的诚信管理机制尚未成熟。一方面，网站对会员提交的各种资料缺乏有力的认证措施；另一方面，受害人受骗后，往往因涉及隐私，尤其是女性因碍于面子或其他种种原因而不愿去报案，使骗子长期逍遥法外，这增加了犯罪行为的发生概率。再次，受害人自我保护意识不强。对方只要在聊天中说一句"我爱你"，小磊就向对方转账 520 元或 521 元；而对方如果说出"我一生一世爱你"，小磊就向对方转账 1 314 元，每次都转账数笔，从而使骗子屡屡得手。最后，受害人没有正确的价值观和爱情观，在对待爱情上过于浪漫，不能正确认识现实情况。

【**步骤 4**】预防网络交友诈骗，首先，要保持良好心态，学会自我保护；其次，要强化网络管理，加强法律宣传；最后，要学会分析原因，抓住弱点，识破诡计。

7.3.6　任务实战

请填写任务操作单，如表 7-9 所示。

表 7-9　任务操作单

任务名称	防治网络交友诈骗			
任务目标	（1）思考和讨论情境 2，明确该情境体现了什么现象 （2）明确该现象产生的原因、其给当事人带来什么危害，以及针对该现象的防治方法			
小组序号				
角色	姓名	任务分工		
组长				
组员				
组员				
组员				
组员				
序号	步骤	分析	结果记录	评价
1				
2				
3				
4				
结论				
评语				
日期				

7.3.7 课后作业

1. 单选题

预防网络交友骗局可遵循"三不"原则，以下选项未体现该原则的是 任务 7.3 参考答案
（　　）。

A．不交友：网络交友完全不可信

B．不泄露：不过度透露自己信息

C．不转账：网聊中一旦触及转账等关键词就立即进行自我警示

D．不轻信：对自己要有充分认识，不盲目乐观

2. 多选题

（1）网络交友诈骗的常见表现有（　　）。

A．与网友联系之后便着急与对方确立关系，骗取对方的信任

B．与网友联系不久即开始炫耀自身的投资获利丰厚，希望一起进行投资

C．诱使网友与其见面，随后将网友带至不知名的酒吧、饭店或其他娱乐场所

D．一般只通过网络或电话交流，要求汇款而不见面

（2）下列选项可用来预防网络交友诈骗的有（　　）。

A．不相信任何所谓"内部消息"去委托他人进行投资理财

B．对方提出自己的公司开业、店面开张要求汇款时，立即断绝联系

C．与网友首次见面尽量选择人多的酒吧、咖啡厅或饭馆

D．勿相信任何未曾见面即要求汇款或充值的理由

3. 判断题

在网络交友诈骗案例中，大多数受害者都是被诈骗分子的花言巧语与表面行为所迷惑，并未认真核实其真实身份。　　　　　　　　　　　　　　　　　　　　（　　）

项目 8　互联网心理健康

学习目标

知识目标
（1）了解沉迷网游的诊断标准和危害。
（2）了解沉迷网购的定义与日常表现。
（3）了解网络交际成瘾的定义、表现和原因。

能力目标
（1）掌握防治沉迷网游的方法和步骤。
（2）掌握防治沉迷网购的方法和步骤。
（3）掌握防治网络交际成瘾的方法和步骤。

素质目标
（1）培养小组分工协同意识。
（2）通过学习、研讨和分析，培养健康的互联网心理状态。

任务 8.1　防治沉迷网游

在互联网时代，我们比任何时候都更渴望受到关注，但也比任何时候都懒散和低效：个体沉迷于网络世界，过分沉迷网络游戏（见图 8-1）、网上交友等活动，将网络交际作为主要人际交往方式，从而出现丧失现实交往能力、现实社会感知能力退化等现象，最终对学习、工作乃至其身心造成消极影响。

2021 年 7 月，中国互联网络信息中心发布的《2020 年全国未成年人互联网使用情况研究报告》显示，我国未成年网民规模为 1.83 亿，其中把玩游戏作为主要休闲娱乐类活动的未成年网民超过 60%。报告显示，未成年网民规模持续增长，触网低龄化趋势更为明显。超过 1/3 的小学生在学龄前就开始使用互联网，且其人数呈逐年上升趋势。随着数字时代的发展，孩子们首次触网的年龄越来越小。

图 8-1　沉迷网络游戏

8.1.1　任务情境

【情境 1】（学习情境）肖某是一名大三的理科男生，家庭经济情况较好，他在大学一年级就携带笔记本计算机到学校。在宿舍开通网络后，他经常在宿舍上网不去上课，偶尔去上课也心不在焉。辅导员经常找他谈话，但是他表示对自己的将来没有打算，没有学习的愿望，对什么事情都无所谓。辅导员鼓励他努力学习和参加班级活动。但是该生自由散漫，将所有的心思都放在网游上，根本不愿意与游戏之外的人交流，仅有的几个朋友也是游戏中认识的。在学校和该生父母的协商下，决定让该生休学，回家调整生活及精神状态。

【情境 2】（学习情境）王强（化名）2022 年以优异成绩考入北京某重点大学。刚到大学时，他充满了学习热情，但是后来他开始沉迷网游。在与同学和教师的交往中，他失去了中学时期的中心位置，感觉受到了冷落。但在网络中，他却交到了很多的朋友，与同学交流渐渐减少，性格变得内向，时有自卑感，情绪低落，甚至与家长对抗，学习兴趣下降，出现了一系列心理问题，并经常逃课、彻夜不归。经同学和班主任劝告，他在一段时间内停止玩网游，但出现周身不适、心烦意乱、易激动、上课注意力不集中、睡眠障碍等现象。后来他再次沉迷网络和游戏。网络已成为其逃避问题或缓解不良情绪的途径。

【情境 3】（生活情境）小帅是一名 17 岁的高中生，近段时间他迷上了网游，他的最高记录是连续游戏在线 15 天。在网游中，数以千计的游戏玩家同时在线游戏，或者一起结伴冒险，或者是在战斗中相互角斗。如果想在游戏中获胜，就必须从一个 1 级玩家升级成一个拥有足够装备、掌握众多技能的高级玩家。因此，小帅长时间坐在计算机前面打打杀杀，结果学业一落千丈。目前小帅正被家长送去心理治疗。

【情境 4】（学习情境）2012 年 4 月，某市 21 岁的男孩林某初中和高中都就读于重点学校，原本成绩很好，但自从在高中时掉进了网络游戏的深渊成绩一落千丈。本来可以考上重点大学的他，只压线考上外地的二本。在上大学期间，在脱离了父母和教师的管束后，他从进入大学开始，就终日沉浸在计算机前玩网游，因多门功课不及格而被中途退学。最后他发展到因没钱上网而偷拿家里的首饰等物品变卖。

在父亲不慎摔伤头部，医院两次下达病危通知书，父亲经历两次开颅手术的情况下，他竟然还跑去上网。甚至父亲病情加重，林某还离家出走了……林某平日在家也是房间紧闭，烟雾呛人；没法玩网游时，他就改玩单机游戏。网游已经让他失去亲情。

8.1.2　学习任务卡

本任务要求学生通过情境分析，理解沉迷网游的基本特征，掌握培养健康的互联网心理的方法，防治沉迷网络游戏。请参照"防治沉迷网游"学习任务卡（见表 8-1）进行学习。

表 8-1　"防治沉迷网游"学习任务卡

学习任务卡			
学习任务	防治沉迷网游		
学习目标	（1）理解互联网信息健康的概念及内涵 （2）了解沉迷网络游戏的常见表现 （3）了解沉迷网络游戏的心理特征 （4）理解沉迷网游的产生原因及如何防治沉迷网游		
学习资源	P8-1　防治沉迷网游　　　　V8-1　防治沉迷网游		
学习分组	编号		
	组长	组员	
	组员	组员	
	组员	组员	
学习方式	小组研讨学习		
学习步骤	（1）课前：学习互联网信息健康的概念 （2）课中：小组研讨。围绕 8.1.1 节中的情境 1～情境 4，研讨沉迷网游的表现特征、原因及如何防治沉迷网络游戏 （3）课后：完成课后作业		

8.1.3　任务解析

结合情境和学习任务，首先明确 8.1.1 节中的情境是否体现了沉迷网游的现象，沉迷网游的诊断标准是什么；其次，了解沉迷网游有哪些日常表现，有哪些危害；再次，了解为什么会出现网游成瘾的现象；最后，理解如何防治沉迷网游。

1. 沉迷网游的诊断标准

在《国际疾病分类》中，专门为"游戏成瘾"设立条目，并明确"游戏成瘾"的多项诊断标准。世界卫生组织表示，确诊"游戏障碍"疾病往往需要相关症状持续至少 12 个月，如果症状严重，则观察期也可缩短。

现行诊断沉迷网游的标准一共列出了 9 种症状，只有患者至少满足其中 5 项，我们才可考虑后续判断。

（1）完全专注于游戏。

（2）停止游戏时，出现难受、焦虑、易怒等症状。

（3）玩游戏时间逐渐增多。

（4）无法减少游戏时间，无法戒掉游戏。

（5）放弃其他活动，对之前的其他爱好失去兴趣。

（6）即使了解游戏对自己造成的影响，也仍然专注于游戏。

（7）向家人或他人隐瞒自己玩游戏的时间。

（8）通过玩游戏缓解负面情绪，如罪恶感、绝望感等。

（9）因玩游戏而丧失或可能丧失工作和社交能力。

2. 沉迷网游的日常表现

沉迷网游的日常表现包括无节制沉溺于网络游戏；因过度游戏而忽略其他兴趣爱好和日常活动；明知会产生负面后果却仍沉溺于游戏；整天窝在沙发上，眼睛紧盯着手机屏幕，手指快速移动，赢一把就喜不自胜，输了就骂骂咧咧；用罢学"威胁"父母，经常在家发脾气等。

3. 沉迷网游的危害

1）影响学习

毋庸置疑，玩网游会影响学生的学习。玩网游一旦上瘾会占用学生大量的时间。一些学生上课时因课程枯燥乏味而会想象游戏中的场景，假想自己在玩游戏。更有甚者，有的学生会打开手机玩游戏，置学习于不顾。这对学习的影响是非常大的，很容易使学生跟不上课程进度，并且还会影响其他学生的学习，产生连锁反应。

2）影响身体健康

玩游戏对身体的影响同样很大，无论是用手机还是用计算机玩游戏，都会有辐射，同时长时间盯着电子屏幕会对眼睛造成巨大的负担，使视力下降。还有一些学生喜欢去网吧通宵。网吧人员流动频繁，病菌传播更快，容易使学生生病。通宵玩游戏对学生身体与精力都会造成大量的消耗，影响青少年的正常身体发育。

3）影响社交能力

学校生活不仅只有学习，还有各种各样的社团活动，可以锻炼学生的交际能力、组织能力、动手能力。对于"游戏党"来说，在课余时间基本上不会参加社团活动，大多时间在玩游戏，这就会导致他们缺乏社交能力。

4）浪费金钱

目前大多数的网游都有充值入口，用来让用户花钱买更好的体验。部分学生便省吃俭用将父母给的生活费用来充值网游，为了一些虚拟数据滥用生活费，实在得不偿失。有些网游充值力度非常大，甚至出现学生盗用父母银行卡充值的现象。

4. 沉迷网游的原因

1）游戏本身的吸引力

网游一般制作精良，拥有精美的游戏画面、美妙的游戏音乐、真实的游戏人物、绚丽的游戏场景、实时互动的交流。这些组合在一起对青少年具有强烈的吸引力，容易引发他们的好奇心，带给他们被赞许、被承认的感受，并且网游会经常更新，不断带给他们新鲜感，不至于让他们很快就玩腻。

2）缺少家庭关怀

当今社会，生活节奏加快，生活成本提高，很多家长都忙于工作，很少与孩子交谈，这导致父母与子女缺乏共同语言，使家庭关系存在隔阂。这会让孩子产生一种自己不被重视的感觉。他们会在网游中寻找慰藉，久而久之便对网游产生依赖，沉迷其中。

3）娱乐缺失

在我国，学生在中小学阶段的有效娱乐时间明显少于发达国家，缺乏必要的放松与减压时间。在大学阶段，由于学习压力的减轻，部分学生可能会报复性地寻找曾经失去的娱乐时间，而网游自然成了已经度过童年的大学生的首选。

4）自制力差

青少年由于涉世未深，阅历尚浅，面对网络游戏的诱惑自我控制能力不足，很容易沉迷。当然，也不是所有学生自制力都差。同样面对网络游戏，自制力好的学生可能也会玩，但是不会沉迷其中，懂得自己当前的任务是学习，可以控制住自己的欲望，而自制力差的学生却会越陷越深，将学习放在一边，沉迷其中，难以自拔。

5. 如何防治沉迷网游

1）家庭方面

家长要多与孩子沟通，寻找共同话题，消除隔阂，给孩子一个融洽的家庭环境，让其感受到温暖。同时，家长要维持和睦的夫妻关系，不能在孩子面前吵架，否则容易影响他的情绪。家长也要多了解网络，了解网络游戏。网络游戏不是洪水猛兽，适当游戏可以放松身心，减轻孩子的学习压力。此外，父母应以身作则，帮助孩子养成长期学习的习惯，并积极引导孩子从小树立正确的人生观、价值观和世界观。

2）学校方面

学校要丰富学生的课余活动，减轻学生的学习压力，杜绝体育课被其他科教师占用的现象，引导学生参与团体活动，增强学生的交际能力、组织能力和动手能力；通过各种途径宣传科学上网的知识，引导学生正确使用网络；同时也要加强对课堂的监管，防止学生上课时间玩游戏。

3）社会方面

政府要加强对网络行业的监管，采用网络实名制，对网络内容进行分级；规范网吧的从业行为，禁止未成年人在网吧上网；利用互联网广泛宣传文明上网知识；对游戏厂商的游戏质量严格把关，禁止粗制滥造的游戏大量涌入网络。

4）自身方面

青少年要提高自身自制力，控制自己的欲望，明确自己现阶段的任务以学习为重。青少年要培养广泛的兴趣爱好，积极参加各种团体活动，增强自身的交际能力、组织能力、运动能力。青少年要多与父母沟通，消除隔阂，构建融洽的亲子关系和和睦的家庭环境，严格把控自己玩游戏的时间，理性消费。

8.1.4 视野拓展

1. 网络成瘾表现自测

我们可以仔细观察自己每天的状态，是不是经常感觉自己不是在使用互联网，而是被互联网所使用。网络成瘾表现自测如下。

（1）在碎片时间，刷今日头条。

（2）不定时逛逛淘宝，看下首页推荐和限时打折，反复地刷淘宝爆款，添进购物车，不一定买，但享受逛的过程。

（3）不定时逛逛朋友圈，刷完一遍又一遍。

（4）自己发了一条朋友圈动态，等待评论，1 分钟打开 2 次，看到一个个点赞的红爱心，内心充盈，看到一个小红标，即刻回复，就像自己要错过航班一样。

（5）到哪里吃饭或旅游，第一件事情就是询问免费 WiFi 密码是多少，不连上不安心。

（6）中午午睡前、晚上睡觉前，打开短视频软件，一刷就是 1 小时，不刷短视频都睡不着觉，刷起短视频时间又不知不觉地流逝。

国外一项研究发现，一个普通人每天大约要查看自己的手机 85 次，每天有大约 5 小时的时间花在互联网和 App 上。这实际上占去了一个人 1/3 的清醒时间。

研究还发现，大多数人没有意识到自己在手机和网络上花费了如此多时间。专家认为，这属于轻微"上瘾"的症状。

另一项研究对一些 16～25 岁的年轻人进行有关手机在他们生活中重要性的调查，结果发现，当手机被拿走后，仅仅几个小时，这些年轻人就开始出现焦躁不安和沮丧的情绪。如果给他们其他手机替代一下，则这种焦躁情绪会有所缓解。

其实真正活得精彩丰富的人，并不需要通过互联网社交来评定自己。我们的快乐和生活不需要这么多人的认可，不需要靠他人的点赞来寻求满足感。你加了哪位大神的微信号，看得了谁的朋友圈，并不能让你和那个人产生真实的交流。要想被接纳，要想融入真正的社交圈，你应当把自己经营好。在圈外好好享受生活，画画也好，跳舞也好，旅游也好，做菜也好，唱歌也好，玩滑板也好，尝试不同新鲜的事物也好，不需要通过互联网频繁的点赞，你也会通过别的途径被别人找到，做互联网和手机的真正主人。

2. 政府防止未成年人沉迷网游的相关规定

一段时间以来，未成年人过度使用甚至沉迷网游的问题突出，对未成年人的正常生活、学习和健康成长造成不良影响。对此，社会各方面特别是广大家长反响强烈。

为进一步严格管理措施，坚决防止未成年人沉迷网络游戏，切实保护未成年人身心健康，2021 年 6 月 1 日起，新修订的《中华人民共和国未成年人保护法》正式施行，开启了未成年人网络保护的新篇章。

2021 年 8 月 30 日，中华人民共和国国家新闻出版署印发《国家新闻出版署关于进一步严格管理切实防止未成年人沉迷网络游戏的通知》，要求各省、自治区、直辖市新闻出版局，各网络游戏企业，有关行业组织自 2021 年 9 月 1 日起施行本通知。

（1）严格限制向未成年人提供网络游戏服务的时间。自本通知施行之日起，所有网络游戏企业仅可在周五、周六、周日和法定节假日每日 20～21 时向未成年人提供 1 小时网络游戏服务，其他时间均不得以任何形式向未成年人提供网络游戏服务。

（2）严格落实网络游戏用户账号实名注册和登录要求。所有网络游戏必须接入国家新闻出版署网络游戏防沉迷实名验证系统，所有网络游戏用户必须使用真实有效身份信息进行游戏账号注册并登录网络游戏，网络游戏企业不得以任何形式（含游客体验模式）向未实名注册和登录的用户提供游戏服务。

（3）各级出版管理部门加强对网络游戏企业落实提供网络游戏服务时段时长、实名注册和登录、规范付费等情况的监督检查，加大检查频次和力度，对未严格落实的网络游戏企业，依法依规严肃处理。

（4）积极引导家庭、学校等社会各方面营造有利于未成年人健康成长的良好环境，依法履行未成年人监护职责，加强未成年人网络素养教育，在未成年人使用网络游戏时督促其以真实身份验证，严格执行未成年人使用网络游戏时段时长规定，引导未成年人形成良好的网络使用习惯，防止未成年人沉迷网络游戏。

（5）本通知所称未成年人指未满 18 周岁的公民，所称网络游戏企业含提供网络游戏服务的平台。

8.1.5　任务演示

结合 8.1.3 节中的任务解析，针对 8.1.1 节中的情境 1，从沉迷网游的诊断标准、为什么会沉迷网游及如何防治沉迷网游 3 个方面进行分析，分析过程主要分为 4 个步骤。

【步骤 1】以 8.1.1 节中的情境 1 为例，根据任务解析进行情境分析，如表 8-2 所示。

表 8-2　情境分析表

任务情境	情境分析
是什么	情境体现了什么现象，其给当事人带来了什么危害
为什么	情境中沉迷网游的原因是什么
怎么做	如何避免情境中的沉迷网游现象

【步骤 2】情境 1 中的肖某沉溺于网络虚拟世界，为了上网费多次盗窃。根据沉迷网游的诊断标准和日常表现，该情境体现了沉迷网游的现象。

【步骤 3】情境 1 中的肖某主要是因缺少家庭关怀而逐渐沉迷网游。网络游戏精美的游戏画面、美妙的游戏音乐、真实的游戏人物、绚丽的游戏场景、实时互动的交流对肖某而言具有强烈的吸引力。

【步骤 4】防治沉迷网游需要从多个方面综合采取措施，包括家庭方面，需要给孩子营造一个温馨融洽的家庭环境；学校方面，需要丰富学生的课余活动，加强校园和课堂监管；社会方面，需要加强网络实名制，普及内容分级；青少年自身方面，需要多思考，培养青少年多方面兴趣，提高自身自制力。

8.1.6　任务实战

对照前面的情境 2～情境 4，结合自己所了解的沉迷网游的案例，明确沉迷网游的危害及如何避免沉迷网游，填写任务操作单，如表 8-3 所示。

表 8-3　任务操作单

任务名称		防治沉迷网游		
任务目标		（1）思考和讨论情境 2～情境 4，明确情境体现了什么现象 （2）明确该现象产生的原因、其给当事人带来什么危害，以及针对该现象的防治方法		
小组序号				
角色	姓名	任务分工		
组长				
组员				
组员				
组员				
序号	步骤	分析	结果记录	评价
1				
2				
3				
4				
结论				
评语				
日期				

8.1.7　课后作业

任务 8.1 参考答案

1.　单选题

下列选项中不属于游戏成瘾的症状表现的是（　　　）。

A．停止游戏时，出现难受、焦虑、易怒等症状

B．因为游戏而丧失或可能丧失工作和社交

C．放弃其他活动，对之前的其他爱好失去兴趣

D．学习或工作之余，偶尔玩一下

2.　多选题

（1）下列选项可能是游戏成瘾的原因的是（　　　）。

A．缺少家庭关怀

B．自制力差

C．中小学学习压力过大

D．游戏本身的吸引力

（2）下列选项可用来防止游戏成瘾的是（　　　）。

A．家长给孩子一个融洽的家庭环境

B．家长只需努力做好自己的工作

C．学校丰富学生课余活动，减轻学生学习压力

D．提高自身自制力

3．判断题

个体对人际关系变得敏感属于网络游戏成瘾的危害。　　　　　　　　　　（　　　）

任务 8.2　防治沉迷网购

8.2.1　任务情境

【情境 1】小张是一名普通公司职员，当某购物网站 2014 年对账单呈现在她面前的时候，她目瞪口呆，完全不敢相信自己一年网购的消费额竟然达到了 4.7 万元，这几乎是她一年的薪水！同是公司职员的小刘也是如此，光"双 11"一天，她就花掉了 8 000 多元。她每天到公司的第一件事，就是打开购物网站购物。家里的吃、穿、用大部分东西都是她在网上买的。对她来说，一天都离不开网购，有需要、没需要都要看几眼购物网站。等到下完订单付完款，她又开始紧盯物流进展，一天收不到快递包裹就浑身不自在。经常是买回来一堆东西，结果发现好多用不上，白白浪费时间和金钱。像小张和小刘这种情况的人不在少数。其实许多人明明已经察觉到了这种行为不正常，但仍不以为然，继续每天不亦乐乎地逛着、购着，深陷泥潭。

【情境 2】18 岁的武汉姑娘曹梦（化名）家境十分富裕，几年前被父母送到国外读高中，并于去年考入美国一所不错的大学。

开始大学生活后，由于平时比较闲，父母不在身边，又没有可以交心的好朋友，所以曹梦大多数时间是在网上度过的，尤其沉溺于网购，只要看到购物网站有打折信息，无论是品牌服饰还是化妆品，哪怕明知用不上，她都会忍不住买回来，否则就会觉得心里不舒服。

去年夏季，曹梦因成绩不佳而被学校劝退。回国后她心情一直不好，母亲埋怨她网购乱花钱并实施经济封锁，为此母女二人多次发生口角。从两个多月前开始，曹梦出现失眠、记忆力减退等症状。心急如焚的母亲带她到武汉市精神卫生中心就诊，被医生诊断为与网购相关的强迫症，俗称网购强迫症。经过一段时间的药物治疗和心理疏导后，曹梦情绪逐渐稳定，睡眠质量得到改善。

医生说："曹梦在国外时与人交流少，常感到空虚孤独，于是借助网购来宣泄情绪，久而久之产生了严重的网购强迫症。"网购强迫症的典型特点是强迫性地在网上购买一些东西，购买者只是非常享受购买的过程，而并不关心这个东西是否有用，并且自己难以控制这种购买冲动。

【情境 3】2019 年 11 月 6 日，江苏省苏州张家港市人民检察院对涉嫌挪用公款的田敏（化名）做出批准逮捕的决定。那么嫌疑人田敏到底挪用了公司多少公款？挪用公款的目的是什么？

据悉，25 岁的犯罪嫌疑人田敏被捕前系公司的财务。由于大学学的是会计专业，所以大学毕业后，她很快在苏州老家找到了一份专业对口的工作。田敏平时没有特别的爱好，唯独喜欢网购，化妆品、名牌包都让田敏爱不释手。

田敏出手非常阔绰，因此同事都以为她家境颇丰，是一个富二代；而母亲则以为女儿找到了一份高薪工作。他们不知道的是，田敏利用会计工作的便利，一直挪用公款用于网购。警方的调查清单显示，田敏购买的都是古董，如法国古董镜子、古董胸针、古董银套摆件，金额从 1 350 元到 55 800 元不等。试问一个普通的公司会计，仅凭每月的基本工资，如何能够消费得起这些动辄上万的古董呢？

纸终究包不住火，尽管田敏自以为将账目做得天衣无缝，但公司内部人员还是在一次查账中，意外发现资金缺口高达 200 多万元，种种迹象表明，会计田敏具有重大作案嫌疑。面对老板的询问，田敏只能拿出这些网购物。最终，田敏因挪用 200 万公款被苏州张家港警方抓获。苏州张家港人民检察院对其做出批准逮捕的决定。

8.2.2　学习任务卡

本任务要求学生通过情境分析，理解沉迷网购的概念、产生原因及如何防治沉迷网购。请参照"防治沉迷网购"学习任务卡（见表 8-4）进行学习。

表 8-4　"防治沉迷网购"学习任务卡

学习任务卡	
学习任务	防治沉迷网购
学习目标	（1）理解沉迷网购的定义 （2）了解沉迷网购的日常表现 （3）了解沉迷网购的危害 （4）理解沉迷网购的产生原因及如何防治沉迷网购
学习资源	P8-2　预防沉迷网购　　V8-2　防治沉迷网购
学习方式	小组研讨学习
学习步骤	（1）课前：学习沉迷网购的概念和内涵特征 （2）课中：小组研讨。围绕 8.2.1 节中的情境 1～情境 3，研讨沉迷网购产生的原因及如何防治沉迷网购 （3）课后：完成课后作业

8.2.3　任务解析

结合情境和学习任务，首先明确 8.2.1 节中的情境是否体现了沉迷网购的现象、沉迷网购的日常表现是什么；其次，了解沉迷网购会给当事人带来怎样的危害；再次，了解为什么会出现沉迷网购的现象；最后，学习如何防治沉迷网购。

1. 沉迷网购的定义

目前，沉迷网购并没有一个官方的统一定义。一般认为沉迷网购属于一种病态行为，如图 8-2 所示。网络购物虽然能够带来便利，但是也要讲究有效利用。沉迷网购其实和青少年沉迷于网络游戏和上网聊天的现象类似，指当事人在虚拟空间里难以把控自己。沉迷网购的人禁不住诱惑，会买一大堆用不着的东西，究其主要原因是他们平时生活、工作压力大，以网购作为发泄的途径。不可忽视的是，这种惯性行为会演变成一种"强迫行为"。因此，沉迷网购可以被看作"都市病"的一种。

图 8-2　沉迷网购

2. 沉迷网购的日常表现

据报道，有两种最新的网络成瘾正在困扰着越来越多的现代人：一是沉迷网购，二是信息收集瘾。沉迷网购有哪些表现呢？

（1）感觉自己根本不能停止网购。

（2）网购已经损害到了当事人的社交、工作或者经济状况。

（3）伴侣、家庭成员或者朋友都对此表示担心。

（4）无时无刻不在想着网购。

（5）如果不能网购，就会感到烦躁或者沮丧。

（6）会把买的东西藏起来，因为害怕其他人认为自己的行为是不可理喻的，或者害怕其他人认为自己浪费钱。

（7）网购过后总是有负疚感。

（8）因为沉迷网购，所以花在其他喜欢的事情上的时间变少了。

（9）经常买不需要的或者远远超出预算，甚至是根本买不起的东西。

3. 沉迷网购的原因分析

究竟是什么引起了沉迷网购？网购方便人们购物，是一种购买商品的手段，如果用户因此成瘾，就偏离了其原有的目的。

网购之所以会成瘾，很大原因是现代快节奏的工作让不少都市人的生活变得单调和乏味。一台联网的计算机、一部智能手机成为慰藉烦躁内心的工具，成为情绪的宣泄口，有些人用"买买买"来填满空虚的生活，甚至忽略了购买物品的必要性。

网购用工作之余的碎片时间就可满足用户购物的需求。沉迷网购者一开始是因网购方便、便宜而产生依赖。一般而言，网购商品会比实体店商品便宜一些，尤其是遇上双 11 这样的促销活动。网购方便、便宜这一特性的背后，显示的是人们体现自我价值的一种方式。人们将自己的能力感寄托、投射在购物的过程中，以此来满足自我成就感、价值感，如"会算""节省"等。

此外，虚荣心导致很多人无休止地追求"精致"也是沉迷网购的原因。一些人每天至少会发一条朋友圈，内容有文艺的图片，还有诗意的文字。朋友圈的画面里常常是最新款的手机、限量版的包、不重样的口红，定位也常常是在咖啡馆和去旅行的路上。但实际上，朋友圈中让人艳羡的生活背后却是对未来的无限制透支。他们的银行卡里没有存款，反而可能欠了很多钱。在《人民日报》中曾描述过这样一群人：

能买戴森吸尘器就不用扫帚了；

吃完牛油果又要吃藜麦了；

100 块钱一张的"前男友面膜"用起来也不心疼；

一有健身冲动，就非得去办张年卡。

不知什么时候，这样的生活标准成为"精致"的代名词。

曾经，"90 后女护士欠巨债被赶出家门"的新闻上了微博热搜。月薪 8 000 元的她，每月的消费却多达三四万元。这些钱全都花在了她所谓的精致生活里。出门一定要坐网约车，喝咖啡一定要喝星巴克；吃美食、泡酒吧，即使只有两天的假期也要飞过去打卡网红旅行地……

一次次无计划、无限制的消费，让她积累了几十万元的债务，母亲在给她偿还了 23.8 万元之后，拿出领养证，把她赶出了家门。

当我们花超出自己可预支的金钱去疯狂购买所谓的奢侈品时，我们只是活在别人的眼里或假设的世界中，同时，还亲手把自己变成了"隐性贫困人口"。

作家林清玄说过："真正的生活品质，是回到自我，清楚衡量自己的能力与条件，并在有限的条件下追求最好的事物与生活。"

这种超出能力范围去追求内心的虚荣的行为，不是精致，而是累赘，早晚会将其压垮。

4. 如何减轻网购瘾

无论是个人癖好还是满足心理需求，网购都让一些人沉溺于购物所带来的兴奋感和满足感，这主要与个人的自我价值感不高有关。

网购、网游、阅读、锻炼……都是人们寻找自我价值体现的方式。沉迷网购者和有沉迷网购倾向的人，应该在现实里寻找主线，从工作、学习中寻找价值感；用阅读、锻炼、听音乐、做公益、参加户外活动等积极主流的价值体现方式去转移和替代消极的价值体现方式。

（1）分析自己网购的东西，看看这些东西是否是真实需要的。

（2）整理自己的所有物品，将不需要的东西处理掉。

（3）在网购的时候问问自己，是否非买不可。

（4）将自己的工资卡解绑支付工具。

（5）科学安排上网时间，制定作息时间表，避免无度购物。

（6）制订购物计划单，避免冲动消费。

（7）养成记账的习惯，从每个月的消费记录中查看是否每笔账都落到了实处，以此来提醒自己切莫过度消费。

（8）培养兴趣爱好，转移自己的注意力。

（9）尝试多方式减压，通过旅行、与亲友交流、运动、养花、散步、唱歌、跳舞等方式释放情绪。

8.2.4　视野拓展

一年一度的"双 11"购物节（见图 8-3）是购物的狂欢日。火爆的网络销售运用了许多心理学知识。让人频频"剁手"的技能，你知道多少呢？

图 8-3　"双 11"购物节

1. 锚定效应

自然学家康拉德·洛伦茨（Konrad Lorenz）发现，刚出壳的幼鹅会深深依赖它们第一眼看到的生物（一般情况下，那个生物就是它的母亲）。某一次洛伦茨无意中在一次实验中被刚出壳的幼鹅们第一眼看到，它们从此就紧跟着他，直到长大。由此，洛伦茨证明了幼鹅不但根据它们出生时的初次发现来做决定，而且决定一旦形成，就坚持到底。洛伦茨把这个现象叫作"印记"（第一印象）。

这个效应在经济中体现得很明显。行为经济学有个词叫"锚"，大致意思就是如果你在生活中遇到某个商品，第一眼留下印象的价格（或我们第一次决定用某个特定的价格购买某一样特定的商品时的价格）将在此后对购买这一产品的出价意愿产生长期影响。

这个价格就是"锚"。业界有一个关于黑珍珠的很经典的案例。黑珍珠产自一种黑边牡蛎，在 20 世纪 70 年代，其即使价格低廉，也没什么市场。经过一位具有传奇色彩的宝石商人的"策划"后，黑珍珠才终于大放异彩。他将黑珍珠放置于纽约第五大道的店铺橱窗进行展示，并标上令人难以置信的高价，同时在一些印刷华丽的高影响力杂志上刊登广告。广告中黑珍珠在钻石、红宝石和绿宝石映衬下，熠熠生辉。他还把黑珍珠戴在了纽约当红歌剧女明星的脖子上，并让这位女明星在曼哈顿招摇过市。就这样，原来不知价值几何的东西，一下子成了稀世珍宝。这位精明的商人把黑珍珠与世界上最贵重的宝石"锚定"在一起，此后黑珍珠的价格就一直紧跟宝石。

价格本身就是一种品牌定位。消费者的购买意愿是很容易被价格操纵的。也就是说，不是消费者购买意愿影响市场价格，而是市场价格本身反过来影响消费者的购买意愿。

这个方法在促销活动中用得很多，如原价 1 999 元，现价 299 元。这个 1 999 元就是一个锚定价格，它提升了消费者对这个商品的价值感知——这个商品质量不错，值 1 999 元。如果没有这个锚定，只有现价 299 元，就会让消费者觉得这个商品很廉价，而没有打折的惊喜。

2. 诱饵效应

人们对不相上下的选项进行选择时，如果有第三个新选项（诱饵）的加入，就会使某个旧选项显得更有吸引力。这就是营销策划里常说的"诱饵效应"，它是利用人们对比心理的一个典型方法。《怪诞行为学》里有这么个例子。

拉普是一家餐馆的顾问。餐馆付钱让他来策划这家店的菜单和定价。拉普随后了解到一个现象：餐单上主菜的高标价，即使没人点，也能给餐馆增加盈利。为什么？因为人们一般不会点餐单上最贵的菜，但他们很可能会点价格排第二位的菜。因此，他给这家餐馆创造出一道高价菜，并修改了餐单，结果很多客户被"引诱"点了第二贵的菜。在这其中，餐单上增加的一个高标价的菜就是一个"诱饵项"，而它促进点选的那个价格排第二位的菜就是通常所说的"目标项"。诱饵项的加入往往能够让消费者有更直观的对比，使消费者能够很快找到自己觉得"很合理"的选项。这就是消费行为中常见的相对论，凭相对因素做决策是我们自然的思考方式。

例如，两个差不多的床垫，一个原价 750 元，现价 450 元；另一个原价 650 元，现价 450 元。你会选择哪个？

3. 捆绑损失原则

为什么很多商家会说"买 3 999 元电脑，送耳机、送高档鼠标垫、送免费 1 年上门维修"，而不是把耳机、上门维修等价格都包在 3 999 元里面？

同样是花 3 999 元买了这一堆产品和服务，为什么要把某些部分说成是"免费"的？这是因为人对损失和收益的感知并不是线性的，假设你获得 100 元能得到某种快乐，而想得到双倍的快乐可能需要 400 元，而不是 200 元；同样，损失 100 元受到的某种痛苦，可能要损失 400 元才能感受到双倍的痛苦。因此，如果把所有的成本折算到一起，给消费者一个总价，让消费者一次支出 3 999 元，而不是让消费者感觉到多次支出（为电脑支出 3 000 元，为耳机支出 200 元，为维修支出 200 元……），这样消费者就觉得付出这些金钱没有那么痛苦。

因此，商家会说"买 3 000 元电脑，包邮"，而不是说"总共花 3 000 元，其中买电脑花了 2 995，付邮费 5 元"。这也就是为什么健身房一直推荐消费者办年费会员而不是按照次数收费。消费者觉得年费会员比按次收费更加优惠，但是实际上他们高估了自己将来的使用程度。

同样，如果把"好处分散"，则消费者感知到的"好处"就会增加。因此，商家不会说"卖给你了一大堆套装，其中包括电脑、鼠标等"，而是说"买电脑，送鼠标、耳机，送高档鼠标垫和维修"。正如泰勒在《营销科学》杂志中说的："别把圣诞礼物放在一个盒子里。"为了让你觉得得到了优惠，商家会千方百计地捆绑损失，同时分散好处。

4. 预期效应

我们对事物已有的印象，会蒙蔽自己观察问题的视线。对一件事物的预期，会影响我们对其的态度和体验。如果我们事先相信某种东西好，那么它就会好，反之亦然。

实验证明，将同样的咖啡放在高档次的器皿和一般的器皿中，人们会普遍觉得高档次器皿中的咖啡味道更好些。一件产品的包装形式和设计，会影响人们对包装内产品的品质认知。

另一项研究是用加了醋的啤酒做实验，当参与者们被事先告知酒中加了醋时，因为有了预期，所以他们始终不觉得这啤酒好喝；而另外一组在喝完酒后觉得味道不错，在被告知酒中加了醋后，评价还是正面的。事实上，事后知道真相的参与者与根本不了解实情的人对加醋啤酒的喜爱程度是一样的。这表明，预期的确会影响人的行为乃至知觉。一些餐饮店在菜名前加一些带点异国情调的、时髦的词语，如"阿拉斯加鳕鱼"，会让我们还没有吃到，就似乎已感觉到这菜要比普通的鳕鱼味道更鲜美。预期不仅影响人们对于视觉、味觉和其他感官现象的认知与体验，还能够改变人们的主观甚至客观体验。

5. 损失规避

损失规避是指一旦人们拥有某物就非常不愿意失去它，人都是害怕损失的。这是因为比起收益带来的快乐，人们更在意损失带来的不快乐。

同一个问题的两种逻辑意义相似的说法会导致不同的决策判断，当消费者认为某一价格带来的是"损失"而非"收益"时，他们对价格就会非常敏感。当决定自己的收益时，人们倾向于规避风险，都有风险厌恶症。当人们面对损失时，一个个都变得极具冒险精神，都是寻求风险的冒险家。例如，你可以在一段时间内免费开放产品的特定功能，到期后，消费者已经对该功能产生依赖，最终他们只能通过付费来享受这个功能；抢购和限时优惠营造的"稀缺感"，让我们觉得如果不参与这个促销，就失去了一次机会，而这种"失去感"激励我们想办法迅速下单购买。

6. 心理账户

为什么现在电商越来越多地说"满 1 000 元减 200 元"而不是"满 1 000 元后，打 8 折"？"满减策略"为什么大行其道？首先假设下面 2 种情境。

（1）你某天因不小心造成汽车剐蹭而花了 1 000 元修车；心情不好，回到办公室，发现抽奖中了 200 元。

（2）你某天因不小心造成汽车剐蹭而花了 800 元修车。

在这两种情境下，你觉得哪种情境会让你心情更好？实验结果证明是第一种。为什么呢？因为我们往往会为收益和损失设置不同的心理账户，并且往往用不同的方法来看待不同的心理账户。修车花费在我们的"意外损失账户"里，这时 800 元和 1 000 元差异没有那么大，给我们带来的损失痛苦差不多。而"中奖"在我们的"意外收获账户"里，200元比 0 元要多很多，可以给我们带来很多快乐。

同样，满减策略也用了这个原理。一件商品打 8 折，1 000 元的东西，消费者付出 800就能买到，差异貌似没有这么大。但是如果是满 1 000 元减 200 元，就会让消费者感觉自己付出了 1 000 元（和 800 差异不大），然后又额外收获了 200 元（200 元与 0 元差异很大）。更有甚者，很多商场采取满额返券的方式（如满 1 000 元，送 200 元现金券，可以买任何东西），这更加强烈地区分了两个不同的心理账户，让消费者觉得自己获得的优惠更多。

8.2.5　任务演示

结合 8.2.3 节中的任务解析，针对 8.2.1 节中的情境 1，从沉迷网购是什么、为什么会沉迷网购及如何防治沉迷网购 3 个方面进行分析，分析过程主要分为 4 个步骤。

【步骤 1】以 8.2.1 节中的情境 1 为例，根据任务解析进行分析，如表 8-5 所示。

表 8-5　情境分析表

任务情境	情境分析
是什么	情境体现了什么现象，其给当事人带来了什么影响
为什么	情境中沉迷网购的原因是什么
怎么做	如何避免情境中的沉迷网购现象

【步骤 2】情境 1 中，小张和小刘在虚拟空间里难以把控自己，明明已经察觉到这种行为不正常，但仍每天不亦乐乎地逛着、购着，深陷泥潭。根据沉迷网购的定义和日常表现，该情境体现了沉迷网购的现象。

【步骤 3】人们之所以会沉迷网购，很大原因是现代快节奏的生活，让不少都市人的生活变得单调和乏味，网购可以成为情绪的宣泄口。此外，有的人将自己的能力感寄托、投射在购物的过程中，以此来满足自我成就感、价值感。

【步骤 4】我们要抵制沉迷网购，可以在现实工作和学习中寻找价值感；用阅读、锻炼、听音乐、做公益、参加户外活动等积极主流的价值体现方式转移和替代消极的价值体现方式。

8.2.6　任务实战

请填写任务操作单，如表 8-6 所示。

表 8-6　任务操作单

任务名称	防治沉迷网购	
任务目标	（1）思考和讨论情境 2～情境 3，明确情境体现了什么现象 （2）明确该现象产生的原因、其给当事人带来什么危害，以及针对该现象的防治方法	
小组序号		
角色	姓名	任务分工
组长		
组员		
组员		
组员		
组员		

（续表）

序号	步骤	分析	结果记录	评价
1				
2				
3				
4				
结论				
评语				
日期				

8.2.7　课后作业

任务 8.2 参考答案

1．单选题

下列选项不属于网购成瘾的症状表现的是（　　　）。

A．无时无刻不在想着网购

B．在网购的时候问问自己是否一定要非买不可

C．如果不能网购，就会感到烦躁或者沮丧

D．经常会买不需要的，或者是远远超出预算，甚至是根本买不起的东西

2．多选题

（1）下列选项可能是网购成瘾的原因的是（　　　）。

A．将自己的能力感寄托、投射在购物的过程中，以此来满足自找成就感、价值感

B．现代快节奏的生活，让不少都市人的生活变得单调和乏味

C．网店销售使用了心理策略

D．网购不需要花多少时间、费脚程逛街，用工作之余的碎片时间就可满足购物需求

（2）下列选项可用来防治网购成瘾的是（　　　）。

A．在网购的时候问问自己是否一定要非买不可

B．制订购物计划单，避免冲动消费

C．养成记账习惯，从每个月的消费记录中查看，是否每笔账都落到了实处

D．培养兴趣爱好，转移自己的注意力

3．判断题

"剁手族"指一些人网购成瘾，只要在网店中发现喜欢的商品，就会忍不住投下订单，事后看着空空的"钱袋子"又后悔不迭，并信誓旦旦地告诫自己"以后再买就剁手"。

（　　　）

任务 8.3　防治网络交际成瘾

互联网一方面给青少年的学习、交往带来极大便利，使他们在网络的虚拟世界里尽情地享受现代科技文明所带来的前所未有的便利和快乐；另一方面，网络作为科技的"双刃

剑"，其负面效应对青少年心理发展的多方面影响也不容忽视，其中最引人关注的就是"网络交际成瘾"现象。

8.3.1　任务情境

【情境 1】（学习情境）小玲，女，17 岁，高二学生。小玲敏感多疑，性格内向，为人单纯，是个白白净净的娇小女孩。她在班里成绩一般，高一刚入学时稍微好一些，后来略有退步。小玲在校表现良好，也听从教师的管理，就是经常离家出走去上网。

通过聊天，班主任发现小玲进入高一后喜欢上一个男生，并写信给这个男生，但遭到了这个男生的拒绝。小玲感觉自尊受到了很大伤害，总感觉周围的同学和教师都歧视她，看不起她，这使她的人际关系变得很糟糕。小玲觉得自己在哪里都不被理解，时常一个人对着镜子发呆，觉得自己长相很丑，因此不敢和同学交往，开始迷恋网络聊天。

【情境 2】（生活情境）小丽（化名）最喜欢的事就是上网聊天，每换一份工作，她就会再申请一个 QQ 号，在不同的 QQ 号上附着不同的身份资料和照片。在这些资料里，她有时是重点大学的研究生，有时是跨国公司的白领，资料里的照片也都光彩照人。在现实生活中，小丽却是一蹶不振的失意者。自从职高毕业后，她一直在就业、失业中徘徊，不但失去了信心，而且失去了爱情。在网上好人缘的她，有时为了向一个"死党"证明自己在北戴河度假，竟连夜坐火车赶到那儿的网吧上网，让网友看到自己的 IP 地址在北戴河。

8.3.2　学习任务卡

本任务要求学生通过情境分析，理解网络交际成瘾的概念、产生原因及如何防治网络交际成瘾。请参照"防治网络交际成瘾"学习任务卡（见表 8-7）进行学习。

表 8-7　"防治网络交际成瘾"学习任务卡

学习任务卡			
学习任务	防治网络交际成瘾		
学习目标	（1）理解网络交际成瘾的定义 （2）了解网络交际成瘾的表现形式及基本特征 （3）了解网络交际成瘾的危害 （4）理解网络交际成瘾的产生原因及如何防治网络交际成瘾		
学习资源	P8-3　预防网络交际成瘾　　　V8-3　防治网络交际成瘾		
学习分组	编号		
	组长	组员	
	组员	组员	
	组员	组员	
学习方式	小组研讨学习		
学习步骤	（1）课前：学习网络交际成瘾的概念和内涵特征 （2）课中：小组研讨。围绕 7.2.1 节中的情境 1～情境 2，研讨网络交际成瘾产生的原因及如何防治网络交际成瘾 （3）课后：完成课后作业		

8.3.3　任务解析

结合情境和学习任务，首先明确 8.3.1 节中的情境是否体现了网络交际成瘾现象，网络交际成瘾的日常表现是什么；其次，了解网络交际成瘾会给当事人带来怎样的危害；再次，了解为什么会出现网络交际成瘾的现象；最后，了解网络交际成瘾的治疗措施有哪些。

1. 网络交际成瘾的定义

网络交际成瘾指人们在运用网络进行社交交流时患上了网瘾，其主要症状有微口语模式、刷屏强迫狂、零回复抑郁、网络用语狂、勋章收集癖、离线恐慌症等。

社会对于网瘾的概念和认识及对网瘾的干预和处理方面存在很多的误区，且概念并不统一。"网瘾"一直未有公认的医学定义。大部分学者认为应该把网瘾称为网络的过度使用，或者网络的滥用，也有人把它称为网络的病理性使用或过度使用。

2. 网络交际成瘾的表现

网络交际成瘾者每天一打开计算机，第一时间打开社交网站，拼命刷屏发状态；在忙得不可开交的时候，也要挤出时间在微博上徜徉，担心自己几个小时不上就被滚滚信息潮流抛在后方；当网络连接出问题、上不了网的时候，时刻心神不宁，坐立不安，满脑子想着好友们在网上又更新了什么好玩的内容。

从更大的范围来说，是否构成网瘾的判定标准主要包括 4 个方面。

（1）在行为和心理方面对网络的依赖感。

（2）行为的自我约束和自我控制能力基本丧失。

（3）工作和生活的正常秩序被打乱。

（4）身心健康受到较严重的损害。

3. 网络交际成瘾的原因

网络交际成瘾不是一蹴而就的，而是由诸多因素的综合影响产生的。

1）网络聊天营造了一个相对封闭的生活及思考空间

网络聊天的信息资源和表达方式比现实媒介更丰富，在形式上更生动，给上网者更多的参与机会。在现实生活中，人们不能随心所欲地对他人施以不礼貌的言词，并要为自己的不恰当行为付出代价。但在网络上，有些人对他人进行语言攻击，并配以生动的恶意动画。在网络上，有些语言表达比现实生活中更私密，是人们在现实生活中面对面不能也不敢表达的。

在现实世界中，除形象思维外，更重要的是运用形式思维和逻辑思维来认识世界，对客观事物进行概括、抽象，以此寻求事物的本质。在网络聊天中，人们的思维能力受到限制，无法使自己的思维能力全面发展。因此，上网者可能对现实的世界产生恐惧与厌倦感，使自己的思考空间被人为地封闭起来。

2）网友给上网者以高度的认同感和强烈的归属感

人需要他人与社会的认同，需要一种归属感。只有在得到社会的接纳和承认后，才能够形成稳定的自尊和确立稳定的自我同一性，才有可能获得自信和安全感。

在现实中，我们很难成为自己理想的样子，而在网络上，因为网络交流实际上是一种"黑暗"中的交流，所以上网者对自己进行美化，也不会被他人拒绝。对方所接纳的实际是个体自我描述的理想形象。在网络中，理想自我和现实自我以一种虚拟的形式融为一体。因此，在一种相互欺骗又相互支持的氛围中，网络便给上网者现实生活中所不能拥有的认同感。

人有亲和的需要，而网络社会使上网者有着强烈的归属感。我们可以看到，只要上网者的照片漂亮或帅气，或者网名新颖，就会受到网友的欢迎，被网络世界所接纳。

3）网络聊天使上网者保持持续的激情状态

个体在网络聊天中，很容易被他人接纳，同时也接受了这个社会的种种特别要求、规范与价值观，相应地，形成新的关于个人、群体、角色或事件等的一套有组织的认知系统。虽然这种新的认知系统与客观现实社会的认知系统有很大的差别，但因为上网者无法分辨或不愿分辨这种差别，主观上倾向于选择网络聊天，所以上网者常常会感觉网下百无聊赖，无所适从，只有在网络聊天中才能找到自己，且不采纳甚至回避现实生活中他人的建议。

4）上网者对网络聊天产生非理性依赖

个体在上网聊天过程中，形成了新的社会认知系统，对自我社会角色有了新的定位，而这些认知系统和角色定位与现实社会是不相符合的。当个体回到现实社会生活中时，会因价值观的不同而感到无人理解，感到孤单。这样的网络交际成瘾使上网者的现实的人际关系变得更糟，反过来促使其更多地在网络上寻求理解，进一步地沉溺于其中、不能自拔。

综上所述，网络聊天的封闭环境和网友的高度认同，使上网者产生了归属感，并使其保持了一种激情状态。这三者共同作用于上网者原有认知系统，使其发生变化，形成新的适合于虚拟世界的认知系统。这种新的认知系统与客观世界不相符合，导致上网者的现实人际关系障碍、社会角色错位，而这些又进一步加深了上网者对于网络聊天的沉溺行为，强化了其新的认知系统，因此形成一种恶性循环。

4. 网络交际成瘾的治疗措施

针对程度较轻的网络交际成瘾者，我们可以通过自我调适使其摆脱网瘾的困扰，主要采用以下方法。

1）科学安排上网时间，合理利用互联网

首先，要明确上网的目标，在上网之前应把具体要完成的工作做一个计划，有针对性地浏览信息，避免漫无目的地上网。其次，要控制上网操作时间。每天上网操作累积时间不应超过1小时，连续操作一小时后休息30分钟左右。最后，应设定强制关机时间，准时下网。

2）用转移和替代的方式摆脱网络交际成瘾

网络交际成瘾者应用个人特有的爱好和休闲娱乐方式转移注意力，暂时忘记网络的诱惑。例如，喜欢体育运动的人可以通过打球、下棋等方法有效地转移注意力，以减轻对网络的依赖。

3）培养健康、成熟的心理防御机制

研究表明，网络交际成瘾与人格因素（个性因素）有关，一定的人格倾向使个体易于成瘾。网络只是造成人成瘾的外界刺激之一。因此，我们要不断完善自己的个性，培养广泛的兴趣爱好和较强的个人适应能力，学会合理宣泄情绪，正确面对挫折，只有这样才能形成成熟的心理防御机制，不会一味地躲在虚拟世界中，逃避失败与挫折。

针对程度较重的网络交际成瘾者，我们可以通过以下方法达到使其摆脱网瘾的目的。

1）直接隔断与网络的联系

网络交际成瘾程度较重的人往往会在下意识的状态下上网。对于明知过度上网会加重症状而不能自制的网络交际成瘾者，其亲戚、朋友可以帮助他们与网络完全隔离一段时间，让他们在这段时间里培养其他兴趣爱好或者重新安排紧张有序的生活，等他们能够完全摆脱网络交际成瘾的困扰后，再针对性地帮助他们科学地安排上网时间。

2）寻求心理医生的帮助

通过心理咨询，心理医生与网络交际成瘾者之间可以建立良好的医患关系。这样一方面可以从精神上给予网络交际成瘾者理解和支持，调动他们的积极性，使他们树立治愈的信心；另一方面，心理医生会根据网络交际成瘾者的痴迷程度，用准确、生动、专业、亲切的语言分析"电子海洛因"的危害，网络交际成瘾形成的原因、过程及治疗措施，逐步帮助他们摆脱网络交际成瘾。

8.3.4　视野拓展

1. 网络成瘾自测

网络成瘾自测（Internet Addiction Test，IAT）是给那些怀疑自己的网络行为已经开始成瘾的学生用的。如果你要对自己进行评价，请根据下列 20 个行为发生的频度，并用 0～5 分进行评分。其中，0～5 分的具体含义是：1 分=罕见，2 分=偶尔，3 分=较常，4 分=经常，5 分=总是，0 分=没有。

（1）你发现自己在网上逗留的时间比原来计划的时间要长。（　　　）

（2）由于上网的时间太多，忘记了要做的家务。（　　　）

（3）你觉得网络带给你的愉悦超过了亲朋密友之间的亲昵。（　　　）

（4）你会与网上的人建立各种新的关系。（　　　）

（5）你的亲友会抱怨你花太长的时间上网。（　　　）

（6）由于你花太多的时间上网，耽误了学业和工作。（　　　）

（7）你宁愿去查收电子邮件，也不愿去完成必须做的工作。

（8）上网影响了你的学习业绩或工作效果。（　　　）

（9）你尽量隐瞒你在网上的所作所为。（　　　）

（10）你会同时想起网上的快乐和生活的烦恼。（　　　）

（11）在你准备开始上网时，你会觉得自己早就渴望上网了。（　　　）

（12）没了网络，生活会变得枯燥、空虚和无聊。（　　　）

（13）当有人打扰你上网时，你会恼怒或吵闹。（　　　）

（14）你会因深夜上网而不睡觉。（　　　）

（15）在其他时间你仍全身心想着上网。（　　　）

（16）你上网时老想着"就再多上一会儿"。（　　）

（17）你尝试减少上网时间，但失败了。（　　）

（18）你企图掩饰自己上网的时间。（　　）

（19）你选择花更多时间上网，而不是和别人出去玩。（　　）

（20）当外出不能上网时，你会感到沮丧、忧郁或焦虑，一旦上了网，这些感觉就消失了。（　　）

2. 测试结果参考说明

20～49 分：你是个一般上网者，只是有时会上得多一些，但总体上能够自我控制，尚未沉溺于此。

50～79 分：你开始出现一些问题，应该谨慎对待上网给你带来的影响，以及对家庭和其他成员的影响。

80～100 分：上网已经给你和家庭带来了很多问题，因此你必须马上正视并解决这些问题。

当你对照总分查阅相关说明后，请再看一下你得 4 分和 5 分的问题。你是否意识到这些问题是你急需关注的症结所在呢？例如，如果你第 2 个问题得了 4 分，与之相对应的是，你是否忽视了家务？要洗的脏衣服是否堆成了堆？冰箱里的储备是否已经空了？工作室里是否杂乱无章？如果你 14 题得了 5 分，则你是否经常感到每天早上从床上爬起来是非常困难的事？你是否觉得学习、工作时提不起神？这种作息方式是否已经开始使你的身体状况变得糟糕？

8.3.5 任务演示

结合 8.3.3 节中的任务解析，针对 8.3.1 节中的情境 1，从网络交际成瘾是什么、为什么会产生网络交际成瘾及如何防治网络交际成瘾 3 个方面进行分析，分析过程主要分为 4 个步骤。

【步骤 1】以 8.3.1 节中的情境 1 为例，根据任务解析进行分析，如表 8-8 所示。

表 8-8　情境分析表

任务情境	任务分析
是什么	情境体现了什么现象，其给当事人带来了什么危害
为什么	情境中网络交际成瘾产生的原因是什么
怎么做	如何避免情境中的网络交际成瘾现象

【步骤 2】在情境 1 中，小玲总感觉周围的同学和教师歧视她，觉得自己在哪里都不被理解，时常一个人对着镜子发呆，不敢和同学交往，经常离家出走，开始迷恋网络。这属于一种不自主地长期强迫性使用网络的行为。根据网络交际成瘾的定义和日常表现，情境体现了小玲网络成瘾的现象。

【步骤 3】在情境 1 中，小玲之所以网络交际成瘾，一方面是因为社会环境的因素，包括网吧的出现使上网聊天变得简单；另一方面，小玲因为写信向喜欢的男生表白遭到拒绝，感觉自尊受到了伤害，觉得周围的同学和教师都歧视她，从而选择逃避，并在虚拟的网络世界中重新找到失去的自我和成就感，这是小玲网络交际成瘾的主要内因。

【**步骤 4**】针对情境 1 中小玲这种网络交际成瘾的情况，我们应一方面从心理上进行疏导，从精神上给予她理解和支持，树立她的自信心和学习积极性。另一方面，要不断引导其完善自己的个性，培养广泛的兴趣爱好和较强的个人适应能力，学会合理宣泄情绪，正确面对挫折，只有这样小玲才会形成成熟的心理防御机制，不会一味地躲在虚拟世界中，逃避失败与挫折。

8.3.6　任务实战

请填写任务操作单，如表 8-9 所示。

表 8-9　任务操作单

任务名称	防治网络成瘾			
任务目标	（1）思考和讨论情境 2，明确情境体现了什么现象 （2）明确该现象产生的原因、其给当事人带来什么危害，以及针对该现象的防治方法			
小组序号				
角色	姓名	任务分工		
组长				
组员				
组员				
组员				
组员				
序号	步骤	分析	结果记录	评价
1				
2				
3				
4				
结论				
评语				
日期				

8.3.7　课后作业

1. 单选题

下列选项中不属于网络交际成瘾的症状表现的是（　　）。

任务 8.3 参考答案

A．不再会认真阅读每条信息，但一有空闲就打开手机刷微博、微信等

B．发出一段时间的微博没有获得自己满意数量的转发或评论，便会陷入抑郁情绪

C．在网络对话中偶尔出现"特么""@"等网络流行用语

D．一旦与社交媒体隔离，如暂时失去移动终端或者网络信号，就会产生心理恐慌

2．多选题

（1）下列选项可能是网络交际成瘾的原因的有（　　）。

A．工作上的不顺、爱情上的失败等加剧了在网络交际中寻求成就感

B．不愿意面对现实而转而追求网络交际的快乐

C．通过网友对其的认同来平衡现实的失落

D．网络交际的便捷性

（2）下列选项可用来防治网络交际成瘾的有（　　）。

A．在现实生活中多与外界沟通交流

B．玩网络游戏或者网购，就没时间进行网络交际

C．转移注意力，如参加户外运动

D．寻求心理专家的帮助

项目 9 互联网安全意识

学习目标

知识目标
（1）了解预防个人信息泄露的概念。
（2）了解计算机病毒的概念与危害。
（3）了解电信诈骗的常用手段。
（4）了解黑客攻击的常用方法与步骤。
（5）了解网络安全的发展趋势。

能力目标
（1）掌握网络安全防护的具体方法和步骤。
（2）掌握利用法律、法规保护网络安全的手段。

素质目标
（1）培养小组分工协同意识。
（2）通过学习、研讨和分析，培养互联网安全意识。

任务 9.1 预防个人信息泄露

当前，在人们享受网络带来便利的同时，网络安全也日益受到威胁。网络安全的需求不断向社会的各领域扩展，人们需要保护信息，使其在存储、处理或传输过程中不被非法访问或删改，以确保自己的利益不受损害（见图 9-1）。因此，我们必须有足够强的网络安全保护措施，确保网络信息的完整和可用。

图 9-1　重视信息安全

如今，正处于信息化大爆炸时代，面对现实网络中的各种安全问题，生活在信息时代的每位公民需要主动地防护网络安全，抵制网络不良信息，主动学习网络防护手段，保护好自己的利益，不让不法分子有机可乘。

9.1.1　任务情境

【情境 1】（工作情境）2014 年年底发生在杭州的一起真实案例：某民营企业的财务人员肖女士，接到一个 QQ 用户的好友申请。该 QQ 用户自称这个 QQ 号是她老板的另一个 QQ 号。肖女士发现，该 QQ 用户与老板的常用 QQ 头像、状态等信息一模一样，且肖女士觉得与其聊天沟通的人跟老板说话的口气毫无二致，遂信以为真。

接着，QQ 中的"老板"称，有个新项目要前期付款，让她把数十万元汇到指定账户。肖女士事后说，其实当时老板就坐在她隔壁的办公室，但由于老板为人威严，她平时就很怕老板，加上当时 QQ 中的"老板"不停催她，所以她也没多想，就赶紧按照指示汇款数十万元。尽管她汇出后很快发现有问题，并马上去公安机关报案，但骗子已将账户中的一半资金转移，造成了实际损失。另一半骗子没来得及转走的资金，则被办案机关冻结在该账户。经查询，该账户的开户人是西南某省份一个小县城的居民，这个人自己甚至都不知道"被开户"。后经多方努力，冻结部分的资金被追回，但已经被转走的资金至今未能追回。

【情境 2】（学习情境）曾有记者在南京江宁的一所高校，对 6 名 90 后大学生进行微型调查。其中男生 3 名，女生 3 名。调查结果是这 6 位大学生全都玩过一些如图 9-2 所示的性格测试，并且全都不是第一次玩。他们之所以会玩这种测试，是因为觉得"新奇、好玩""朋友圈都在晒，自己不玩就落伍了"。只有一位男生表示：自己正兼职运作微信公众号，要考虑如何吸粉，出于工作需要玩过这类测试。被问及是否担心测试输入的个人信息泄露及由此产生不良后果时，3 位男生都表示知道，但还是会玩，因为"朋友圈都被刷屏了，如果自己不加入这个行列，就会显得落伍了"。3 名女生的回答是"不清楚，无所谓"。

图 9-2　朋友圈测试程序

9.1.2　学习任务卡

本任务要求学生通过情境分析，理解个人信息泄露的概念、常见的泄露途径、危害及如何预防个人信息泄露。请参照"预防个人信息泄露"学习任务卡（见表 9-1）进行学习。

表 9-1　"预防个人信息泄露"学习任务卡

学习任务卡			
学习任务	预防个人信息泄露		
学习目标	（1）了解个人信息的概念与内容 （2）了解个人信息泄露的常见途径 （3）了解个人信息泄露的危害 （4）掌握如何预防个人信息泄露		
学习资源	P9-1　预防个人信息泄露		V9-1　预防个人信息泄露
学习分组	编号		
	组长	组员	
	组员	组员	
	组员	组员	
学习方式	小组研讨学习		
学习步骤	（1）课前：学习互联网网络基本安全意识 （2）课中：小组研讨。围绕 9.1.1 节中的情境 1～情境 2，研讨如何预防个人信息泄露 （3）课后：完成课后作业		

9.1.3　任务解析

结合情境和学习任务，首先明确 9.1.1 节中的情境是否体现了因个人信息泄露而造成网络诈骗的现象、个人信息包含哪些内容，个人信息泄露的途径有哪些；其次，了解个人信息泄露会给当事人带来哪些危害；再次，了解如何预防个人信息泄露；最后，了解法律、法规对处罚侵犯个人信息是如何规定的。

1．个人信息内容

网络中的个人信息泄露是常见的网络安全问题。用户被泄露的隐私信息通常包括基本信息、设备信息、账户信息、通信隐私信息、社会关系信息和网络行为信息等。

1）基本信息

为了完成大部分网络行为，用户会根据服务商要求提交包括姓名、性别、年龄、身份证号码、电话号码、Email 地址及家庭住址等在内的个人基本信息，有时甚至会提交婚姻状况、信仰、职业、工作单位、收入、病历、生育状况等相对隐私的个人基本信息。

2）设备信息

设备信息主要指用户所使用的各种计算机终端设备（包括移动终端和固定终端）的基本信息，如位置信息、WiFi 列表信息、Mac 地址、CPU 信息、内存信息、SD 卡信息、操作系统版本等。

3）账户信息

账户信息主要包括网银账号、第三方支付账号、社交账号和重要邮箱账号等。

4）通信隐私信息

通信隐私信息主要包括通信录信息、通话记录、短信记录、应用软件聊天记录、个人视频、照片等。

5）社会关系信息

社会关系信息主要包括好友关系、家庭成员信息、工作单位信息等。

6）网络行为信息

网络行为信息主要指上网行为记录，包括用户在网络上的各种活动行为，如上网时间、上网地点、输入记录、聊天交友、网站访问行为、网络游戏行为等。

2．个人信息泄露途径

个人信息泄露在我们的日常生活中经常发生，主要有以下几种途径。

1）人为因素

人为因素即掌握了个人信息的公司、机构的员工主动倒卖信息。

2）计算机感染病毒，造成个人信息泄露

用户在享受互联网带来的便利、快捷功能的同时，可能因计算机感染病毒而造成个人信息的泄露。

3）通过手机泄露个人的信息

如果手机中了木马病毒、使用了黑客的钓鱼 WiFi 或者自家 WiFi 被蹭网、手机云服务账号被盗和使用了恶意充电宝等黑客攻击设备，就可能泄露个人信息。

4）利用网站漏洞，入侵数据库

网站攻击与漏洞利用正在向批量化、规模化方向发展。技术人员入侵网站后，一般会篡改网站内容，植入黑词、黑链或者后门程序，达到控制网站或网站服务器的目的，还会通过其他方式骗取管理员权限，进而控制网站。

3．个人信息泄露的危害

网络用户个人信息的泄露具有非常大的危害，主要体现在以下几个方面。

1）垃圾短信源源不断

垃圾短信主要指一些不法分子利用非法手段，以基站作为发送中心，向基站覆盖区域内的移动用户批量发送短信。

2）骚扰电话接二连三

本来只有朋友、同学或亲戚知道的电话号码，会经常被陌生人拨打，有推销保险的，有询问贷款的，有要求买房。这是因为用户的电话号码等信息被不法分子倒卖牟利。

3）垃圾邮件铺天盖地

个人信息被泄露后，用户的电子邮箱每天都会收到十几封垃圾邮件，这些邮件也以推销为主。

4）冒名办卡透支欠款

有人用买来的用户个人信息套办身份证，从银行办理各种各样的信用卡，恶意透支消费，然而银行却很可能直接将欠费的催款单寄给身份证的真正主人。

5）案件事故从天而降

不法分子可能利用用户的个人信息套办身份证，并利用身份证违法犯罪，但是公安机关却可能找上身份证的真正主人。

6）不法分子前来诈骗

不法分子得到用户的个人信息，可能会编出耸人听闻的消息，并报出窃取到的信息获取用户的信任，趁机使用户上当受骗。

7）冒充公安要求转账

不法分子冒用公安局的名义，报出用户的个人信息，提醒用户某个账户不安全，要用户按要求转账，从而使用户上当受骗。

8）坑蒙拐骗乘虚而入

由于被窃取了个人信息，所以用户很可能落入坏人的圈套。

9）账户钱款不翼而飞

有些不法分子会利用窃取的个人信息挂失用户的银行账户或信用卡账户，如果你长时间不用卡，里面的钱款就可能会不翼而飞。

10）个人名誉无端受损

不法分子冒用受害人名义所干的一切坏事都可能归到受害者的名下，使受害人个人名誉受到损害。

4. 如何不泄露个人信息

（1）减少个人信息之间的关联程度。在互联网时代，一部手机在手，人们就可以解决所有问题。然而这一部手机同时也将我们所有的个人信息和隐私都聚集在了一起。支付宝等交易软件往往绑定了自己多张银行卡；网购软件中也记录着自己的家庭住址、公司位置等个人相关信息。因此，我们在生活中应该尽可能减少信息关联，如单独使用一张银行卡进行网络消费，收货地址使用公司地址等。

（2）合理减少提供个人信息的机会。随着物流业的不断发展，人们生活中的许多需求都通过快递方式来解决。我们在点外卖和网购需要提供姓名、电话、家庭住址时，应该尽量提供小区或单元楼地址。这样虽然没有送货上门方便，但却在一定程度上保护了个人隐私。

（3）经常清理遗留个人信息，以及浏览痕迹。在网购收到货物后，我们一定要确保包装上的个人信息已经完全被清除再丢弃，同时养成定期清理自己上网痕迹的习惯。因为浏览器记录着你所有的上网信息，所以将你的兴趣、爱好等个人隐私暴露无遗。我们在外使用公共网络时，不要随意留下个人信息。

（4）在网上留电话号码时，数字间用"—"隔开，避免被搜索到。

（5）在朋友圈晒照片，一定要谨慎，尽量不晒包含个人信息的照片。在微信上不随便加陌生人，不随便透露个人信息。

（6）在一般情况下，在简历中只提供必要信息，提供的家庭信息不要过于详细。

（7）注册各类社交平台、网购平台等尽量使用较复杂的密码，能关闭的权限尽可能关闭。不想使用的 App 就注销账号，避免过多地留下安全隐患。

（8）在公共场所不要随便使用免费 WiFi。

5. 以案说法

电信网络诈骗类案件近年高发、多发，严重侵害人民群众的财产安全和合法权益，破坏社会诚信，影响社会的和谐稳定。山东高考考生徐玉玉（化名）因家中筹措的 9 000 余元学费被诈骗，而在悲愤之下猝死。电信网络诈骗犯罪案件的打击问题再次引发社会的广泛关注。

为加大打击惩处力度，2016 年 12 月出台的《最高人民法院、最高人民检察院、公安部关于办理电信网络诈骗等刑事案件适用法律若干问题的意见》中，明确对诈骗造成被害人自杀、死亡或者精神失常等严重后果的，冒充司法机关等国家机关工作人员实施诈骗的，组织、指挥电信网络诈骗犯罪团伙的，诈骗在校学生财物的，要酌情从重处罚。

1）陈文辉等 7 人诈骗、侵犯公民个人信息案

2015 年 11 月—2016 年 8 月，被告人陈文辉、黄进春、陈宝生、郑金锋、熊超、郑贤聪、陈福地等人交叉结伙，通过网络购买学生信息和公民购房信息，分别在江西省九江市、新余市，广西壮族自治区钦州市，海南省海口市等地租赁房屋作为诈骗场所，冒充教育局、财政局、房产局的工作人员，以发放贫困学生助学金、购房补贴为名，将高考学生作为主要诈骗对象，拨打诈骗电话 2.3 万余次，骗取他人钱款共计 56 万余元，并造成被害人徐玉玉死亡。

法院认为，被告人陈文辉等人以非法占有为目的，结成电信诈骗犯罪团伙，冒充国家机关工作人员，虚构事实，拨打电话骗取他人钱款，其行为均构成诈骗罪。陈文辉还以非法方法获取公民个人信息，其行为构成侵犯公民个人信息罪。陈文辉在江西省九江市、新余市的诈骗犯罪中起组织、指挥作用，系主犯。陈文辉冒充国家机关工作人员，骗取在校学生钱款，并造成被害人徐玉玉死亡，酌情从重处罚。据此，法院以诈骗罪、侵犯公民个人信息罪判处被告人陈文辉无期徒刑，剥夺政治权利终身，并没收个人全部财产；以诈骗罪判处被告人郑金锋、黄进春等人 3～15 年不等有期徒刑。

本案由山东省临沂市中级人民法院一审，山东省高级人民法院二审，现已发生法律效力。

2）杜天禹侵犯公民个人信息案

被告人杜天禹通过植入木马程序的方式，非法侵入山东省 2016 年普通高等学校招生考试信息平台网站，取得该网站管理权，非法获取 2016 年山东省高考考生个人信息 64 万余条，并向另案被告人陈文辉出售上述信息 10 万余条，非法获利 14 100 元。陈文辉利用从杜天禹处购得的上述信息，组织多人实施电信诈骗犯罪，拨打诈骗电话共计 10 000 余次，骗取他人钱款 20 余万元，并造成高考考生徐玉玉死亡。

法院认为，被告人杜天禹违反国家有关规定，非法获取公民个人信息 64 万余条，出售公民个人信息 10 万余条，其行为已构成侵犯公民个人信息罪。被告人杜天禹作为从事信息技术的专业人员，应当知道维护信息网络安全和保护公民个人信息的重要性，但却利用技术专长，非法侵入高等学校招生考试信息平台网站，窃取考生个人信息并出卖牟利，严重危害网络安全，对他人的人身财产安全造成重大隐患。据此，法院以侵犯公民个人信息罪判处被告人杜天禹有期徒刑 6 年，并处罚金人民币 6 万元。

本案由山东省临沂市罗庄区人民法院一审，当庭宣判后，被告人杜天禹表示服判不上诉，现已发生法律效力。

3）快递人员泄露公民个人信息案

2014 年年底—2016 年 12 月，被告人张某利用在无锡某速运公司宜兴营业点担任收派员和仓库管理员的职务便利，采用将载有公民个人信息的快递单直接出售或给他人拍照的方式将公民个人信息出售给葛某某、夏某某、徐某（另案处理）等 8 人，获利共计人民币 90 800 元。2016 年 11 月，被告人葛某某、夏某某和徐某（另案处理）将从被告人张某处购得的公民个人信息照片存入百度云盘。被告人葛某某、夏某某通过把云盘内照片发送给他人的方式，将公民个人信息卖给吴某某、朱某某，分别获利人民币 6 000 元、人民币 22 000 元。

法院以侵犯公民个人信息罪，判处被告人张某有期徒刑 3 年 9 个月，并处罚金人民币 15 万元；判处被告人葛某某有期徒刑 1 年 1 个月，并处罚金人民币 3 万元；判处被告人夏某某有期徒刑 1 年 2 个月，并处罚金人民币 35 000 元。

该案件对于快递物流行业的个人信息泄露问题具有典型意义。快递物流行业已成为现代服务业的重要组成部分。2017 年，我国快递业务量达到 400.6 亿件，我国快递业务量规模已经连续 4 年位居世界第一。随着快递业务量的显著增加，快递业已成为我国公民个人信息泄露的"重灾区"。本案被告人张某便是利用其担任快递公司收派员和仓库管理员的职务便利，实施倒卖快递单信息的犯罪行为。被告人张某在近两年的时间内非法获利金额高达人民币 90 800 元，系无锡市至今审结的快递公司员工侵犯公民个人信息犯罪案件中侵害时间持续最长、违法所得最高的案件。法院根据相关司法解释中关于侵犯公民个人信息违法所得的有关规定，认定被告人张某符合"情节特别严重"的情形并依法予以严惩。

值得关注的是，2018年3月，我国出台首部专门针对快递业的行政法规《快递暂行条例》（2018年5月1日起实施），对用户数据信息保护等问题进行了明确的规定。根据《快递暂行条例》规定，经营快递业务的企业及其从业人员不得出售、泄露或者非法提供快递服务过程中知悉的用户信息。对于有上述行为的企业，由邮政管理部门责令其改正，没收违法所得，并处1万元以上5万元以下的罚款；情节严重的，并处5万元以上10万元以下的罚款，并可以责令其停业整顿直至吊销其快递业务经营许可证。该条例强化了快递企业的责任，有利于进一步遏制快递业"内鬼"倒卖信息的势头。

4）家装人员泄露客户个人信息案

2016年7月—2017年8月，被告人范某在无锡某装饰工程有限公司工作期间，通过QQ邮箱先后向戴某、赵某等人非法提供公民个人信息20 000余条，其中全部公民个人信息中包含姓名、联系电话等信息，21 400余条公民个人信息中包含住址信息。

法院以侵犯公民个人信息罪，判处被告人范某有期徒刑7个月，并处罚金人民币2 000元。

该案件具有典型意义。在日常生活中，人们购买毛坯新房后要进行装修，购买建材，添置家具、家电等，不可避免地要经常与家装人员打交道。本案被告人范某从事房屋装饰行业，在其提供的多个楼盘业主信息中，业主姓名、住址、联系电话、房产信息等详细内容赫然在目。家装人员获取业主个人信息的主要途径有以下3种：一是从其工作的公司内部获取；二是通过网络向他人购买；三是将已有业主名单信息与其他家装人员进行交换。被告人范某的不法行为使业主信息处于"裸奔"状态，降低了业主对自身信息的安全感。装修装饰行业、建材行业、家具家电行业的业务员大多采用电话营销拓展业务，频繁的电话骚扰严重影响业主的正常生活，进而给业主带来极大的困扰。法院对被告人范某的犯罪行为进行依法惩处，给违反职业道德、肆意泄露业主信息的相关人员敲响了警钟。

5）辅警泄露公民个人信息案

被告人刘某甲原系某公安局交警大队秩序科辅警。2017年6—9月，被告人刘某甲违法在公安网上查询公民车辆档案信息，以每条20~30元不等的价格出售给刘某乙、刘某丙（均另案处理）。在此期间，被告人刘某甲又介绍原单位辅警鲁某（已判刑）、唐某（另案处理）查询并出售公民车辆档案信息给刘某乙、刘某丙，被告人刘某甲从中获得每条信息10元的好处费。被告人刘某甲共计违法所得人民币187 000余元。

法院以侵犯公民个人信息罪判处被告人刘某甲有期徒刑3年6个月，并处罚金人民币19万元。

该案件的典型意义在于：随着信息化社会的到来，个人信息的安全性、重要性日益凸显，执法机关相关工作人员侵犯公民个人信息、获取经济利益的现象逐渐增多，其中警务辅助人员利用职务便利侵犯公民个人信息的社会影响尤其恶劣。这类案件在经济相对比较发达的地区频频发生。在本案中，被告人刘某甲作为身份特殊的执法机关工作人员，违反国家有关规定，利用职务便利单独并伙同其他两名辅警非法获取应由执法机关掌握的公民个人信息并向他人出售，比一般人员非法收集信息具有更大的社会危害性。在本案中，刘某甲违法所得约18万元。法院认定被告人刘某甲符合"情节特别严重"的情形，依法对其予以严惩。

6）黑客窃取公民个人信息案

2016 年 1—6 月，被告人赖某某违反国家规定，在未经各网站授权的情况下，通过"弱口令侵入""上传漏洞""SQL（Structured Query Language，结构化查询语言）注入法""Java 反序列化""利用逻辑漏洞"等技术手段，非法控制 20 余个网站，又利用自己掌握的黑客技术手段侵入并非法控制 19 个网站。被告人赖某某利用黑客技术手段，非法侵入两个互联网物流网站，并先后 6 次将上述两个网站内的 155 万余条公民个人信息数据贩卖给邱某（已判刑），从中非法获利 6 800 元。

法院以非法控制计算机信息系统罪判处被告人赖某某有期徒刑 7 个月，并处罚金人民币 4 000 元；以侵犯公民个人信息罪判处被告人赖某某有期徒刑 3 年 7 个月，并处罚金人民币 8 000 元，决定执行有期徒刑 3 年 9 个月，并处罚金人民币 12 000 元。

该案件的典型意义在于：随着互联网产业的高度发展，黑客袭击、破坏网络的犯罪活动日渐猖獗。黑客利用计算机入侵网站后非法窃取公民个人信息，从而造成公民个人信息泄露。本案被告人赖某某通过非法入侵物流网站，窃取公民个人信息上百万条并进行销售，符合"情节特别严重"的情形，因此法院对其予以严厉处罚，以有效遏制黑客非法侵入网站窃取信息犯罪行为的进一步蔓延。

9.1.4　视野拓展

从宏观上来讲，网络信息存在的安全隐患可能威胁到国家安全，包括政治安全、经济安全和社会稳定，具体表现如下。

1. 网络信息安全问题影响国家政治安全

我国曾发生过以下网络信息安全事件。

2001 年 11 月 1 日，国内网站新浪被一家美国黄色网站攻破，以致沾染黄污信息。新浪网站搜索引擎提供的 100 多条"留学生回流"相关新闻标题中，标题"中国留学生回流热"的链接被指向一家全英文的美国成人黄色网站。

名为"海莲花"（Ocean Lotus）的境外黑客组织，在 2012 年 4 月针对中国海事机构、海域建设部门、科研院所和航运企业展开精密组织的网络攻击。"海莲花"使用木马病毒攻陷、控制政府人员、外包商、行业专家等目标人群的计算机，意图获取受害者计算机中的机密资料，截获受害人计算机与外界传递的情报，甚至操纵受害人计算机自动发送相关情报。

2018 年 1 月 3 日，英特尔处理器被曝存在"Meltdown"（熔断）和"Spectre"（幽灵）两大新型漏洞，包括 AMD（Advanced Micro Devices，美国超威半导体公司）、ARM（Advanced RISC Machines）、英特尔在内，几乎近 20 年发售的所有设备都受到影响，受影响的设备包括手机、计算机、服务器及云计算产品。这些漏洞允许恶意程序从其他程序的内存空间中窃取信息。这意味着包括密码、账户信息、加密密钥乃至其他在理论上可存储于内存中的信息均可能被外泄。

以上案例无不说明，网络信息安全存在的隐患有时会严重影响到国家的政治安全，并从而引发一系列更严重的问题。

2. 网络信息安全问题影响国家经济安全

1997 年 12 月 19 日—1999 年 8 月 18 日，有人先后 19 次入侵某证券公司上海分公司计算机数据库，非法操作股票价格，累计挪用金额 1 290 万元。

1998 年 9 月 22 日，黑客入侵扬州工商银行计算机系统，将 72 万元注入其户头，并提出 26 万元，该事件为国内首例利用计算机盗窃银行巨款案件。

1995 年，"世界头号计算机黑客"凯文·米特尼克（Kevin Mitnick）被捕。他被指控闯入许多计算机网络，包括入侵北美空中防务体系、美国国防部，偷窃了 2 万个信用号卡和复制软件。

1999 年 4 月 26 日，CIH 病毒大爆发，据统计我国受其影响的计算机总量达 36 万台之多。有人估计在这次事件中，经济损失高达 12 亿元。CIH 病毒能破坏主板 BIOS 数据，使计算机无法正常开机，并且会破坏硬盘数据。

进入 21 世纪以来，网络安全问题引发的国家经济损失更是急剧增加。2001 年计算机病毒攻击给全球造成损失 130 亿美元；2002 年计算机病毒攻击给全球造成 200 亿～300 亿美元损失；2003 年计算机病毒给全球造成的损失则达到 550 亿美元；2004 年仅 MyDoom 病毒造成的损失就高达 300 亿美元。2008 年 Conficker 网络病毒造成 91 亿美元损失；2017 年，勒索性网络病毒 NotPetya/ExPetr 造成 110 亿美元损失，WannaCry 网络病毒造成 80 亿美元损失。360 安全大脑发布的《2019 年勒索病毒疫情分析报告》显示，在 2019 年前 11 个月中，360 安全大脑共监测到受勒索病毒攻击的计算机达 412.5 万台，处理反勒索申诉案件近 4 600 例。这些信息安全事件给各国的经济安全造成巨大威胁。

3. 网络信息安全问题影响国家社会稳定

互联网上散布的虚假信息、有害信息对社会管理秩序造成的危害，比现实社会中的谣言大得多。

1999 年 4 月，河南商都热线的 BBS（Bulletin Board System，网络论坛）上，一个内容为交通银行郑州支行行长携巨款外逃的帖子，造成了社会的动荡，3 天 10 万人上街排队，挤提了 10 亿元。

2015 年 4 月，广东发生了"221"特大网络赌博案，警方共抓获犯罪嫌疑人 1 071 名，冻结赌资 3.3 亿元，扣押网站服务器等作案工具。根据公安部的情况通报，该案为中华人民共和国成立以来内地侦破的最大网络彩票赌博案件。

此外，网络信息安全问题还会引起网络治安问题、民事问题、人身侮辱事件和网络色情问题，破坏国家的社会稳定。

9.1.5 任务演示

结合 9.1.3 节中的任务解析，针对 9.1.1 节中情境 1，从个人信息是什么及其重要性如何，为什么会产生个人信息泄露及其有哪些危害，如何预防个人信息泄露 3 个方面进行分析，分析过程主要分为 4 个步骤。

【步骤 1】以 9.1.1 节中的情境 1 为例，根据任务解析进行分析，如表 9-2 所示。

表 9-2　情境分析表

任务情境	情境分析
是什么	情境体现了什么现象，其给当事人带来了什么危害
为什么	情境中资金损失的原因是什么
怎么做	如何避免情境中的资金损失现象

【步骤 2】情境 1 中，肖女士之所以对 QQ 中的"老板"确信无疑，一个主要原因就是假老板和真老板在 QQ 上的信息、语气太像了！追根究底是个人信息在网络上泄露，被不法分子利用行骗。根据个人信息内容和个人信息泄露的危害，该情境体现了个人信息泄露的现象。

【步骤 3】像情境 1 这类诈骗要想实施成功，至少需要满足两个条件，一是骗子有意识地通过社交网络测试平台、微信或 QQ 获取用户的个人信息数据；二是根据数据分析、模仿有关对象的行为特征，"李鬼扮李逵"，造假并行骗。

【步骤 4】我们要避免个人信息泄露，平时应尽量减少个人信息之间的关联程度，合理减少提供个人信息的机会，经常清理遗留的个人信息及网络浏览痕迹，在朋友圈等社交媒体上不要随意透露个人信息等。

9.1.6　任务实战

请填写任务操作单，如表 9-3 所示。

表 9-3　任务操作单

任务名称		预防个人信息泄露		
任务目标		（1）思考和讨论情境 2，明确情境体现了什么现象 （2）明确该现象产生的原因、其给当事人带来什么危害，以及针对该现象的防治方法		
小组序号				
角色		姓名	任务分工	
组长				
组员				
组员				
组员				
组员				
序号	步骤	分析	结果记录	评价
1				
2				
3				
4				
结论				
评语				
日期				

9.1.7 课后作业

任务 9.1 参考答案

1. 单选题

下列选项不属于个人信息泄露造成的危害的是（　　）。

A. 垃圾邮件铺天盖地

B. 手机遗失在公交车上

C. 被冒名办卡透支欠款

D. 骚扰电话打来询问要不要买商铺

2. 多选题

（1）个人信息内容主要包括（　　）。

A. 网银等账户信息

B. 好友、家庭成员等社会关系信息

C. 短信记录等隐私信息

D. 身份证号码等基本信息

（2）下列选项可用来预防个人信息泄露的有（　　）。

A. 网购收到货物后确保包装上的个人信息已经完全被清除后再丢弃

B. 在一般情况下，简历只提供必要信息

C. 随意添加微信好友

D. 一旦发生有趣的事情就发到朋友圈

3. 判断题

在发朋友圈时为了引起更多关注，可以尽可能多地晒包含个人信息的照片。（　　）

任务 9.2　预防电信诈骗

互联网技术的快速发展及工具的开发和使用，给不法分子实施电信诈骗提供了可乘之机。电信诈骗指通过电话、网络和短信方式，编造虚假信息，设计骗局，对受害人实施远程、非接触式诈骗，诱使受害人打款或转账的犯罪行为，其通常以冒充他人及仿冒、伪造各种合法外衣和形式的方式达到欺骗受害人的目的，如冒充公检法、商家、公司、厂家、国家机关工作人员、银行工作人员等各类机构工作人员，采用伪造和冒充招工、刷单、贷款、手机定位等形式进行诈骗（见图 9-3）。

图 9-3　网络诈骗

9.2.1　任务情境

【情境 1】（工作情境）淘宝客服有"李鬼"。2015 年 10 月 8 日，卖家小吴的网店刚开业就有一名顾客看上了他的一件货品，并下了单。之后，顾客告诉他不能付账。作为新手的小吴搞不清楚状况，打开自己的店铺研究起来。不一会儿，淘宝旺旺自动跳出一位自称"支付宝客服"的人员，对方称小吴的店铺被暂时冻结了，如果不向支付宝内存 1 000 元消费者保障押金，小吴的支付宝就将永久性冻结。小吴对支付宝的规则一知半解，因此赶紧联系那个"客服"并与对方攀谈起来，逐渐相信了对方。小吴如实填写了个人资料并向支付宝汇入 1 000 元。"客服"索要了小吴的验证码，没多久小吴就发现支付宝里的钱已被领走，这时他才发现"客服"是假的，自己被"李鬼"骗得团团转。

【情境 2】（工作情境）兼职刷信誉。2021 年暑期，琳琳在 QQ 群里看到一则兼职赚佣金的广告。一时心动，她加了对方 QQ，填了"兼职申请表"。随后，她被所谓 8% 的佣金所诱惑，在对方的步步引导下，陆续刷了 120 单游戏充值卡。可是琳琳左等右等都没有等到返款到账的消息，而对方的 QQ 也离线了！琳琳这才恍然大悟，钱没赚到，反而被骗了 10 000多元。

【情境 3】（生活情境）钓鱼链接。2018 年 4 月 15 日，小邵在一家淘宝网店看中一辆摩托车，与店家一番讨价还价后，双方决定以 4 000 元的价格达成交易。在小邵拍下宝贝后，店家称淘宝上无法修改交易价格，另发了一个支付链接。小邵通过该链接打款后，店家就失去了联系。小邵这才发现被骗。

【情境 4】（生活情境）QQ 上谈钱。2018 年 1 月，小飞在家上网时，QQ 上一个同学发来信息，说朋友要还钱，但自己卡丢了，想先把钱转到小飞卡上，然后由小飞转给他。小飞答应了。对方又说汇钱需要银行卡号、身份证及联系电话。小飞又全部告诉了对方。过了几分钟，小飞手机收到一个验证码。对方称只要告诉他这个验证码，钱就能到账了。小飞没细想就告诉了他。直到收到银行短信通知，小飞才发现自己卡里被消费了 2 200 元。

9.2.2　学习任务卡

本任务要求学生通过情境分析，理解网络诈骗的概念、产生原因及如何预防网络诈骗。请参照"预防电信诈骗"学习任务卡（见表 9-4）进行学习。

表 9-4　"预防电信诈骗"学习任务卡

学习任务卡			
学习任务	预防电信诈骗		
学习目标	（1）理解互联网安全意识的概念及内涵 （2）了解电信诈骗的概念与类型 （3）了解电信诈骗的基本特征 （4）了解电信诈骗的常见情 （5）掌握如何加强网络安全意识，预防电信诈骗		
学习资源	P9-2　预防电信诈骗		V9-2　预防电信诈骗
学习分组	编号		
	组长	组员	
	组员	组员	
	组员	组员	
学习方式	小组研讨学习		
学习步骤	（1）课前：学习互联网网络基本安全意识 （2）课中：小组研讨。围绕 9.2.1 节中的情境 1～情境 4，研讨如何预防电信诈骗 （3）课后：完成课后作业		

9.2.3　任务解析

结合情境和学习任务，首先，明确 9.2.1 节中情境是否体现了电信诈骗的现象、电信诈骗包含哪些类型、电信诈骗有哪些特点；其次，明确电信诈骗有哪些常见情形、会给当事人会带来哪些危害；最后，明确如何预防电信诈骗。

1. 电信诈骗的类型

电信诈骗花样繁多，让人防不胜防，主要有以下几种常见的诈骗类型。

1）冒充社保、医保、银行、电信等工作人员

骗子以受害人社保卡、医保卡、银行卡消费、扣年费、密码泄露，有线电视欠费，电话欠费为名进行诈骗，或以受害人信息泄露被他人利用从事犯罪，给银行卡升级、验资证明清白为名，提供所谓的安全账户，引诱受害人将资金汇入骗子指定的账户。

2）冒充公检法、邮政工作人员

骗子以法院有传票、邮包内有毒品、涉嫌犯罪等为名，以虚假传唤、逮捕、冻结受害人名下存款的方式进行恐吓，以验资证明清白、提供安全账户进行验资的方式，引诱受害

人将资金汇入骗子指定的账户。

3）以销售廉价飞机票、火车票及违禁物品为诱饵进行诈骗

骗子以出售廉价的走私车、飞机票、火车票等违禁物品，利用人们贪图便宜和好奇的心理，引诱受害人交定金、托运费等进行诈骗。

4）冒充熟人进行诈骗

骗子冒充受害人的熟人或领导，在电话中让受害人猜猜他是谁，当受害人报出一个熟人姓名后即予承认，谎称将来看望受害人。隔日再打电话编造被公安机关拘留的事由，或以出车祸、生病急需用钱为由，向受害人借钱并告知汇款账户，达到诈骗的目的。

5）利用中大奖进行诈骗

骗子预先大批量印刷精美的虚假中奖刮刮卡，通过邮寄或雇人投递的方式发送。受害人一旦与骗子联系兑奖，骗子即以先汇"个人所得税""公证费""转账手续费"等理由要求受害人汇款，达到诈骗目的。

6）利用无抵押贷款进行诈骗

骗子以"我公司在本市为资金短缺者提供贷款，月息 3%，无须担保，请致电××经理"的方式进行诈骗。一些急需周转资金的企业和个人，被无抵押贷款引诱上钩，被骗子以预付利息等理由诈骗。

7）利用虚假广告信息进行诈骗

骗子以各种形式发送诱人的虚假广告，从事诈骗活动。

8）利用高薪招聘进行诈骗

骗子通过群发信息，以高薪招聘"公关先生""特别陪护"等为幌子，称受害人已通过面试，向指定账户汇入一定培训费、服装费后即可上班，步步设套，骗取钱财。

9）虚构汽车、房屋、教育退税进行诈骗

诈骗信息内容为"国家税务总局对汽车、房屋、教育税收政策调整，你的汽车、房屋、孩子上学可以办理退税事宜"。一旦受害人与骗子联系，就可能在不明不白的情况下，被骗子以各种借口诱骗到 ATM 机（Automated Teller Machine，自动取款机）上实施转账操作，将存款汇入骗子指定账户。

10）利用银行卡消费进行诈骗

骗子通过手机短信提醒用户，称该用户银行卡刚刚在某地（如××百货、××大酒店）刷卡消费等，如有疑问，可致电××咨询，并提供相关的电话号码转接服务。在受害人回电后，骗子假借银行客户服务中心及公安局金融犯罪调查科的名义谎称该银行卡被复制盗用，利用受害人的恐慌心理，要求受害人到银行 ATM 机上进行操作，进行所谓的升级、加密操作，逐步将受害人引入转账陷阱，将受害人银行卡内的款项汇入骗子指定账户。

11）冒充黑社会敲诈实施诈骗

骗子假借"××黑社会""杀手"等名义给用户打电话、发短信，以替人寻仇等威胁口气，使受害人感到害怕，再提出拿钱消灾等，迫使受害人向其指定的账号内汇款。

12）虚构绑架、出车祸诈骗

骗子谎称受害人亲人被绑架或出车祸，并有一名同伙在旁边假装受害人亲人大声呼救，要求速汇赎金或医药费，使受害人因惊慌失措而上当受骗。

13）利用汇款信息进行诈骗

骗子以受害人的儿女、房东、债主、业务客户的名义发送内容为"我的原银行卡丢失，等钱急用，请速汇款到账号××"的短信，引诱受害人被骗。

14）利用虚假彩票信息进行诈骗

骗子以提供彩票内幕为名，骗取会员费。

15）利用虚假股票信息进行诈骗

骗子以某证券公司名义通过互联网、电话、短信等方式散发虚假个股内幕信息及走势，甚至制作虚假网页，以提供资金炒股分红或代为炒股的名义，引诱股民将资金转入其账户实施诈骗。

16）QQ 聊天冒充好友借款诈骗

骗子通过种植木马等黑客手段，盗用他人 QQ，事先就有意和 QQ 使用人进行视频聊天，获取使用人的视频信息，在实施诈骗时播放事先录制的 QQ 使用人视频，以获取受害人信任。分别给 QQ 使用人的好友发送请求借款信息，进行诈骗。

17）虚构重金求子、婚介等诈骗

骗子以张贴小广告，发短信，在小报刊等媒体刊登美女富婆招亲、重金求子、婚姻介绍等虚假信息，以交公证费、面试费、介绍费、买花篮等名义，让受害人向其提供的账户汇款，达到诈骗的目的。

18）神医迷信诈骗

骗子一般假扮神医、高僧、大仙儿等角色，在早市、楼宇间晨练的群体中物色单身中老年妇女，蒙骗受害人，称其家中有灾、亲属有难，以种种吓人说法摧垮受害人心理防线，让受害人拿出钱财"消灾"或做"法事"，伺机实施诈骗。

19）诱骗安装木马软件诈骗

骗子诱骗受害人安装所谓"犯罪通缉追查系统""网上清查系统""保护账户安全"等软件，以洗脱"犯罪嫌疑"。受害人一旦按照骗子的指令下载、运行定制的 TeamViewer 等远程操控软件，其计算机就会沦为"肉鸡"。骗子便可趁机劫持受害人网银，远控计算机进行转账操作，达到诈骗的目的。

2. 电信诈骗的特点

1）电信诈骗犯罪呈空间虚拟化、行为隐蔽化

电信诈骗并不像传统诈骗那样有具体的犯罪现场，在犯罪过程中骗子与受害人无须见面，一般只通过网上聊天、电子邮件等方式进行联系，就能在虚拟空间中完成犯罪。骗子常刻意用虚构事实，各种代理、匿名服务等方法隐藏真实身份，这使电信诈骗犯罪数量急速上升，使打击电信诈骗的难度越来越大。

2）电信诈骗犯罪呈低龄化、低文化、区域化

电信诈骗的犯罪嫌疑人作案时年龄均不大，文化程度较低，且其籍贯或活动区域呈现明显的地域特点。某些地区因电信诈骗犯罪行为高发、手段相对固定而成为电信诈骗的高危地区。

3）电信诈骗犯罪链条产业化

我国电信诈骗犯罪呈现地域产业化特点，在这些高危地区往往围绕某种诈骗手法形成

了上下游产业，且逐渐形成了一条成熟、完整的地下产业链。

4）诈骗行为手法多样化，更新换代速度快

电信诈骗手法多样，且不断更新换代，新型诈骗手法层出不穷。近10年是互联网高速发展的10年，也是电信诈骗手法不断翻新的10年。

5）诈骗犯罪手法呈多元化、交叉化趋势

虽然我国电信诈骗犯罪呈现明显的地域特点，某种电信诈骗犯罪的手法在某一地区相对较为集中和活跃，但近年来诈骗犯罪手法交叉趋势十分明显。此外，从各地破获的案件看，数个犯罪嫌疑人相互串联、勾结从事犯罪活动的案件增多。

3. 典型电信诈骗案例与防范提示

近年来，随着经济社会发展和现代通信网络技术进步，电信诈骗犯罪也迅猛增加，案件持续高发，成为影响群众安全的突出问题。为进一步普及预防电信诈骗的安全知识，提高人民群众拒诈防骗的能力，某省公安厅反诈骗中心披露10起典型案例，希望对大家提升防骗、识骗的能力有所帮助。

1）虚假征信诈骗

骗子冒充知名借贷平台客服人员，用专业术语如"影响个人征信""注销贷款账户""消除贷款记录"等，引起受害人内心恐慌后，引导受害人下载多个贷款平台App，诱使受害人按贷款额度取现后转账到指定账号，实施诈骗。

【诈骗案例】

2021年1月，Q市的小杨接到一个电话。对方自称是支付宝客服，要帮小杨注销"校园贷"记录，做结清证明。正在做实验的小杨直接挂断了电话。过了不久，对方又打了过来，并说出小杨的许多个人信息。小杨将信将疑，称自己从未办理过贷款。对方说可能是小杨朋友或者学校的人帮忙办理的。对方所说的信息非常准确，并表示只要按其说的操作，系统就会进行统一升级，注销小杨的贷款记录，不会影响个人征信。于是，小杨在对方的指导下，开启腾讯会议并共享屏幕，向多个网贷平台申请贷款，并将贷款分别转到了4个陌生账户里。事后小杨醒悟过来，与支付宝官方客服联系才知自己并没有"校园贷"记录，此时小杨已损失近4万元。

【反诈提示】

个人征信无法人为更改或消除，不存在注销网贷账户的操作，只要按时还清贷款，个人征信就不会受影响。

2）虚假投资理财诈骗

骗子利用市民的理财需求，通过互联网仿冒或搭建虚假投资平台，分享期货、黄金、股票投资知识，并推荐受害人添加微信群、QQ群，邀请其加入他的战队一起赚钱。当受害人添加这些群，深信跟着"导师"有钱赚时，骗子早已盘算好通过操纵虚假平台数据，以"高收益""有漏洞"等幌子吸引受害人转账，从而实施诈骗。

【诈骗案例】

2021年1月18日，A市的资深股民老石接到一个陌生电话。对方表示可以退还以前购买炒股软件的服务费，于是老石便加了对方微信。随后，对方把老石拉入"龙家乐"炒股微信群，每天有资深导师在群里发布炒股信息。对方还告诉老石，要退还的服务费都在一个名叫"ICP"的 App 里。老石半信半疑地下载该 App 后，顺利提现服务费，他心花怒放。这时，导师告诉老石现在股市行情不太好，他把所有的钱都放在了"ICP" App 里，还让老石跟着他一起投资。谨慎的老石抱着试试的心态投了 9 万元，挣了不少钱并且能够提现，他彻底放下心来，将 68 万余元悉数投了进去。过了两天，正美滋滋地等待收益的老石突然发现自己被踢出了群聊，自己也被导师拉黑了，就连"ICP" App 也打不开了。他这才明白自己上当受骗了。

【反诈提示】

投资有风险，理财需谨慎。"老师""学员"都是托儿，理财软件都是假的，只有你是"真韭菜"。请勿相信非官方网站、微信群、QQ 群所提供的投资理财信息。投资者要掌握基础的理财知识，务必通过正规途径、合法渠道进行投资。

3）冒充公检法及政府机关人员进行诈骗

骗子非法获取公民个人信息，冒充公检法办案人员主动拨打受害人电话，准确说出受害人姓名、身份证号等信息以获取受害人信任，谎称受害人涉嫌贩毒、洗钱等案件，并伪造警官证、通缉令，要求受害人将钱转至"安全账户"，从而实施诈骗。

【诈骗案例】

2021 年 1 月，T 市的小天接到一个自称是"通信管理局"的电话。对方称小天的手机号涉嫌诈骗，之后转接到了"武汉市公安局"。"吴警官"对小天说："诈骗团伙已落网，你名下的一个手机号和银行卡涉嫌诈骗，需要你配合调查，否则就要把你名下的资金全部冻结并逮捕你。"小天听到这里已经吓坏了，赶忙按照对方指令下载了一款名为"Quick-Support"的木马软件，并将自己名下的贷款额度全部提现。当自己银行卡内的 37.3 万元被转走后，小天还对对方的身份深信不疑，一直等"国家安全账户"返还自己的资金，直到给家人讲述之后，他才恍然大悟自己上当受骗了。

【反诈提示】

公检法人员不会通过电话做笔录办案，也不会在互联网上发送各种法律文书，更不会让群众向所谓的"安全账户"转账。

4）虚假购物、服务诈骗

骗子通过网络、短信、电话等渠道发布商品广告信息，或谎称可以提供正常的生活型服务、技能型服务及非法的各种虚假服务等信息，通常以优惠、低价等方式为诱饵，诱导受害人与其联系，待受害人付款后，就将受害人拉黑；或以加缴关税、缴纳定金、交易税、手续费等为由，诱骗受害人转账汇款，从而实施诈骗。

【诈骗案例】

C 市的王某喜欢抱着手机刷视频，2020 年她被主播裘某直播间内发布的抽奖信息所吸引，便添加了裘某的微信。裘某的朋友圈里经常有各类购物抽奖活动，声称中奖率 100%。看到丰厚的奖品，王某便花 1 100 元购买了化妆品，并抽中了平板电脑。但王某迟迟未收到奖品，联系裘某也未得到答复，王某这才意识到自己被骗。

【反诈提示】

在网络购物中发现商品价格远低于市场价格时，一定要提高警惕，谨慎购买，不要将钱款直接转给对方。一旦发现被骗，请及时报警。

5）网络刷单诈骗

骗子冒充电商，以提高店铺销量、信誉度、好评度为由，称须雇人兼职刷单、刷信誉。骗子为了骗取信任，开始会在约定时间连本带利返还受害人，待受害人刷的金额越来越大，骗子会以各种借口拒绝返款，甚至诱导受害人继续刷单。

【诈骗案例】

2021 年 1 月，S 市唐女士被拉入一个兼职刷单微信群，群内自称客服的人员主动加了唐女士微信，忽悠唐女士向其提供的一个网络博彩平台充值刷流水，并承诺只要根据客服提示操作就能赚钱。

抱着试一试的心态，唐女士下载了客服推送的 App，并充值 98 元试水。在客服提示下，唐女士果然赚了钱，98 元变成了 224 元，并顺利提现。接着，唐女士加大投入，又一次获利提现 10 488 元。看着账户里的数字越来越大，唐女士投入的本金也越来越多，直到累计充值 108 万元，准备将盈利的 120 万元全部提现时，她才发现自己的账户不能提现了。唐女士连忙联系所谓的客服，却发现自己被拉黑，继而被踢出微信群。

【反诈提示】

刷单本身就是违规欺骗客户的行为，网上兼职刷单、刷信誉都是诈骗行为。我们寻找兼职要通过正规渠道进行，对要求先交纳定金或先行支付的工作，务必谨慎对待。

6）假冒客服退款诈骗

骗子假冒"卖家"主动提出退款，以商品缺货、商品质量问题为由，让受害人申请退款。一种方式是骗子诱导受害人点击需要填写个人信息和手机验证码的钓鱼网站后盗刷受害人的银行卡。另一种方式是受害人以理赔需要认证授权、支付信用不足无法到账等为由，诱导受害人在支付宝、借呗等网贷平台借款给对方。

【诈骗案例】

2021 年 1 月，家住 L 市的黄先生接到自称淘宝客服的电话，对方称黄先生的账户需要由学生账户更改为成人账户，并要求他将借呗、花呗里的资金全部提现到余额中。黄先生以为这样就能结束，结果照做后，客服又谎称在处理过程中发现黄先生的支付宝与贷款软件有关联，无奈之下，黄先生先后安装了对方发来的 8 款贷款软件，进行贷款操作后将钱都转到对方指定账户。当然，客服在这样要求他的同时，也承诺所有有待商榷的款项共 25 万元验证后原路返回。可怜等待多天的黄先生，直到报警时才发现所谓的客服早已消失。

【反诈提示】

在接到客服电话后必须先通过官方渠道向所购买的商家核实，不要点击陌生人发来的链接或者扫描对方发来的二维码，不要轻易告诉对方自己的个人信息，更不要轻易转账或进行任何涉及资金的操作。

7）冒充领导、熟人诈骗

骗子通过非法手段获得党政机关领导干部的信息，主动添加下属或企/事业单位负责人的微信，以关心个人前途或企业发展情况为话题，获取受害人信任，再以急需用钱、自己不方便转账为由，让受害人代为转账，并伪造汇款收据，从而实施诈骗。

【诈骗案例】

2020 年 11 月，L 市薛某突然收到好友申请，对方自称县委书记，虽然感到诧异，但薛某还是通过了对方加好友的申请。三四天后，所谓的"书记"忽然与薛某联系，称朋友须周转资金，自己不便转账，希望通过其账户将一笔款转给朋友，后通过伪造转账凭证，谎称自己已经把钱转到薛某的账户，并催促薛某打钱给其提供的银行账户。薛某发现钱没到账，对方便声称银行到账有延迟。信以为真的薛某便将 85 万元转到了对方提供的账号。事后薛某发现对方根本不是县委书记，自己遇上了"冒充领导诈骗"。

【反诈提示】

微信上的"领导"找上门，不要轻易相信。凡遇到"领导"要求转账的，请务必电话联系，确认身份，谨防被骗。

8）网游产品虚假交易诈骗

骗子以低价销售游戏装备等为由，骗受害人汇款，收钱后消失或盗回账号；或以高价收购游戏账号为名，诱使受害人登录钓鱼网站交易，获取其银行卡信息后盗取钱财。

【诈骗案例】

2021 年 1 月，Q 省的小陈玩手机游戏时，看到游戏社区里有人投放"有充值渠道可以低价充值游戏币"的广告，便联系对方，并在对方指导下添加支付宝账号，打开对方给的网址链接，进入名为"付品阁"的网站。

对方让小陈给该网站提供的银行账户充值。小陈觉得这个网站看上去挺靠谱，里面的钱均可以提现，便充值了 200 元。对方称 200 元的商品已卖完，只有 700 元的商品了。于是小陈又充值了 500 元。此时，对方又说因为小陈之前未完善身份信息，所以他账户里的钱均被冻结，需要再充值 3 倍的金额才能解冻，于是小陈又充值 2 100 元。如此反复多次，对方以多种理由让小陈交钱解冻账号，直到小陈明白自己被骗了。

【反诈提示】

广大玩家不要沉迷于网游，游戏充值及购买网游装备、道具要通过官方渠道，不要相信来历不明的交易链接或私下进行交易。

9）网络贷款诈骗

骗子先以无抵押、无担保、低利息为噱头，引诱受害人登录或下载虚假贷款网站或 App，然后仿冒正规贷款平台流程，要求受害人填写相关个人信息，最后以交纳手续费、保证金为由，诱骗受害人转账汇款。

【诈骗案例】

2021 年 2 月，××市李女士收到一条贷款信息，这对处于资金周转困难的她，仿佛雪中送炭，于是她迫不及待地下载注册"分期乐"App 申请贷款 1 万元。随后李女士查看贷款进度，却显示银行卡号输入错误导致放款失败。在联系客服后，她按照对方要求又下载注册"如流"软件并添加"专员"。接下来，"专员"以改卡费、提现超时导致账户被冻结等理由，诱骗李女士转账 27 万余元后仍然未放款。最终，"专员"拒绝退还本金并以必须办理保险为由继续施骗，引起李女士警觉。

【反诈提示】

贷款请到银行等正规机构申办，切莫听信网上"低利息、无抵押、放款快"的贷款广告。凡是网络贷款需要先交钱的都是诈骗。

9.2.4 视野拓展

数据显示，2019—2020 年，在我国受害人遭遇网络诈骗的案件中，主要以交易诈骗、返利诈骗、兼职诈骗、仿冒照片和交友诈骗等为主。其中交易诈骗依然是最为常见的网络诈骗类型，遭遇返利诈骗和兼职诈骗的受害人比例也呈明显上升态势，如图 9-4 所示。

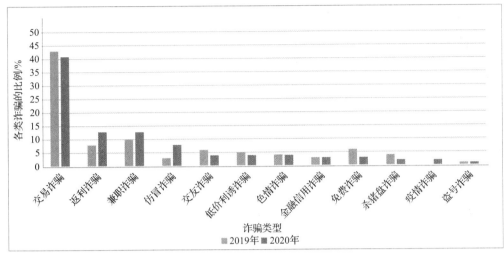

图 9-4 2019—2020 年我国网络诈骗类型占比

《最高人民法院、最高人民检察院关于办理诈骗刑事案件具体应用法律若干问题的解释》中也给出了相关司法解释：

第二条 诈骗公私财物达到本解释第一条规定的数额标准，具有下列情形之一的，可以依照刑法第二百六十六条的规定酌情从严惩处：

（1）通过发送短信、拨打电话或者利用互联网、广播电视、报刊、杂志等发布虚假信息，对不特定多数人实施诈骗的；

（2）诈骗救灾、抢险、防汛、优抚、扶贫、移民、救济、医疗款物的；

（3）以赈灾募捐名义实施诈骗的；

（4）诈骗残疾人、老年人或者丧失劳动能力人的财物的；

（5）造成被害人自杀、精神失常或者其他严重后果的。

诈骗数额接近本解释第一条规定的"数额巨大""数额特别巨大"的标准，并具有前款规定的情形之一或者属于诈骗集团首要分子的，应当分别认定为《刑法》第二百六十六条规定的"其他严重情节""其他特别严重情节"。

第五条 诈骗未遂，以数额巨大的财物为诈骗目标的，或者具有其他严重情节的，应当定罪处罚。

利用发送短信、拨打电话、互联网等电信技术手段对不特定多数人实施诈骗，诈骗数额难以查证，但具有下列情形之一的，应当认定为《刑法》第二百六十六条规定的"其他严重情节"，以诈骗罪（未遂）定罪处罚：

（1）发送诈骗信息 5 000 条以上的；

（2）拨打诈骗电话 500 人次以上的；

（3）诈骗手段恶劣、危害严重的。

实施前款规定行为，数量达到前款第（1）、（2）项规定标准 10 倍以上的，或者诈骗手段特别恶劣、危害特别严重的，应当认定为《刑法》第二百六十六条规定的"其他特别严重情节"，以诈骗罪（未遂）定罪处罚。

【量刑标准】

（1）构成诈骗罪的，可以根据下列不同情形在相应的幅度内确定量刑起点。

①达到数额较大起点的，可以在 1 年以下有期徒刑、拘役幅度内确定量刑起点。

②达到数额巨大起点或者有其他严重情节的，可以在 3～4 年有期徒刑幅度内确定量刑起点。

③达到数额特别巨大起点或者有其他特别严重情节的，可以在 10～20 年有期徒刑幅度内确定量刑起点。依法应当判处无期徒刑的除外。

（2）在量刑起点的基础上，可以根据诈骗数额等其他影响犯罪构成的犯罪事实增加刑罚量，确定基准刑。

加重情节包括以下几项。

①对于累犯，应当综合考虑前、后罪的性质，刑罚执行完毕或赦免以后至再犯罪时间的长短及前、后罪罪行轻重等情况，增加基准刑的 10%～40%，一般不少于 3 个月。

②对于有前科的，综合考虑前科的性质、时间间隔长短、次数、处罚轻重等情况，可以增加基准刑的 10% 以下。前科犯罪为过失犯罪和未成年人犯罪的除外。

③对于犯罪对象为未成年人、老年人、残疾人、孕妇等弱势人员的，综合考虑犯罪的性质、犯罪的严重程度等情况，可以增加基准刑的 20% 以下。

④对于在重大自然灾害、预防、控制突发传染病疫情等灾害期间故意犯罪的，根据案件的具体情况，可以增加基准刑的 20% 以下。

下面以一个案例"被告人吴某某防疫物资网络诈骗案"进行以案说法。

1）案件详情

审理法院：四川省彭州市人民法院

审理程序：一审

2020 年 2 月初，新冠肺炎疫情防控期间，被告人吴某某在无货源的情况下，用手机在微信朋友圈发布有大量口罩出售的虚假信息。2020 年 2 月，他利用受害人吴某、林某急于购买口罩的心理，通过微信分别骗取两人 21 950 元、4 050 元，共计 26 000 元。案发后，被告人吴某某赔偿受害人全部经济损失并取得谅解。

2）裁判结果

根据《刑法》第五十二条、第五十三条、第六十四条、第六十七条、第二百六十六条之规定，判决如下：

被告人吴某某犯诈骗罪，判处有期徒刑 1 年 10 个月，并处罚金人民币 8 000 元；对扣押在案的作案工具手机一部，依法予以没收，上缴国库。

3）裁判要旨

2020 年 2 月 21 日，四川省彭州市人民法院依法公开开庭审理此案。法院经审理认为，被告人吴某某以非法占有为目的，骗取他人财物，其行为构成诈骗罪。被告人吴某某系在新冠肺炎疫情防控期间利用被害人急于购买口罩的心理实施电信网络诈骗犯罪，结合《最高人民法院、最高人民检查院关于办理诈骗刑事案件具体应用法律若干问题的解释》的规定，在新冠肺炎疫情防控的特殊时期实施诈骗犯罪，应予酌情从重处罚。被告人吴某某认罪认罚，到案后能如实供述自己的罪行，系坦白，对其可以从轻处罚。被告人吴某某案发后积极赔偿两受害人的全部经济损失并取得被害人的谅解，在量刑时酌情予以考虑。

9.2.5　任务演示

结合 9.2.3 节中的任务解析，针对 9.2.1 节中的情境 1，从电信诈骗是什么，为什么会产生电信诈骗及其有哪些危害，如何预防电信诈骗 3 个方面进行分析，分析过程主要分为 4 个步骤。

【步骤 1】以 9.2.1 节中的情境 1 为例，根据任务解析进行分析，如表 9-5 所示。

表 9-5　情境分析表

任务情境	情境分析
是什么	情境体现了什么现象，其给当事人带来了什么危害
为什么	情境中网络诈骗产生的原因是什么
怎么做	如何避免情境中的网络诈骗现象

【步骤 2】在情境 1 中，小吴对支付宝的规则一知半解，轻信"客服"，如实填写个人资料并汇款。根据不法分子在互联网上用虚构事实或者隐瞒真相的方法、骗取数额较大的公私财物的行为特点，该情境体现了网络诈骗的现象，给当事人带来了经济损失。

【步骤 3】在淘宝或其他网购平台的交易过程中，不法分子一般会冒充客服、卖家、买家，谎称交易出现问题，需要远程操作受害人的计算机或者套取其银行卡及手机验证码，来骗取钱财。

【步骤 4】在日常生活中，我们应提高防范意识，在保持个人警惕的同时，还要及时地把可疑的行径报告给消费者组织或媒体，以便他们督促有关部门展开进一步的调查，以防止更多的消费者受害。例如，在情境 1 中经营网店的卖家碰到消费者无法支付的情况，不要轻信所谓的"客服"。对于自称是淘宝客服、支付宝客服等的用户，我们需要拨打正规的客服电话并确认。此外，在网上，对任何人都不能透露自己的支付宝、银行密码及其关联的短信认证信息。在使用网络的时候，我们注意以下几点。

1）不要随意拨打网上的电话

有些诈骗网站会留下自己的联系方式让用户拨打，这个时候我们一定要提高警惕，必须先做一个全方位的了解，再考虑进行下一步的行动，万不可自以为是。

2）注意防范"钓鱼网站"

所谓"钓鱼网站"指不法分子利用各种手段，仿冒真实网站的 URL 地址及页面内容，或者利用真实网站服务器程序上的漏洞在站点的某些网页中插入危险的 HTML 代码，以此来骗取用户银行或信用卡账号、密码等私人资料。

3）购物使用第三方支付平台进行交易

在网站购物时，消费者要尽量避免直接汇款给对方，可以采用支付宝等第三方支付平台进行交易，一旦发现对方是骗子，应立即通知支付平台冻结货款。即使采用货到付款方式，也要约定先验货再付款，防止不法商家偷梁换柱。此外，一定要在市场认可度比较高的购物网站购物，在支付过程中选择支付宝、网银等较为安全的支付方式，切记不可现金转账，以免被骗。

4）保管好自己的私人信息，不要随便告诉陌生人

注意保管好自己的电子邮箱、QQ 号等相关私人资料，尽量少在网吧或公用计算机上上网等。尤其在汇款给别人之前，我们务必要向朋友或客户核实情况，以免上当受骗。警方还提示大家，在网络购物接到退款电话时，一定要提高警惕，特别是对方要求用户提供

身份证、手机号及支付宝、银行卡的相关信息时，千万不要轻易将账号和密码告诉对方。

5）账号密码要及时更换

不要嫌麻烦、年复一年地用一个密码，如银行账户、QQ号、电子邮箱一定要做到不定期修改密码。警方建议将银行账户、QQ号、电子邮箱等与自己不离身的手机进行捆绑，以便第一时间掌握自己网上的信息。

6）发生诈骗时我们要做的事情

一旦发现自己进入诈骗圈，就应第一时间去网络官方举报，然后保留好证据，如聊天记录等，若有钱财流失，则要马上报警，一定要做到冷静，不能试图自己解决。

9.2.6 任务实战

请填写任务操作单，如表9-6所示。

表9-6 任务操作单

任务名称	预防电信诈骗		
任务目标	（1）思考和讨论情境2～情境4，明确情境体现了什么现象 （2）明确该现象产生的原因、其给当事人带来什么危害，以及针对该现象的防治方法		
小组序号			
角色	姓名	任务分工	
组长			
组员			
组员			
组员			
组员			
序号	步骤	分析	结果记录	评价
1				
2				
3				
4				
结论			
评语			
日期			

9.2.7 课后作业

1. 单选题

任务9.2参考答案

下列选项中不属于电信诈骗特点的是（　　　　）。

A. 电信诈骗犯罪链条产业化

B. 诈骗行为手法多样化，更新换代速度快

C. 电信诈骗犯罪网络呈高龄化、高文化、区域化

D. 电信诈骗犯罪呈空间虚拟化、行为隐蔽化

2. 多选题

（1）电信诈骗的类型包括（　　　）。

A．贷款申请费

B．假咨询信息

C．信用卡申请

D．购买计算机软件骗局

（2）下列选项可用来防范电信诈骗的有（　　　）。

A．购物尽量使用第三方支付平台交易

B．保管好自己的私人信息，不要随便告诉陌生人

C．注意防范"钓鱼网站"

D．账号密码不要经常更换

3. 简答题

警方根据多年打击、防范电信诈骗的工作经验，总结提炼了"三个凡是"防诈骗口诀。口诀的内容是什么？

任务 9.3   预防病毒与黑客攻击

9.3.1   任务情境

【情境1】（生活情境）熊猫烧香病毒。熊猫烧香病毒发生于 2006—2007 年，表现为计算机感染熊猫烧香病毒后，系统桌面会出现一堆熊猫的图标（见图 9-5），.exe 文件被破坏导致很多软件无法正常使用。另外熊猫烧香病毒启动后会将用户计算机上的杀毒软件进程杀掉；它还会破坏磁盘和外接 U 盘等，造成这些设备无法正常使用；熊猫烧香病毒还会感染网页文件，从而导致浏览中毒网站的用户中招。2007 年 9 月 24 日，"熊猫烧香"案一审宣判，主犯李俊被判刑 4 年。

图 9-5   熊猫烧香病毒

【**情境 2**】（生活情境）黑客攻击案例。

（1）1988 年 11 月，康奈尔大学的一名研究生罗伯特·莫里斯（Robert Morris）研制出一种自我复制的蠕虫程序并赋予其使命：确定互联网的规模。但事与愿违，蠕虫程序的复制无法控制，它感染了数千台计算机，造成了数百万美元的损失，并促使美国政府针对计算机创建了应急响应机制。由于意外的失误，莫里斯最终被指控违反计算机欺诈与滥用法案，被判处 1 万美元罚金及 400 小时社区服务。莫里斯的源代码存放于一个黑色 3.5 英寸的软盘中，在波士顿科学博物馆中进行展示。

（2）1998 年，大卫·史密斯（David Smith）运用 Word 软件里的宏运算编写了一个计算机病毒，这种病毒通过微软的 Outlook 传播。史密斯把它命名为梅丽莎（Melissa）。一旦收件人打开邮件，该病毒就会自动向 50 位好友复制发送同样的邮件。它被史密斯放在网络上之后，开始迅速传播。直到 1999 年 3 月，梅利莎登上了全球报纸的头版。据当时统计，梅利莎感染了全球 15%～20%的商用计算机，造成 8 000 万美元损失。史密斯也被判处 20 个月的监禁，同时被处 5 000 美元罚款。这也是第一个引起全球社会关注的计算机病毒。

（3）冲击波病毒是利用在 2003 年 7 月 21 日公布的 RPC（Remote Procedure Call，远程过程调用）漏洞进行传播的，该病毒于当年 8 月爆发。它会使计算机系统操作异常、不停重启，甚至导致系统崩溃。该病毒还有很强的自我防卫能力，它会对微软的一个升级网站进行拒绝服务攻击，导致该网站堵塞，使用户无法通过该网站升级系统，使计算机丧失更新该漏洞补丁的能力。这一病毒的制造者居然只是个 18 岁的少年，这个名叫杰弗里·李·帕森（Jeffrey Lee Parson）的少年最后被判处 18 个月监禁。

（4）28 岁的美国迈阿密人冈萨雷斯（Gonzales）在 2006 年 10 月—2008 年 1 月，利用黑客技术突破计算机防火墙，侵入 5 家大公司的计算机系统，盗取大约 1.3 亿张信用卡和借计卡的账户信息，造成了美国司法部迄今为止起诉的最大身份信息盗窃案，也直接导致支付服务巨头 Heartland 向 Visa、万事达卡、美国运通公司及其他信用卡公司支付超过 1.1 亿美元的相关赔款。2010 年 3 月，冈萨雷斯被判两个并行的 20 年刑期，这是美国历史上对计算机犯罪判罚刑期最长的一次。正因为这次事件，冈萨雷斯被称为美国史上最大的黑客。

（5）2011 年年底，索尼 PS 网络遭攻击运行中断，超过 7 700 万用户信息被盗，网络中断持续 23 天，损失 1.71 亿美元。2014 年 11 月 24 日，黑客组织"和平卫士"公布索尼影视娱乐有限公司员工电邮，电邮涉及公司高管薪酬和索尼非发行电影拷贝等内容。因该事件涉及诸多影视界明星及各界名人，索尼影视娱乐有限公司联席董事长艾米·帕斯卡（Amy Pascal）被迫引咎辞职。

（6）2014 年 3 月，携程网因存在漏洞被黑客攻击，致使大量携程用户信息被泄露。泄露信息中包含银行卡信息、身份证信息等，使用户的财产安全受到严重威胁。

（7）2015 年 7 月，国外知名社交约会网站遭遇黑客攻击，致使百万用户的隐私数据被盗，知名公众人物的个人信息亦在其中。在 25GB（Gigabyte，十亿字节）的用户数据被暴露后，投资公司以破坏用户家庭为由，对该公司提起 1.5 亿美元的索赔。

（8）2016 年，有黑客窃取了 5 700 万优步用户的数据。美国优步公司随后支付 10 万美元平息此事。

9.3.2　学习任务卡

本任务要求学生通过情境分析，理解病毒与黑客攻击的概念、产生原因及如何预防病毒与黑客攻击。请参照"预防病毒与黑客攻击"学习任务卡（见表 9-7）进行学习。

表 9-7　"预防病毒与黑客攻击"学习任务卡

学习任务卡			
学习任务	预防病毒与黑客攻击		
学习目标	（1）理解互联网安全意识的概念及内涵 （2）了解网络病毒的基本概念和特征 （3）了解网络病毒的危害与常见表现 （4）了解黑客和病毒攻击的常用手段 （5）了解黑客攻击的危害 （6）掌握如何加强网络安全意识，预防病毒与黑客攻击		
学习资源	P9-3　预防病毒与黑客攻击　　　　　　V9-3　预防病毒与黑客攻击		
学习分组	编号		
	组长		组员
	组员		组员
	组员		组员
学习方式	小组研讨学习		
学习步骤	（1）课前：学习互联网网络基本安全意识 （2）课中：小组研讨。围绕 9.3.1 节中的情境 1～情境 2，研讨如何防范病毒和黑客攻击 （3）课后：完成课后作业		

9.3.3　任务解析

计算机病毒指编制或者在计算机程序中插入的破坏计算机功能或者毁坏数据，影响计算机使用，并能自我复制的一组计算机指令或者程序代码。结合情境和学习任务，我们首先需要明确 9.3.1 中的情境是否体现了病毒与黑客攻击的现象、计算机病毒有哪些特征、感染病毒后计算机会有哪些表现。此外，我们还要了解黑客攻击通常会采用哪些手段，其会给网络系统带来哪些危害。最后，我们应了解如何预防病毒与黑客攻击。

1. 计算机病毒的特征

计算机病毒具有以下特征。

（1）繁殖性。计算机病毒可以像生物病毒一样进行繁殖，当正常程序运行时，它也进行自我复制。是否具有繁殖和感染的特征是判断某段程序是否为计算机病毒的首要条件。

（2）破坏性。计算机中毒后，可能会导致正常的程序无法运行，造成计算机内的文件被删除或受到不同程度的损坏，破坏引导扇区及 BIOS（Basic Input Output System，基本输入/输出系统），破坏硬件环境。

（3）传染性。计算机病毒的传染性指计算机病毒通过修改别的程序将自身的复制品或其变体传染到其他无毒的对象上。这些对象可以是一个程序也可以是系统中的某个部件。

（4）潜伏性。计算机病毒的潜伏性指计算机病毒可以依附于其他媒体寄生的能力，侵入后的病毒潜伏到条件成熟时发作，会使计算机运行变慢。

（5）隐蔽性。计算机病毒具有很强的隐蔽性，可以被杀毒软件检查出来的较少。隐蔽性计算机病毒时隐时现、变化无常，这类病毒处理起来非常困难。

（6）可触发性。编制计算机病毒的人一般为病毒程序设定了一些触发条件，如系统时钟的某个时间或日期、系统运行了某些程序等。一旦条件满足，计算机病毒就会"发作"，使系统遭到破坏。

2. 计算机病毒感染前兆

在计算机被病毒感染后，可能会有以下征兆。

（1）经常无故死机，随机地发生重新启动或无法正常启动，运行速度明显下降，内存空间变小，磁盘驱动器及其他设备无缘无故地变成无效设备等。

（2）发出尖叫、蜂鸣音或非正常奏乐等。

（3）磁盘标号被自动改写，出现异常文件，出现固定的坏扇区，可用磁盘空间变小，文件无故变大、失踪或被改乱，可执行文件变得无法运行等。

（4）收到来历不明的电子邮件，自动链接到陌生的网站，自动发送电子邮件等。

（5）屏幕上出现不应有的特殊字符或图像，字符无规则变化如脱落、静止、滚动、雪花、跳动、小球亮点，出现莫名其妙的信息提示或者蓝屏等（见图9-6）。

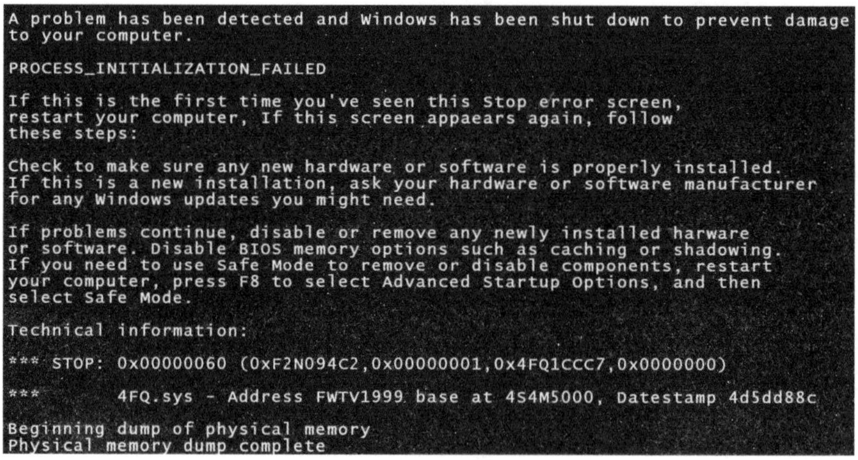

图9-6　计算机感染病毒征兆

（6）打印异常，打印速度明显降低，不能打印，打印汉字与图形等出现乱码。

3. 黑客攻击常用手段

软件漏洞指软件开发者在开发软件时因疏忽或者编程语言的局限性而导致完成的软件存在容易被黑客攻击的漏洞。软件漏洞有时是作者在日后检查的时候发现的，然后进行修正，就是我们常说的"打补丁"。在网络世界中，有一些人专门找软件的漏洞并以此做非法的事，为自身获取利益。我们通常把这些人称为"黑客"。

黑客攻击手段可分为非破坏性攻击和破坏性攻击两类。非破坏性攻击一般是为了扰乱系统的运行，并不盗窃系统资料，通常采用拒绝服务攻击或信息炸弹；破坏性攻击以侵入他人计算机系统、盗窃系统保密信息、破坏目标系统的数据为目的。黑客常用的攻击手段有以下几种。

1）后门程序

开发者在程序开发阶段设计后门程序以便于测试、更改和增强模块功能。在正常情况下，开发者完成设计之后需要去掉后门程序，但是有时因为疏忽或者其他原因，后门程序没有被去掉。一些别有用心的人会利用穷举搜索法发现并利用这些后门程序，然后进入系统并发动攻击。

2）信息炸弹

信息炸弹指使用一些特殊工具软件，在短时间内向目标服务器发送大量超出系统负荷的信息，造成目标服务器超负荷、网络堵塞、系统崩溃的攻击手段。例如，向某型号的路由器发送特定数据包致使路由器死机；向某人的电子邮箱发送大量的垃圾邮件将此邮箱"撑爆"等。

3）拒绝服务

拒绝服务又叫 DOS（Denial of Service，拒绝服务）攻击，它是使用超出被攻击目标处理能力的大量数据包消耗系统可用系统、带宽资源，最后使网络服务瘫痪的一种攻击手段。

4）网络监听

网络监听是一种监视网络状态、数据流及网络传输信息的管理工具，它可以将网络接口设置在监听模式，并且可以截获网络传输的信息。也就是说，当黑客登录网络主机并取得超级用户权限后，若要登录其他主机，则使用网络监听可以有效地截获网上的数据，这是黑客使用最多的方法。

4. 黑客攻击的危害

目前，黑客攻击是网络面临的较为严重的安全问题。近几年，国内外不但网络资源遭破坏和攻击的现象呈现急剧上升态势，而且黑客攻击种类多变。系统漏洞、网络资源应用已经成为黑客的攻击目标。黑客利用计算机系统和网络存在的缺陷，使用手中计算机，通过网络强行侵入用户的计算机，肆意对其进行各种非授权活动，给社会、企业和用户的生活及工作带来很大烦恼。

有一些黑客纯粹出于好奇心和自我表现欲而闯入他人的计算机系统。他们可能只是窥探一下用户的秘密或隐私，并不打算窃取任何好处或破坏系统，其危害性较小。

另有一些黑客，出于某种原因进行泄愤、报复、抗议而侵入、篡改目标网页的内容，羞辱对方，虽然不对系统进行致命性的破坏，但足以令目标用户受到伤害。

还有一些黑客攻击就是恶意的攻击、破坏，其危害性最大，所占的比例也最大。其中又可分为 3 种情况：一是窃取国防、军事、政治、经济机密，轻则损害企业、团体的利益，重则危及国家安全；二是谋求非法的经济利益，如盗用账号非法提取他人的银行存款，或对被攻击对象进行勒索，使个人、团体、国家遭受重大的经济损失；三是蓄意毁坏对方的计算机系统，为一定的政治、军事、经济目的的服务。计算机系统中重要的程序、数据可能被篡改、毁坏，甚至全部丢失，系统崩溃，业务瘫痪，后果不堪设想。

5. 病毒和黑客攻击的预防

目前的网络安全问题日益突出，危害计算机网络安全的因素有很多，有计算机系统的漏洞、病毒黑客的攻击、部分用户自己的不良安全习惯等。要加强计算机网络安全性，可以考虑采用以下几种措施。

1）技术手段防范措施

计算机网络系统还存在很多没有改善的系统漏洞，维护网络安全的工作者要尽快完善网络漏洞，推出有效的系统补丁。网络用户也要提高网络安全意识，选择合适的查毒、杀毒、扫描软件，定期对计算机进行扫描、监控和消灭病毒。我们要有效保护网络系统的数据安全，可以利用复杂的加密措施来防止系统数据被恶意破坏或者外泄。同时，我们还可以使用网络密钥达到提高数据信息安全性的目的。

2）加强网络安全监管

计算机网络安全还没有引起用户的普遍重视。很多人对计算机网络的安全认识还不够。为了让计算机网络安全受到足够的重视，国家可以制定一套系统的针对网络安全的相关法律、法规，加强对网络安全的监管力度，对恶意破坏网络安全的行为进行强有力地管控；同时，在社会上加大对计算机网络安全知识的宣传，增加民众的网络安全意识，提高网络运营商和管理人员的责任意识。

3）物理安全防范措施

计算机病毒和黑客的攻击方式繁多，但攻击对象多是计算机系统、计算机相关的硬件设施或网络服务器等，因此物理安全防范措施要防范以上的硬件设施受到攻击。为了更好地保护物理安全，计算机网络用户要提防外界传播导致的计算机硬件系统被恶意攻击、破坏，在上网时不下载有安全隐患的软件程序，不访问有安全隐患的网站，不把不知道安全与否的外界媒介插入计算机，对网上下载的资料先进行安全检测后再打开，对本地计算机存储的重要数据进行及时备份。

4）访问控制防范措施

计算机网络会被非法攻击的一个重要因素就是计算机的访问控制存在漏洞，给不法分子可乘之机。因此，为了维护计算机网络安全，我们应该加强对计算机网络的访问控制。对访问的控制可以从以下方向着手：入网访问控制、网络权限控制、网络服务器安全控制、防火墙技术。入网访问控制就是对网络用户连接服务器和获取信息进行控制，最基本的方法就是对用户的账号、用户名、密码等用户基本信息的正确性进行识别，并提高用户密码的加密等级。当用户入网后，要严格管控赋予用户的网络权限，对用户的修改、读写等操作加以控制。为了保证服务器的安全，我们要防止服务器被恶意破坏、修改，同时要实时对服务器的访问动态进行监测，当出现非法访问时要通过警报的方式提醒管理人员及时进行处理。此外，应用最普遍的防范措施是防火墙技术。防火墙技术是一种软件和硬件设备的组合，通过预定义的安全策略对内、外网之间的通信实施访问控制。

9.3.4 视野拓展

1. 《计算机信息网络国际联网安全保护管理办法》

《计算机信息网络国际联网安全保护管理办法》中有以下明确规定。

（1）任何单位和个人不得利用国际联网危害国家安全、泄露国家秘密，不得侵犯国家的、社会的、集体的利益和公民的合法权益，不得从事违法犯罪活动。

（2）任何单位和个人不得从事下列危害计算机信息网络安全的活动：未经允许进入计算机信息网络或者使用计算机信息网络资源；未经允许对计算机信息网络功能进行删除、修改或者增加；未经允许对计算机信息网络中存储、处理或者传输的数据和应用程序进行删除、修改或者增加；故意制作、传播计算机病毒等破坏性程序；其他危害计算机信息网络安全的活动。

2. 《网络安全法》

《网络安全法》中关于网络信息安全有以下具体要求。

（1）网络运营者应当对其收集的用户信息严格保密，并建立健全用户信息保护制度。

（2）网络运营者收集、使用公民个人信息，应当遵循合法、正当、必要的原则，公开收集、使用规则，明示收集、使用信息的目的、方式和范围，并经被收集者同意。

（3）网络运营者不得泄露、篡改、毁损其收集的个人信息，未经被采集者同意，不得向他人提供个人信息。

（4）个人发现网络运营者违反法律、行政法规的规定或者双方的约定收集、使用其个人信息的，有权要求网络运营者删除其个人信息；发现网络运营者收集、存储的其个人信息有错误的，有权要求网络运营者予以更正。

（5）任何个人和组织不得窃取或者以其他非法方式获取公民个人信息，不得非法出售或者非法向他人提供个人信息。

（6）依法负有网络安全监督管理职责的部门及其工作人员，必须对在履行职责中知悉的个人信息、隐私和商业秘密严格保密，不得泄露、出售或者非法向他人提供。

（7）网络运营者应当加强对其用户发布的信息的管理，发现法律、行政法规禁止发布或者传输的信息的，应当立即停止传输该信息，采取消除等处置措施，防止信息扩散，保存有关记录，并向有关主管部门报告。

（8）任何个人和组织发送的电子信息提供者提供的应用软件，不得设置恶意程序，不得含有法律、行政法规禁止发布或者传输的信息。

（9）网络运营者应当建立网络信息安全投诉、举报制度，公布投诉、举报方式等信息，及时受理并处理有关网络信息安全的投诉和举报。

（10）国家网信部门和有关部门依法履行网络安全监督管理职责，发现法律、行政法规禁止发布或者传输的信息的，应当要求网络运营者停止传输，采取消除等处置措施，保存有关记录；对来源于中华人民共和国境外的上述信息，应当通知有关机构采取技术措施和其他必要措施阻断信息传播。

3. 以案说法

1）黑客利用木马程序进行网上盗窃案

黑客王某利用木马程序入侵他人网银系统，从近百名受害人处共盗取 321 万元。上海市浦东新区人民法院对这起网上盗窃案做出一审宣判，被告人王某被判处有期徒刑 14 年 6 个月，剥夺政治权利 4 年，并处罚金人民币 3 万元。这名 2009 年曾攻击上海私车额度拍卖系统的黑客，也因此再度落入法网。

1989 年出生的王某系山东人，中专文化，为无业人员。2009 年 7 月 18 日，王某和周某通过木马病毒软件操纵 5 000 多台计算机，攻击上海私车额度服务网站的服务器，致使该服务器无法正常运行、私车额度拍卖活动被迫取消。王某被上海市嘉定区人民法院判处有期徒刑 1 年 2 个月，2010 年 10 月刑满释放。

然而，王某重回社会后并没有改过自新。2012 年 11 月—2013 年 1 月，王某租借虚拟专用服务器和虚拟专用网络，通过公用网络将木马程序从网络后台植入受害人计算机。当受害人使用该计算机进行网上支付时，木马程序会自动运行，篡改收款方、收款金额，将受害人李某等 98 人的网银中共计 321 万元转入一游戏平台，为其所控制的游戏账户充值点卡、虚拟金币等。事后，王某将上述充值点卡等卖给他人套现，并用套现所得款项在中国联通官网购买联通充值卡后再出售给他人，又将销赃得款在泰国通过他人换成泰铢。2013 年 1 月 14 日，公安机关从泰国将王某抓获归案。

在法庭上，王某辩称，公诉机关指控其实施网络盗窃所用的支付宝、淘宝、QQ 等都不是其本人的；IP 轨迹比对方法不科学，IP 轨迹即便相同也并非一人所用；本案没有木马源码和传播过程，没有证据确认木马程序是其所投放使用等。王某当庭否认自己实施了本案的盗窃犯罪。

法院审理后认为，被告人王某以非法占有为目的，秘密窃取他人财物，数额特别巨大，其行为已构成盗窃罪，且王某系累犯，应当从重处罚，公诉机关指控的犯罪事实清楚，证据确实充分，罪名成立。王某当庭辩称其没有实施盗窃犯罪的相关意见、相关证据经庭审质证足以认定其犯罪事实，因此王某的当庭辩解不符合本案已查明的事实和相关法律规定，法院不予采信。鉴于王某已着手实施犯罪，部分犯罪因意志以外的原因而未得逞，这部分犯罪系犯罪未遂，依法可从轻处罚。综上，法院依法做出上述一审判决。

2）利用黑客手段令航空系统"停摆"案

2020 年 6 月初，17 岁的小陈因新冠肺炎疫情而被强制滞留在国外疫情重灾区。在境外无法买到回国机票，他产生了不满情绪。

冲动之下，他在境外网站购买攻击套餐，利用 DDOS（Distnibuted Denial of Service，分布式拒绝服务攻击）等攻击手段，多次、持续攻击南航客票等计算机系统。

此次黑客入侵，使航空公司对外服务网络全部瘫痪，为 5 000 余万用户提供服务的计算机系统不能正常运行累计 4 小时，给航空公司造成巨大经济损失与负面影响。

同年 7 月，归国的小陈在广州一酒店办理解除隔离手续时，被公安机关抓获。

广州市白云区人民法院一审认为，小陈无视国家法律，违反国家规定，对计算机信息系统功能进行干扰，造成计算机信息系统不能正常运行，后果特别严重，其行为已构成破坏计算机信息系统罪。

小陈犯罪时已满 16 周岁不满 18 周岁，依法应当减轻或者从轻处罚。法院综合考虑小陈犯罪行为的性质、情节、危害后果及认罪态度，判决小陈犯破坏计算机信息系统罪，判处有期徒刑 4 年；缴获的作案工具笔记本计算机一台予以没收。

一审宣判后，小陈不服判决，提起上诉。广州市中级人民法院经审理后裁定：驳回上诉，维持原判。

值得注意的是，据小陈供述，其上完小学三年级后便辍学打工，自 15 岁起自学数字货币开发、大数据、区块链技术、人工智能，本是一名努力上进的青少年，却因为图一时之快"泄愤"，触犯了法律，耽误了大好前程。

9.3.5　任务演示

结合 9.3.3 节中的任务解析，针对情境 1，从计算机病毒是什么、为什么会产生计算机病毒及其有哪些危害、如何预防计算机病毒攻击 3 个方面进行分析，分析过程主要分为 4 个步骤。

【步骤 1】以 9.3.1 节中的情境 1 为例，根据任务解析进行分析，如表 9-8 所示。

表 9-8　情境分析表

任务情境	情境分析
是什么	情境中体现的是什么现象
为什么	情境中网络病毒对用户计算机有哪些危害
怎么做	如何防治情境中的病毒攻击

【步骤 2】情境 1 体现了典型的网络病毒现象，该病毒名为熊猫烧香病毒，是由李俊制作并肆虐网络的一款计算机病毒。熊猫烧香病毒是一款拥有自动传播、自动感染硬盘能力和强大破坏力的病毒，感染病毒的用户系统中所有 .exe 可执行文件全部被改成熊猫举着三根香的模样，用户计算机中毒后可能会出现蓝屏、频繁重启及系统硬盘中数据文件被破坏等现象。

【步骤 3】熊猫烧香病毒启动后会将用户计算机上的杀毒软件进程杀掉；它还会破坏磁盘和外接 U 盘等，使它们无法正常使用；熊猫烧香病毒会感染网页文件，同时，该病毒的某些变种可以通过局域网进行传播，进而感染局域网内所有计算机系统，最终导致企业局域网瘫痪，无法正常使用。它还会删除扩展名为 .gho 的文件，破坏系统还原功能。

【步骤 4】对防治网络病毒而言，我们需要遵循以下原则和策略。

1）强化网络用户安全防范意识

网络病毒存在于各类文件之中。计算机用户需要强化自身的安全防范意识，不随意点击和下载陌生的文件，从而使计算机感染网络病毒的概率得到控制。此外，在上网浏览网页时，不能轻易点击陌生的网页，因为网页、弹窗中可能存在恶意的程序代码。网页病毒是传播广泛、破坏性强的网络病毒，计算机用户需要强化自身的网络安全及病毒防范意识，严格规范自身的网络行为，拒绝浏览非法的网站，避免出现损失，防止计算机遭到网络病毒的侵害。

2）及时对计算机操作系统进行更新

操作系统服务提供商会定期检测系统自身不足与漏洞，并发布系统补丁。操作系统用户需要及时下载并安装补丁，以避免网络病毒通过系统漏洞入侵计算机系统，进而造成无法估计的损失。用户需要及时地对系统进行更新升级，维护计算机的安全。此外，我们应关闭不必要的计算机端口，并及时升级系统安装的杀毒软件，利用这些杀毒软件有效地监控网络病毒，从而对病毒进行有效防范。

3）科学安装防火墙

在计算机网络的内、外网接口位置安装防火墙也是维护计算机安全的重要措施，防火墙能够有效隔离内网与外网，有效地提高计算机网络的安全性。如果网络病毒要攻击计算机，就必须先避开和破坏防火墙，这能够减少计算机用户被病毒攻击的概率。防火墙的开启等级是不同的，因此计算机用户需要自主选择相应的等级。

4）有效安装杀毒软件

当前杀毒软件是比较常用的查杀网络病毒的工具，但是很多用户不能正确认识杀毒软件的作用。随着计算机网络病毒的不断出现，人们也逐渐开始认识到杀毒软件的重要性。杀毒软件自身的完善，也使人们能更好地接受杀毒软件。当前的杀毒软件能够全天候地对计算机进行监测，实时监测网络病毒。杀毒软件及病毒库的及时更新能够有效地查杀新型的网络病毒，提高杀毒软件适应能力。长期使用杀毒软件可以发现，杀毒软件能够很好地对网络病毒进行查杀。同时，杀毒软件不会占用系统太多的资源，有时计算机运行速度比较慢是因为杀毒软件在过滤网络病毒。此外，使用杀毒软件也比较便利，即使计算机有中毒的情况，也能够用杀毒软件在短时间内自救。

5）做好数据文件的备份

如果网络病毒入侵计算机，则会导致计算机系统出现瘫痪，因此计算机用户在日常使用中需要备份计算机中的重要数据与文件，减少网络病毒造成的损失。

在网络上不要有太大的好奇心。很多网络用户的计算机被病毒感染就是因为好奇心，在网上乱点乱下载。

9.3.6 任务实战

填写任务操作单，如表 9-9 所示。

表 9-9　任务操作单

任务名称	预防病毒与黑客攻击	
任务目标	思考和讨论情境 2，明确情境体现了什么现象、该现象产生的原因、其给当事人带来什么危害，以及针对该现象的防治方法	
小组序号		
角色	姓名	任务分工
组长		
组员		
组员		
组员		
组员		

（续表）

序号	步骤	分析	结果记录	评价
1				
2				
3				
4				
结论				
评语				
日期				

9.3.7　课后作业

任务 9.3 参考答案

1. 单选题

电子邮件的发件人利用某些特殊的电子邮件软件在短时间内不断重复地将电子邮件寄给同一个收件人，这种破坏方式被称为（　　）。

A．邮件病毒　　　B．邮件炸弹　　　C．特洛伊木马　　　D．逻辑炸弹

2. 多选题

（1）计算机病毒具有的特征包括（　　）。

A．计算机病毒可以依附于其他媒体寄生的能力，侵入后的病毒潜伏到条件成熟才发作

B．计算机病毒具有很强的隐蔽性

C．计算机病毒可以像生物病毒一样进行繁殖

D．计算机病毒通过修改别的程序将自身的复制品或其变体传染到其他无毒的对象上

（2）下列选项可能是黑客攻击的常用手段的是（　　）。

A．后门程序　　　B．数据加密　　　C．网络监听　　　D．拒绝服务

（3）下列选项可用来预防病毒与黑客攻击的是（　　）。

A．加强网络安全监管　　　　　B．技术手段防范措施

C．物理安全防范措施　　　　　D．访问控制防范措施

参 考 文 献

[1] 邓文达，史劲，邓宁．智能化技术基础[M]．北京：中国水利水电出版社，2019．

[2] 国家互联网信息办公室．网络信息内容生态治理规定，2019．

[3] 晗之，彭小霞，赵晓萌．爆发式增长：互联网时代企业从优秀到伟大的必经之路[M]．北京：人民邮电出版社，2017．

[4] 何晓萍．文献信息检索理论、方法和案例分析[M]．北京：机械工业出版社，2014．

[5] 刘敏．信息检索与利用[M]．镇江：江苏大学出版社，2019．

[6] 陆和建，方雅琴，翁畅平，等．计算机信息检索[M]．合肥：安徽师范大学出版社，2017．

[7] 市场监督管理总局．网络交易监督管理办法，2021．

[8] 唐培和，秦福利，唐新来．论计算思维及其教育[M]．北京：科学技术文献出版社，2018．

[9] 托马斯·达文波特．数据化转型[M]．盛杨灿，译．杭州：浙江人民出版社，2018．

[10] 王万方．创新思维与管理创新[M]．北京：石油工业出版社，2018．

[11] 王兴山．数字化转型中的企业进化[M]．北京：电子工业出版社，2019．

[12] 王一鸣．物联网：万物数字化的利器[M]．北京：电子工业出版社，2019．

[13] 魏江，刘洋．数字创新[M]．北京：机械工业出版社，2021．

[14] 谢仁杰，邓斌．数字化路径：从蓝图到实施图[M]．北京：人民邮电出版社，2021．

[15] 新华三大学．数字化转型之路[M]．北京：机械工业出版社，2019．

[16] 新华社．办理利用信息网络实施诽谤等刑事案件司法解释解读，2013．

[17] 新闻出版署．国家新闻出版署关于防止未成年人沉迷网络游戏工作的通知，2021．

[18] 战德臣，聂兰顺．大学计算机：计算思维导论[M]．北京：电子工业出版社，2013．

[19] 中国互联网络信息中心．《2020年全国未成年人互联网使用情况研究报告》，2021．

[20] 中国互联网络信息中心．第48次《中国互联网络发展状况统计报告》，2021．

[21] 中华人民共和国全国人民代表大会．中华人民共和国治安管理处罚法，2005．

[22] 中华人民共和国最高人民法院．最高人民法院关于修改《最高人民法院关于在民事审判工作中适用〈中华人民共和国工会法〉若干问题的解释》等二十七件民事类司法解释的决定，2020．

反侵权盗版声明

电子工业出版社依法对本作品享有专有出版权。任何未经权利人书面许可，复制、销售或通过信息网络传播本作品的行为，歪曲、篡改、剽窃本作品的行为，均违反《中华人民共和国著作权法》，其行为人应承担相应的民事责任和行政责任，构成犯罪的，将被依法追究刑事责任。

为了维护市场秩序，保护权利人的合法权益，我社将依法查处和打击侵权盗版的单位和个人。欢迎社会各界人士积极举报侵权盗版行为，本社将奖励举报有功人员，并保证举报人的信息不被泄露。

举报电话：（010）88254396；（010）88258888

传　　真：（010）88254397

E-mail：　dbqq@phei.com.cn

通信地址：北京市海淀区万寿路 173 信箱

　　　　　电子工业出版社总编办公室

邮　　编：100036